KB036314

1

Computer Architecture

컴퓨터 구조

핵심 정보통신기술 총서

삼성SDS 기술사회 지음

전면 3 개 정 판

한울
아카데미

이 도서의 국립중앙도서관 출판예정도서목록(CIP)은 서지정보유통지원시스템 홈페이지(http://seoji.nl.go.kr)
와 국가자료공동목록시스템(http://www.nl.go.kr/kolisnet)에서 이용하실 수 있습니다.
(CIP제어번호: CIP2019010198)

1999년 처음 출간한 이래 '핵심 정보통신기술 총서'는 이론과 실무를 겸비한 전문 서적으로, 기술사가 되고자 하는 수험생은 물론이고 정보기술에 대한 이해를 높이려는 일반인들에게 폭넓은 사랑을 받아왔습니다. 이처럼 '핵심 정보통신기술 총서'가 기술 전문 서적으로는 보기 드물게 장수할 수 있었던 것은 국내 최고의 기술력을 보유한 삼성SDS 기술사회 회원 150여 명의 열정과 정성이 독자들의 마음을 움직였기 때문이라 생각합니다. 즉, 단순히 이론을 나열하는 데 그치지 않고, 살아 있는 현장의 경험을 담으면서도 급변하는 정보기술과 주변 환경에 맞추어 늘 새로움을 추구한 노력의 결과라 할 수 있습니다.

이번 개정판에서는 이전 판의 7권 구성에, 4차 산업혁명을 선도하는 지능화 기술의 기본 개념인 '알고리즘과 통계'(제8권)를 추가했습니다. 또한 분야별로 다루는 내용을 재구성했습니다. 컴퓨터 구조 분야는 컴퓨터의 구조와 사용자를 위한 운영체제 위주로 재정비했으며, 컴퓨터 구조를 다루는 데 기본인 디지털 논리회로 부분을 추가하여 컴퓨터 구조에 대한 이해를 높이고자 했습니다. 정보통신 분야는 인터넷통신, 유선통신, 무선통신, 멀티미디어통신, 통신 응용 서비스로 재분류하고 기본 지식과 기술을 유사한 영역으로 함께 설명하여 정보통신 분야를 이해하는 데 도움이 되도록 구성했습니다. 데이터베이스 분야는 이전 판의 데이터베이스 개념, 데이터 모델링 등에 데이터베이스 품질 영역을 추가했으며 실무 사례 위주로 재정비했습니다. ICT 융합 기술 분야는 최근 산업 분야의 디지털 트랜스포메이션 패러다임 변화에 따라 사업의 응용 범위가 워낙 방대하여 모든 내용을 포함하는 데 한계가 있습니다. 따라서 이를 효과적으로 그룹핑하기 위해 융합 산업 분야의 패러다임 변화와 빅데이터, 클라우드 컴퓨팅, 모빌리티, 사용자 경험ux, ICT 융합 서비스 등으로 분류했습니다. 기업정보시스템 분야는 엔터프라이즈급 기업에 적용되는 최신 IT를 더욱 깊이 있게 설명하고자 했고, 실제 프로젝트가 활발히 진행되고 있는 주제를 중심으로 내용을 재편했습니다. 아울러 알고리즘통계 분야는 빅데이터 분석과 인공지능의 핵심 개념인 알고리즘에 대한 개념과 그 응용 분야에 대한 기초 이론부터 실무 내용까지 포함했습니다.

국내 최고의 ICT 기업인 삼성SDS에 걸맞게 '핵심 정보통신기술 총서'를 기술 분야의 명품으로 만들고자 삼성SDS 기술사회의 집필진은 최선을 다했습니다. 현장에서 축적한 각자의 경험과 지식을 최대한 활용했으며, 객관성을 확보하기 위해 관련 서적과 각종 인터넷 사이트를 하나하나 참조하면서 검증했습니다. 아직 부족한 내용이 있을 수 있고 이 때문에 또 다른 개선이 필요할지 모르지만, 이 또한 완벽함을 향해 전진하는 과정이라 생각하며 부족한 부분에 대한 강호제현의 지적을 겸허한 마음으로 받아들이겠습니다. 모쪼록 독자 여러분의 따뜻한 관심과 아낌없는 성원을 부탁드립니다.

현장 업무로 바쁜 와중에도 개정판 출간을 위해 최선을 다해준 삼성SDS 기술사회 집필진께 감사드리며, 번거로울 수도 있는 개정 작업을 마다하지 않고 지금껏 지속적으로 출판을 맡아주신 한울엠플러스(주)에도 감사를 드립니다. 또한 이 자리를 빌려 총서 출간에 많은 관심과 격려를 보내주신 모든 분과 특별히 삼성SDS 기술사회를 언제나 아낌없이 지원해주시는 홍원표 대표님께 진심으로 감사드립니다.

2019년 3월
삼성SDS주식회사 기술사회
회장 이영길

책을 내는 것은 무척 어려운 일입니다. 더욱이 복잡하고 전문적인 기술에 관해 이해하기 쉽게 저술하려면 고도의 전문성과 인내가 필요합니다. 치열한 산업 현장에서 업무를 수행하는 와중에 이렇게 책을 통해 전문지식을 공유하고자 한 필자들의 노력에 박수를 보내며, 1999년 첫 출간 이후 이번 전면3 개정판에 이르기까지 끊임없이 개정을 이어온 꾸준함에 경의를 표합니다.

그동안 정보통신기술ICT은 프로세스 효율화와 시스템화를 통해 기업과 공공기관의 업무 혁신을 이끌어왔습니다. 최근에는 클라우드, 사물인터넷, 인공지능, 블록체인 등의 와해성 기술disruptive technology이 접목되면서 개인의 생활 방식은 물론이고 기업과 공공기관의 운영 방식에도 큰 변화를 가져오고 있습니다. 이런 시점에 컴퓨터의 구조에서부터 디지털 트랜스포메이션에 이르기까지 다양한 ICT 기술의 기본 개념과 적용 사례를 다룬 '핵심 정보통신기술 총서'는 좋은 길잡이가 될 것입니다.

삼성SDS의 사내 기술사들로 이뤄진 필자들과는 프로젝트나 연구개발 사이트에서 자주 만납니다. 그때마다 새로운 기술 변화는 물론이고 그 기술을 일선 현장에 적용하는 방안에 대해 깊이 토론합니다. 이 책에는 그런 필자들의 고민과 경험, 노하우가 배어 있어, 같은 업에 종사하는 분들과 세상의 변화를 알고자 하는 분들에게 도움이 될 것으로 생각합니다.

"세상에서 변하지 않는 단 한 가지는 모든 것은 변한다는 사실"이라고 합니다. 좋은 작품을 만들어 출간하는 필자들과 이 책을 읽는 모든 분에게 끊임없는 도전과 발전의 계기가 되기를 바랍니다. 감사합니다.

2019년 3월
삼성SDS주식회사
대표이사 홍원표

Contents

B
논리회로

C
중앙처리장치

F
캐시기억장치

G
보조기억장치

H
입출력장치

1
운영체제

A

컴퓨터 구조 기본

—

A-1

컴퓨터 발전 과정

컴퓨터는 진공관을 이용한 최초의 시스템인 에니악ENIAC에서 출발하여 초고밀도 집적회로VLSI 소자를 사용한 시스템으로 발전하여 많은 계산을 더욱 빠르게 수행할 수 있게 되었다. 또한 시간이 지남에 따라 성능은 점점 좋아지고 크기는 점점 작아져서 여러 산업 분야에 걸쳐 없어서는 안 되는 핵심 도구로 사용되고 있다.

1 1세대 — 진공관 컴퓨터 시대(1950년대)

1세대는 진공관을 기본 소자로 하는 시기로 상품화된 컴퓨터 시대가 시작되었으며 하드웨어hardware 개발에 박차를 가한 시기로 평가된다. 진공관을 이용한 최초의 컴퓨터 시스템은 1946년 존 모클리(John Mauchley) 교수와 대학원생 J. 프레스퍼 에커트(J. Presper Eckert)가 개발한 ENIACElectronic Numerical Integrator And Calculator이다. ENIAC은 이전에 등장했던 아날로그 컴퓨터의 기계 두뇌 기능, 기계식 스위치의 기능을 빠르게 한 진공관, 그리고 입출력과 메모리 기능의 펀치카드 등 각종 기술을 최적화한 기계였다. 이는 제2차 세계대전 중 군사적 목적으로 개발되었던 1942년 ABCAtanasoff-Berry Computer, 1944년 Harvard Mark-I 등의 영향을 받아 개발되었지만, 빠른 연산 능력과 같은 탁월한 기능은 이후 등장하는 컴퓨터에 미친 영향력을 고려할 때 사실상 현대 컴퓨터의 모태와 같은 기계라 할 수 있다. ENIAC은 최초 목적이었던 탄도 계산 이외에도 날씨 예측, 우주선 연구, 열 폭발, 풍동 설계 등 다양한 분야에 사용되었다.

A • 컴퓨터 구조 기본

프로그램과 데이터를 내부에 저장하는stored program concept 폰 노이만 구조 Von Neumann architecture 개념이 등장했다. 이런 개념을 구체화시킨 첫 번째 컴퓨터는 SEACStandards Eastern/Electronic Automatic Computer로 외부 저장장치로 자기테이프를 사용하여 프로그램이나 서브루틴, 수치 데이터, 출력 결과를 저장하는 기능을 갖추었다.

이 시기에 클로드 섀넌(Claude Shannon)에 의해 데이터 저장과 논리식 처리의 기본이 되는 2진법 체계가 소개되었으며, 프로그래밍 언어로는 컴퓨터에 종속적인 어셈블리 언어나 기계어 같은 저수준 언어를 사용했고, 입력은 수작업으로 하는 것이 일반적이었으나 내부 처리는 배치 처리 방식으로 동작했다. 연산속도는 1,000분의 1초로, 주로 과학 기술 계산 및 통계 자료 분류 등의 제한적인 용도로만 사용되었다. 기억장치로 자기드럼을, 보조기억장치로는 종이테이프, 종이카드를 주로 사용했다.

2 2세대 — 트랜지스터 컴퓨터 시대(1960년대)

2세대는 진공관 대신 트랜지스터transistor를 기본 소자로 사용했다. 트랜지스터를 사용한 최초의 컴퓨터는 1955년에 펠커(Felker)와 해리스(Harris)에 의해 개발된 TRADIC이며, 진공관으로 구성된 기존 1세대 컴퓨터의 구성을 800개의 트랜지스터를 사용하여 변경하면서, 진공관 컴퓨터에서 소모되던 전력을 1/20 이하로 줄일 수 있었다. 또한 범용 목적으로 프로그래밍이 가능한 MIT TX-0가 등장했다. MIT TX-0에서는 3D 틱택토tic-tac-toe나 미로 찾기 등의 테스트 프로그램을 통해 범용 가능성을 보여주었다. 이후 HP, DEC, CDC 등의 다양한 컴퓨터 제조사에서 트랜지스터 컴퓨터를 개발했다. 트랜지스터를 사용한 2세대 컴퓨터부터 과학기술뿐만 아니라 기업의 업무에 활용하기 시작했다.

2세대 컴퓨터는 연산속도는 백만분의 1초로 주기억장치로 자기 코어 magnetic core를 사용했으며, 보조기억장치로 자기디스크magnetic disk와 자기드럼 magnetic drum 등 대형 장치가 개발되었다.

서로 다른 제조사의 컴퓨터 간의 데이터 호환을 위해 ASCII 코드 체계가 확립되었으며, 프로그래밍 언어는 기계어 사용의 불편을 덜기 위하여

FORTRAN, COBOL, ALGOL, LISP, BASIC과 같은 고수준 언어가 개발되어 좀 더 손쉽게 컴퓨터를 통해 연산을 수행하는 것이 가능해졌다. 이 시기에는 고수준 언어를 사용한 다양한 소프트웨어와 시분할 처리 및 다중 프로그래밍, 다중 처리 등의 기능을 포함한 운영체제가 개발되었다. 또한 체계적인 소프트웨어의 개발을 위해 소프트웨어 공학 소프트웨어 공학software engineering 분야도 등장했다.

3 3세대 — IC 컴퓨터 시대(1960년대 중반~1970년대 중반)

3세대는 반도체 소자인 집적회로IC: Integrated Circuit 가 본격적으로 사용된 시대로서 컴퓨터의 크기는 더욱 소형화되었다. 기존의 컴퓨터와 크기 측면에서 차별화하여 마이크로컴퓨터microcomputer 라고 부르게 되었다. 집적회로는 1950년대 후반부터 TI, 페어차일드Fairchild 와 같은 업체에서 트랜지스터와 저항을 회로 상에 집적하는 RTL Resistor-Transistor Logic 의 연구 개발로 탄생했다.

이 시기에 IBM은 집적회로를 사용해 기억장치 구성 소자를 구성한 'System/360'이라는 새로운 기종을 발표했다. IBM의 System/360 개발은 트랜지스터 기반에서 집적회로 기반으로 변화시키고 컴퓨터 시스템을 펀치카드 장비에서 전자 장비로 변모시키는 중요한 계기가 되었다. 집적회로를 이용한 컴퓨터는 대부분 프로그램 호환성을 고려한 범용 시스템으로 개발되었다. 대표적인 시스템으로 IBM System/360, DEC PDP-8, ILLIAC IV 등이 있다.

2세대에서 사용되었던 언어와는 달리 PASCAL, PL/1, C와 같은 구조화된 범용 프로그래밍 언어가 사용되기 시작하여 전문가가 아닌 일반 사용자도 컴퓨터를 사용하여 쉽게 소프트웨어를 개발할 수 있게 되었다. 마이크로 프로그래밍 기술과 병렬처리 기술이 연구되기 시작했으며, 휴대용 저장장치로 사용될 8인치 플로피 디스켓과 컨트롤러가 등장하게 되었다.

4 4세대 — LSI 컴퓨터 시대(1970년대 중반~1980년대 초)

4세대는 컴퓨터 자체의 변화보다는 응용 범위가 매우 넓어진 시기로 컴퓨터가 사회의 많은 분야에 영향을 미치기 시작했다. 기본 소자로 3세대에 사용되었던 집적회로를 발전시킨 대규모 집적회로LSI: Large Scale Integration를 사용했다. 인텔Intel, 자일로그Zilog, 모토로라Motorola 등의 업체에서 개발한 마이크로프로세서microprocessor의 등장으로 개인용 컴퓨터PC: Personal Computer가 급속히 보급될 수 있었다. 이 시기에는 키보드 이외의 입력장치에 대한 관심도 높아져 제록스 알토Xerox Alto 컴퓨터의 경우는 내장형 마우스를 보조 입력장치로 제공하기도 했다. 대표적인 컴퓨터로는 Apple I, Apple II, TRS-80, ATARI 400, ATARI 800 등의 데스크톱desktop 형태의 8비트 컴퓨터가 있다.

대부분의 업체들이 플로피디스크에 비해 상대적으로 저렴한 카세트테이프를 저장장치로 활용했으며, RAMRandom Access Memory과 같은 집적회로를 이용한 주기억장치와 자기디스크와 같은 보조기억장치가 사용되고, 입력장치로는 마우스와 스캐너, 출력장치로는 도트프린터, 비디오/오디오 장치들이 사용되었다. 또한 1960년대 초반에 연구되었던 가상기억장치virtual memory 개념이 구현되어 부족한 기억장치를 보조해주는 수단으로 사용되었다.

C, ADA와 같은 절차 지향 언어가 사용되기 시작했고, 컴퓨터의 소형화와 처리 능력 향상에 힘입어 기업에서도 공장자동화FA, 사무자동화OA 등 컴퓨터를 이용한 업무 자동화가 도입되었다.

5 5세대 — VLSI 컴퓨터 시대(1980년대)

5세대 컴퓨터의 특징은 1979년에 카버 미드(Carver Mead) 교수가 발표한 초고밀도 집적회로VLSI: Very Large Scale Integrated Circuit를 소자로 사용했다는 점이다. 초고밀도 집적회로 기술을 사용해 제한된 크기의 칩chip 내부에 더 많은 회로를 집적할 수 있었기 때문에 지금에 비하면 상당한 무게이기는 하지만 휴대용 컴퓨터portable computer가 시장에 출현하게 되었다. 반도체 제조사들은 이 기술을 적용해 32비트 마이크로프로세서를 개발했다.

컴퓨터의 세대별 발전

세대	사용 전자 소자	특징	사용 언어
1세대 (1950년대)	회로: 진공관 기억: 자기 코어, 자기드럼, 수은 지연 회로	수명이 짧음 크기가 크고 전력 소모 많음 냉각장치 필요 하드웨어에 중점 과학 계산, 통계, 집계에 사용	기계어 어셈블리어
2세대 (1960년대)	회로: 트랜지스터 기억: 자기 코어, 자기드럼, 자기테이프	배치 처리(일괄처리) 컴파일러 사용 운영체제 개발 다중 프로그래밍 입출력 채널 대두 회사 업무에 사용(생산관리, 원가관리)	FORTRAN COBOL ALGOL
3세대 (1960년대 중반~ 1970년대 중반)	회로: 집적회로 기억: IC 기억장치, 자성망막, 자기디스크, 자기테이프	컴퓨터의 소형화 시분할 처리 멀티 프로그래밍 캐시메모리 등장	PASCAL LISP 구조화된 언어
4세대 (1970년대 중반~ 1980년대 초)	회로: 고밀도 집적회로 기억: LSI, 자기디스크, 자기테이프	소형화, 저렴화 개인용 컴퓨터 대중화 네트워크 관리 데이터베이스 관리 지식정보처리(전문가 시스템)	C, ADA 절차 지향 언어
5세대 (1980년대 중반~)	회로: 초고밀도 집적회로(VLSI, ULSI) 기억: VLSI, 자기디스크	다중 프로세서를 사용한 병렬처리 무선 네트워크 환경 클라우드 서비스 인공지능, IoT 등 활용 영역 확대 모바일 기기 대중화	C++, Java 객체 지향 언어

이 시기 컴퓨터의 다른 특징은 종전까지 개발된 컴퓨터에 비해 사람의 두뇌에 더 가까우며 학습, 추론, 음성이나 도형의 인식 등의 기능을 포함한 인공지능AI: Artificial Intelligence을 실현하기 위해 비노이만Non-Neumann형을 추구하고 있으며, VLSI 이상의 집적회로인 극초대규모 집적회로ULSI: Ultra Large Scaled Integrated circuit, 하나의 칩에 시스템을 집적한 단일 칩 시스템SoC: System on a Chip 등을 사용하기도 한다. 종전까지의 컴퓨터는 처리 방법이 명확한 경우 또는 처리를 위한 정보가 확정되어 있는 경우에 한해서 정보처리가 가능했지만, 여러 가지 조건에서 추론하여 판단하는 능력은 없었기 때문에 공학적인 보조 수단에 지나지 않았다. 5세대 컴퓨터 시스템은 지식 기반의 데이터베이스를 활용하여 문제 해결 및 추론을 가능하게 하는 시스템이라고 요약할 수 있다.

이 시기의 저장장치로는 시게이트Seagate에서 최초로 마이크로컴퓨터를 위한 5MB의 저장 공간을 제공하는 하드디스크를 소개했다. 이후 기가바이트giga byte, 테라바이트tera byte 단위의 저장 공간을 제공하는 하드디스크까지

A · 컴퓨터 구조 기본

발전되었다. 사용 언어로는 C++, Java 등의 객체 지향 언어가 등장했으며, 텍스트 기반의 DOS Disk Operating System에서 그래픽 사용자 인터페이스GUI: Graphical User Interface로 발전했다. 인프라 기술로는 컴퓨터 정보통신망computer network 및 인터넷의 발달로 인해 모뎀을 사용하여 전화선을 통해 통신하는 기술에서 점차 랜LAN을 이용한 인트라넷과 인터넷 기술로 발전했다.

또한 무선통신으로 발전과 컴퓨터의 극소형화로 다양한 휴대용 컴퓨터가 모바일 기기가 사용되고 있다.

성능 향상의 일환으로 수만 개의 다중 프로세서를 이용한 병렬처리 컴퓨터 시스템, 몸에 착용할 수 있는 웨어러블wearable 컴퓨터, 인간의 뇌 기능을 모방한 바이오칩을 이용한 바이오Bio 컴퓨터, 광소자를 이용한 새로운 컴퓨터 등의 새로운 형태의 컴퓨터들이 등장하고 있다.

참고자료
http://www.computerhistory.org
신종홍. 2013. 『컴퓨터 구조와 원리 2.0』. 한빛아카데미.
이종섭. 2015. 『컴퓨터구조』. 이한미디어.
우종정. 2014. 『컴퓨터 아키텍처: 컴퓨터 구조 및 동작 원리』. 한빛아카데미.

A-2

컴퓨터 구성 요소

컴퓨터는 각종 회로 및 기계장치들로 이루어진 하드웨어와 하드웨어를 활용하여 원하는 결과를 얻을 수 있게 작성된 프로그램인 소프트웨어로 구성되어 있다. 운영체제는 하드웨어와 사용자 사이에 위치하여 하드웨어와 소프트웨어 자원을 관리하는 프로그램이다. 이 장에서는 하드웨어 중심의 컴퓨터 구성 요소를 알아보도록 한다.

1 컴퓨터 구성 요소

컴퓨터 하드웨어는 중앙처리장치CPU: Central Processing Unit 내부의 제어장치와 연산장치, 프로그램이나 데이터를 저장하는 기억장치, 데이터를 읽기 위한 입력장치, 처리한 결과를 출력하는 출력장치, 데이터가 이동하는 시스템 버스(데이터 전송통로)로 분류할 수 있다.

2 중앙처리장치CPU

중앙처리장치는 프로세서processor라고도 하며 컴퓨터 시스템 전체를 제어하는 장치이다. 컴퓨터 시스템의 핵심 부분으로 각종 연산을 담당하며 주기억 장치에 저장된 프로그램을 실행시키는 역할을 수행한다. 중앙처리장치는 크게 시스템을 제어하는 제어장치와 계산 과정을 담당하는 연산장치로 구성되며, 저장 장소의 역할을 하는 레지스터도 포함된다.

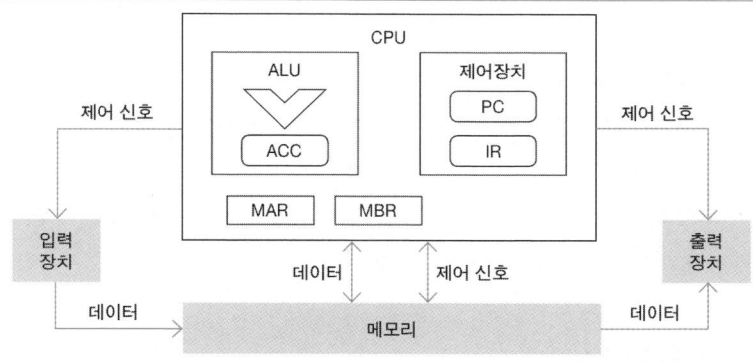

최근 컴퓨터는 하나의 칩chip에 복수의 프로세서를 집적한 멀티코어 multi-core CPU를 사용한다. 코어는 칩 하나에 집적된 프로세서를 나타내는 말로, 쿼드코어quad-core CPU는 한 칩에 4개의 프로세서가 집적된 CPU라는 의미이다.

2.1 제어장치 | control device

제어장치는 명령어에 따라 입출력장치, 기억장치, 연산장치 등의 동작을 제어하고 감독·통제하는 기능을 하는 장치이다. 제어장치는 적절한 순서로 명령어를 인출하고 그 명령어를 해석한 결과에 따라 컴퓨터 시스템의 필요한 부분으로 제어 신호를 전달한다. 모든 장치는 제어장치가 보낸 제어 신호에 따라서 명령을 수행하므로, 제어장치를 명령어장치instruction unit라고도 한다.

2.2 연산장치 | ALU: Arithmetic Logic Unit

CPU의 핵심 요소로서 산술연산arithmetic operation과 논리연산logic operation, 수치의 대소 비교compare, 자리 이동shift 등을 수행하는 장치로 실행장치 execution unit 또는 산술논리장치ALU: Arithmetic Logic Unit라고도 한다. 산술연산은 주로 사칙연산을 수행하며, 논리연산은 AND, OR, NOT, XOR 등 참과 거짓을 판결하는 연산을 수행한다.

2.3 레지스터 register

레지스터는 중앙처리장치에 위치한 고속 메모리로 중앙처리장치가 바로 사용할 수 있는 데이터를 담는다. 연산 처리를 위한 데이터, 연산 처리 중의 중간 결과, 연산 처리 후의 결과를 일시적으로 기억해두는 기억장치로 연산의 고속화 및 프로그래밍의 편리성에 목적을 둔다. CPU 내부에는 누산기, 명령어 레지스터 등의 다양한 레지스터가 있다.

2.4 내부 버스

CPU 내부 버스는 제어장치, 연산장치, 레지스터 등과 같은 CPU 내부 구성 요소를 연결하여 데이터 신호, 주소 신호, 제어 신호를 전송하는 배선 wire 의 집합이다.

3 기억장치 memory

내부기억장치와 외부기억장치

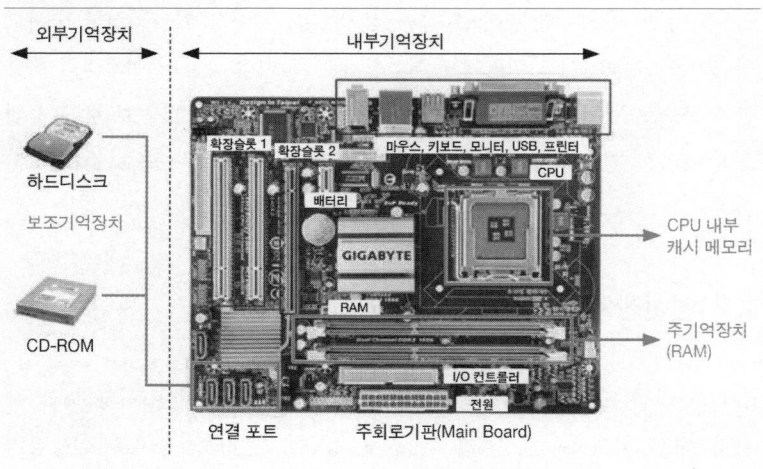

컴퓨터 시스템은 프로그램과 프로그램을 수행하는 데 필요한 데이터를 저장하기 위해 다양한 기억장치를 사용한다. 기억장치는 내부기억장치와 외

부기억장치로 나눌 수 있다. 중앙처리장치 내의 레지스터와 캐시기억장치 cache memory, 주기억장치는 내부기억장치에 속하고, 보조기억장치는 외부기억장치에 속한다.

CPU에 가까이 위치한 기억장치는 고속이지만 가격이 비싸 소용량으로 구성하고, CPU에서 멀리 위치한 기억장치는 저속의 대용량 장치로 구성한다.

기억장치의 계층구조

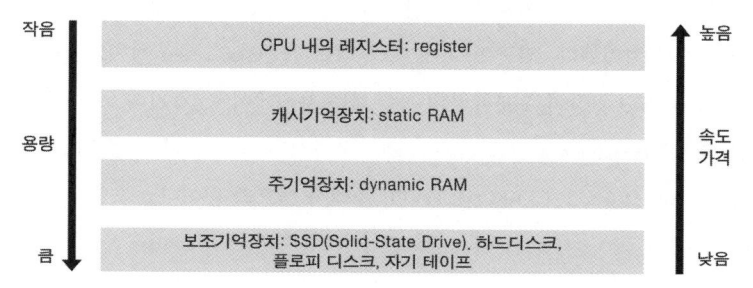

3.1 주기억장치 main memory

주기억장치는 프로그램과 수행에 필요한 데이터가 저장되는 장소이다. 중앙처리장치에 접근하는 속도가 비교적 빠르며 많은 양의 데이터를 기억할 수 있다. RAM Random Access Memory 을 사용하여, 영구 저장 능력이 없기 때문에 일시적 저장장치로만 사용한다. 0과 1을 저장할 수 있는 기본 단위인 비트 bit 로 구성되며, 고유 주소를 가진 워드 word 나 바이트 byte 로 구성된 대규모 배열이다. 주소를 읽거나 기록함으로써 상호작용하는 특성이 있는데, 주기억장치에 접근하기 위해 주소 지정 방법이 필요하다. CPU에는 다음 두 개의 레지스터를 통해 메모리와 정보를 교환한다.

(1) 메모리 주소 레지스터 MAR: Memory Address Register : CPU가 읽을 메모리의 주소
(2) 메모리 버퍼 레지스터 MBR: Memory Buffer Register : 메모리 주소 레지스터가 가리키는 위치의 워드를 읽어 내용을 저장해 CPU가 읽을 수 있게 함

3.2 보조기억장치 Second Memory

보조기억장치는 외부기억장치 또는 2차 기억장치secondary memory라고도 하며 데이터를 저장하고 보존할 수 있다. 보조기억장치는 영구 저장이 가능하고 데이터의 입력과 출력이 가능한 복합 공간이기 때문에 입출력장치 즉, 주변장치로 분류되기도 한다. 기계적인 장치가 포함되어 속도가 느리나, 저장 밀도가 높고, 비트당 비용이 저렴하다. 그러나 보조기억장치에 저장된 데이터는 중앙처리장치와 직접 정보를 교환할 수 없으므로 주기억장치로 옮겨진 후 처리된다. 접근 방식에 따라 직접 접근direct access 장치와 순차 접근sequential access 장치로 분류하며 종류에는 자기테이프, 자기디스크, 자기드럼, RAID Redundant Array of Inexpensive Disks, 광디스크 등이 있다. 대표적인 저장장치는 하드디스크, CD-ROM, DVD, 플래시 메모리 등이다.

4 입출력장치 Input/Output device

컴퓨터의 구성요소 중 CPU와 주기억장치를 제외한 구성요소들을 입출력장치라고도 한다. 크게 입력장치, 출력장치, 저장장치로 나눌 수 있다.

입출력장치는 주기억장치의 정보를 입출력하기 위한 특별한 명령어를 해석해 수행하는 독립된 컴퓨터 장비로, 사용자와 컴퓨터 간의 대화를 위한 도구이다. 입출력장치는 CPU에 비해 속도가 현격하게 느리기 때문에 입출력장치의 입출력을 위해 CPU를 대기시키는 것은 CPU를 효율적으로 사용하지 못하고 낭비를 유발하므로 입출력을 위한 전용 프로세서인 입출력 프로세서를 별도로 둔다.

입력장치는 컴퓨터에서 처리할 데이터와 정보를 외부에서 입력할 수 있게 해준다. 처리하고자 하는 데이터를 제어장치의 명령에 따라 입력 매체에서 읽어서 기억장치로 보낸다. 마우스, 키보드, 스캐너, 터치패드 등이 있으며 음성인식, 행동인식 등으로 발전되고 있다.

출력장치는 컴퓨터 내부에서 처리된 결과를 사용자가 활용할 수 있도록 출력 매체를 통해 내보낸다. 모니터, 프린터, 프로젝터, 스피커 등이 있다.

5 데이터 전송 통로

컴퓨터의 주요 구성요소인 CPU, 기억장치, 입출력장치 간 데이터 전송 통로를 버스bus라고 한다. 버스는 컴퓨터의 각 장치들을 연결하는 배선의 집합으로 컴퓨터는 이 버스를 통해 각종 신호와 데이터를 교환한다. 버스는 위치에 따라 주기억장치와 연산장치를 연결하는 내부 버스와 내부 메모리와 외부 주변장치를 연결하는 외부 버스로 나누거나, 목적에 따라 데이터 버스, 주소 버스, 제어 버스로 구분하기도 한다. 모든 버스를 통칭하여 시스템 버스라고 한다.

데이터 버스는 CPU와 주기억장치, 주변장치 간에 데이터를 전송하는 배선의 집합으로 버스를 구성하는 배선의 수는 CPU가 한 번에 전송할 수 있는 데이터의 양(비트 수)을 결정한다. 일반적으로 워드를 사용한다.

주소 버스는 CPU가 구성요소를 식별하기 위한 주소 정보를 전달하는 배선의 집합이다. 주소 버스의 배선 수는 CPU와 접속할 수 있는 최대 메모리의 용량을 결정한다.

제어 버스는 CPU가 각 장치들의 동작을 제어하는 데 사용되는 배선의 집합이며, 제어 신호에 의해 연상장치의 연산 종류, 주기억장치의 읽기, 쓰기 동작이 결정된다.

 참고자료

구현회. 2010. 『운영체제』. 한빛미디어.

김성락 외. 2011. 『컴퓨터 구조의 이해』. 정익사.

신종홍. 2013. 『컴퓨터 구조와 원리 2.0』. 한빛미디어.

우종정. 2014. 『컴퓨터 아키텍처: 컴퓨터 구조 및 동작 원리』. 한빛아카데미.

컴퓨터 분류

컴퓨터는 기능, 구조, 사용 목적 등을 기준으로 다양하게 분류할 수 있다. 대표적인 컴퓨터의 분류 방법에는 사용 목적에 따른 분류, 사용 데이터에 따른 분류, 처리 능력에 따른 분류, 구조에 따른 분류 등이 있다.

1 사용 목적에 따른 분류

1.1 범용 컴퓨터 general purpose computer

여러 분야의 다양한 업무를 처리할 수 있도록 제작된 컴퓨터이다. 일반적으로 급여 계산, 인사관리, 회계관리, 자료관리 등에 활용하는 일반 사무용 컴퓨터와 연산 기능 중심의 과학기술용 컴퓨터로 구분된다. 범용 컴퓨터는 여러 분야의 업무를 처리하므로 다양한 형태의 자료를 취급할 수 있고, 기억 용량이 크고 처리 속도가 빠르다.

1.2 특수용 컴퓨터 special purpose computer

주로 군사용이나 공장의 제조공정 제어, 의료장비 등 특정 업무에만 사용하도록 특별하게 제작된 컴퓨터이다. 주로 일체형으로 한정적 목적에 사용되며, 반복적인 작업을 수행하는 특정 분야에 사용하도록 설계되었다. 공장의

로봇, 항공기의 자동조정장치, 특수 의료기기 등 많은 분야에서 활용하고 있다. 전용 컴퓨터는 수행 환경에 따른 온도, 습도, 충격 등의 일반적이지 않은 환경에서도 정상적으로 동작할 수 있어야 한다.

2 사용하는 데이터 형태에 따른 분류

2.1 디지털 컴퓨터 digital computer

불연속적인 자료의 조합으로 구성된 정보를 2진수의 데이터로 부호화하여 나타내는 것을 디지털이라 하고, 이러한 디지털 데이터를 처리하는 컴퓨터를 디지털 컴퓨터 또는 계수형 컴퓨터라고 한다. 우리가 일반적으로 말하는 대부분의 컴퓨터가 이에 속한다. 아날로그 컴퓨터보다 정밀도가 높으며 처리 결과를 부호, 문자, 숫자, 그림 등으로 정확히 구분할 수 있다.

2.2 아날로그 컴퓨터 analog computer

길이, 전압, 전력 등과 같이 연속적인 물리량으로 표시되는 아날로그 신호를 데이터로 이용하는 컴퓨터이다. 연속적인 물리량을 변환 없이 데이터로 입력하고, 자료를 처리한 곡선이나 그래프 등의 결과를 종이나 모니터로 출력하는 컴퓨터를 말한다. 주로 미적분 함수의 계산, 공정관리를 위한 온도 조절, 프로세스 제어 및 제품의 성능이나 특성 등에 대한 시뮬레이션 등에 사용된다. 입력된 자료의 비교 및 측정을 실시간으로 처리하므로 응답속도가 빠르고 정확하다. 그러나 아날로그 컴퓨터는 데이터 저장 능력이 없으며, 일반적으로 사용하는 디지털 컴퓨터에서 아날로그 자료를 이용하기 위해서는 아날로그-디지털 변환기 ADC: Analog-Digital Converter 가 필요하다.

2.3 하이브리드 컴퓨터 hybrid computer

아날로그 컴퓨터의 저렴한 가격과 신속한 처리 속도, 디지털 컴퓨터의 정확성, 고속성의 장점을 수용하여 아날로그 기능과 디지털 기능을 하나의 컴퓨터 시스템으로 혼합한 컴퓨터이다. 대표적인 장치로 모뎀MODEM: MOdulator & DEModulator이 있다. 디지털 데이터를 아날로그 신호로, 또는 아날로그 신호를 디지털 데이터로 변환하여 두 종류의 데이터를 모두 처리할 수 있다.

3 처리 능력에 따른 분류

중앙처리장치와 기억장치의 성능이 컴퓨터의 처리 능력을 좌우하며 다음과 같이 분류할 수 있다.

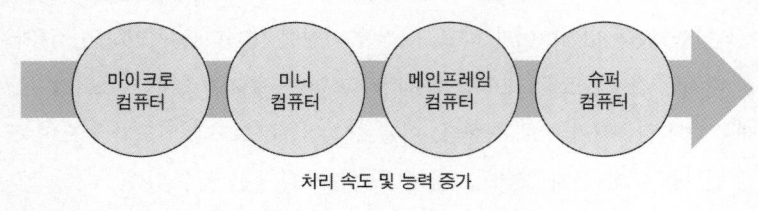

처리 속도 및 능력 증가

3.1 마이크로컴퓨터 microcomputer

가정용이나 사무용으로 사용하는 일반적인 PC를 의미한다. 가격이 저렴하고 크기가 작다. 8비트, 16비트, 64비트와 같이 워드 길이에 따라 구분하며, 숫자가 클수록 처리 속도가 빠르다. 데스크톱 컴퓨터, 휴대용 랩톱portable laptop 컴퓨터, 노트북notebook, 팜톱palm-top 컴퓨터 등이 있다.

3.2 미니컴퓨터 minicomputer

마이크로컴퓨터보다 조금 크며, 대용량의 주기억장치와 보조기억장치가 있고, 다수의 사용자가 한 컴퓨터를 사용할 수 있다. 분산처리 네트워크의 지능형 터미널과 실제 사용자 컴퓨터 시스템으로 사용되고 있으며, 인터넷 분야에서 서버로서의 역할도 수행한다. 중소기업, 학교, 연구소 등에서 사용한다. 워크스테이션workstation은 미니컴퓨터 기능의 컴퓨터로 사용자 중심의 고성능 데스크톱 컴퓨터이다. 32비트 또는 64비트의 CPU를 사용하고 고속의 그래픽 처리 하드웨어를 포함하고 있어 설계, 시뮬레이션 분야에 주로 사용한다.

3.3 메인프레임 컴퓨터 mainframe computer

대용량의 저장장치를 보유하여 다중 입출력 채널을 이용한 고속의 입출력 처리가 가능한 컴퓨터로 일반적인 기업체, 정부기관 등에서 사용된다. 다수의 터미널과 디스크 등의 주변장치들을 연결하여 많은 자료의 서비스를 동시에 제공할 수 있으며, 대규모 데이터베이스를 저장하거나 관리하는 데 용이하다. 다중 사용자와 다중 작업을 지원하는 만큼 안정성이 높아야 하며, 발열로 인해 온도조절을 위한 냉각장치와 정전에 대비한 무정전 전원장치 UPS: Uninterruptible Power Supply 등이 필요하다.

3.4 슈퍼컴퓨터 supercomputer

복잡한 계산을 초고속으로 처리하는 초대형 컴퓨터이다. 강력한 병렬처리를 지원하며 복잡한 연산을 매우 빠른 속도로 계산한다. 위성 탐사, 유체 해석, 기상 예측, 원자력 개발 등 복잡한 계산을 고속/대용량으로 수행하는 데 활용되고 있다.

4 구조에 따른 분류

4.1 파이프라인 슈퍼컴퓨터 pipeline super computer

파이프라인
연속으로 주어지는 어떤 작업을 하는 데 있어 처리율(throughput)을 높이는 일반적인 알고리즘

CPU 하나에 다수의 연산장치를 포함하는 컴퓨터로, 각 연산장치는 고도의 파이프라이닝 구조를 이용하여 고속 벡터 계산이 가능하다.

4.2 대규모 병렬 컴퓨터 massively parallel computer

동시에 동작하는 복수의 마이크로프로세서를 사용하는 병렬 컴퓨터를 더

발전시킨 개념으로, 시스템 하나에 상호 연결된 수백 혹은 수천 개 이상의
프로세서를 사용하는 컴퓨터 시스템을 말한다. 다수의 프로세서가 다수의
프로그램 혹은 분할된 프로그램을 동시에 처리하여 처리 속도를 향상시키
고 단위 시간당 작업량을 증가시킬 수 있다. 최근 고속 대용량의 데이터 처
리를 필요로 하는 컴퓨팅 환경에서 다수의 프로세서를 결합하여 단일 프로
세서 성능의 한계를 극복하기 위한 방법으로 활용되고 있다.

 참고자료

김민장. 2010. 『프로그래머가 몰랐던 멀티코어 CPU 이야기』. 한빛미디어.
김성락 외. 2011. 『컴퓨터 구조의 이해』. 정익사.
신종홍. 2013. 『컴퓨터 구조와 원리 2.0』. 한빛미디어.
우종정. 2014. 『컴퓨터 아키텍처: 컴퓨터 구조 및 동작 원리』. 한빛아카데미.

A-4

컴퓨터 아키텍처

오늘날 컴퓨터의 기본 아키텍처는 내장 프로그램stored program 방식이다. 1945년 폰 노이만Von Neumann이 제안한 개념으로 컴퓨터에 기억장치를 설치하고, 동일 기억장치에 프로그램과 데이터를 저장한 후 프로그램에 포함된 명령어에 따라 작업을 처리하는 방식을 말한다.

1 컴퓨터의 기본 아키텍처

오늘날 컴퓨터의 기본 아키텍처는 내장 프로그램stored program 방식이다. 1945년 폰 노이만(Von Neumann)이 제안한 개념으로 컴퓨터에 기억장치를 설치하고, 동일 기억장치에 프로그램과 데이터를 저장한 후 프로그램에 포함된 명령어에 따라 작업을 처리하는 방식을 말한다. 컴퓨터는 주기억장치, 중앙처리장치, 입출력장치의 전형적인 3단계 구조를 갖고, 중앙처리장치 CPU는 입력된 데이터와 명령어를 프로그램에서 지정한 순서에 따라 수행한다.

2 폰 노이만 아키텍처

ENIAC 개발 프로젝트의 고문이었던 수학자 존 폰 노이만(John Von Neumann)이 1945년 제안한 모델로, 프로그램을 저장하고 변경할 수 있는 프로그램 내장식 컴퓨터 아키텍처이다. 프로그램 내장식 컴퓨터 모델은 컴퓨터 내부에 프로그램과 데이터를 저장하여 컴퓨터가 필요한 내용을 정해 진 순서에 따라 인출하고 해독하여 실행하는 방법으로 동작한다. 이러한 방 식의 컴퓨팅 모델을 제안자의 이름을 따서 폰 노이만 아키텍처 또는 그의 소속 대학 이름을 따서 프린스턴 아키텍처라고 부른다.

폰 노이만 아키텍처는 명령어를 메모리에 적재하는 구조로 모든 명령어 는 실행 전에 반드시 메모리에 적재되어야 한다stored program. 또한 명령어와 데이터는 동일 메모리에 저장된다(공유 메모리).

메모리에 적재된 명령어들은 CPU가 한 번에 한 명령어만 처리할 수 있기 때문에 프로그램 카운터PC: Program Counter 에 따라 순차적으로 인출하여 처리 한다.

폰 노이만 구조

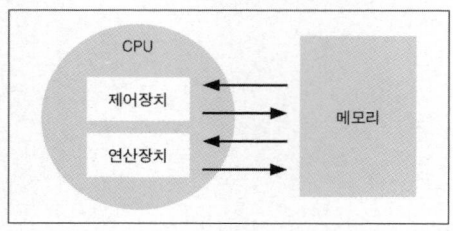

폰 노이만 아키텍처는 하나의 메모리에 명령어, 데이터 모두 저장됨에 따 라 메모리 버스의 병목 현상이 발생하는데, 이는 CPU 와 I/O 속도 차이에 의한 것이다. 이러한 폰 노이만 컴퓨터 한계의 극복하기 위해 여러 병렬처 리 기법pipeline, super scalar, VLIW: Very Long Instruction Word과 멀티 프로세서SMP: Symetric Multi Processing, MPP: Massively Parallel Processing가 사용된다. 또한 I/O 성능 향상을 위해 캐시메모리, I/O 채널 병렬화 등의 방법이 활용된다.

3 하버드 아키텍처

하버드 아키텍처는 폰 노이만 아키텍처의 변형으로써 메모리를 2개로 분할 하여 명령어와 데이터를 서로 다른 메모리 영역에 저장하며, 메모리 영역마 다 주소 버스, 데이터 버스, 제어 버스가 별도 존재하여 명령어와 데이터를 병렬로 인출하는 구조이다. 명령어와 데이터를 동시에 읽어 들일 수 있으며 명령어 길이가 표준 데이터 크기(워드)에 제한이 없다.

즉, 폰 노이만 컴퓨터의 병목 현상 문제를 해결하기 위해 별도의 메모리에 명령과 데이터를 개별 저장하는 형태로 발전한 것이 하버드 아키텍처 컴퓨터이다.

폰 노이만 구조와 하버드 구조의 비교

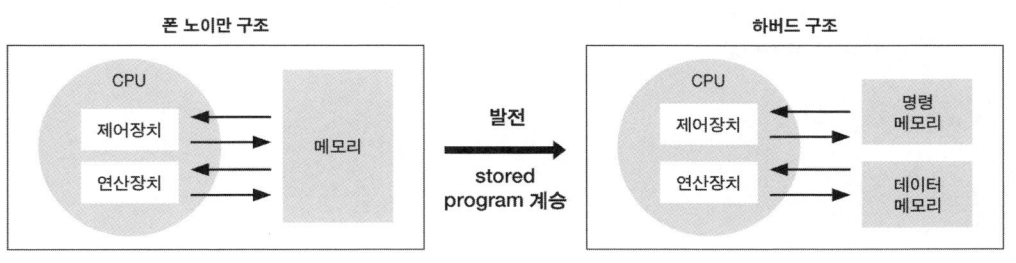

폰 노이만 아키텍처와 하버드 아키텍처의 차이점은 다음의 표와 같다.

폰 노이만 구조와 하버드 구조의 특징 비교

구분	폰 노이만 구조	하버드 구조
기본 원리	중앙집중식 명령처리	분산 명령처리
프로세서	CISC	RISC
메모리	공유 메모리	명령 메모리(instruction memory), 데이터 메모리(data memory) 별도
장점	구현 비용 저렴	파이프라이닝 최적
단점	메모리 병목	메모리 비용 증가, 회로 복잡
적용 사례	Intel, AMD	ARM, MIPS

최근에는 고성능 CPU 설계 시, 폰 노이만과 하버드 아키텍처를 모두 도입하여 캐시메모리를 명령어와 데이터로 분리하여 사용하기도 한다. 하버드 구조는 CPU 내부에 적용하고, 폰 노이만 구조는 CPU 외부에 적용하여 상호 보완하는 형태로 사용한다.

참고자료

신종홍. 2013. 『컴퓨터 구조와 원리 2.0』. 한빛미디어.

우종정. 2014. 『컴퓨터 아키텍처: 컴퓨터 구조 및 동작 원리』. 한빛아카데미.

기출문제

87회 응용   폰 노이만(Von Neumann)형 아키텍처와 하버드(Harvard) 아키텍처의 특징을 비교 설명하시오. (25점)

101회 응용   컴퓨터 시스템의 5가지 구성 요소를 제시하고, 폰 노이만 컴퓨터(Von Neumann Computer)의 기초가 되는 Stored-program computer의 개념에 대하여 설명하시오. (25점)

B

논리회로

—

논리 게이트

낮은 전압과 높은 전압의 두 상태를 변환할 수 있는 스위칭 회로의 필요성에 의해 개발된 트랜지스터를 활용하여 디지털 회로를 구성하는 데 기본이 되는 것이 논리 게이트이다.

1 논리 게이트 logic gate 의 개요

디지털 논리 게이트는 트랜지스터 회로를 응용하여 2진 논리 상태, '0'과 '1' 로 동작하는 전자회로를 말하며, 하나 혹은 그 이상의 입력 신호로부터 하나의 출력 신호를 발생시키도록 구성되어 있다.

디지털 시스템에서 '0'과 '1'의 두 가지 상태를 구분하기 위한 방법으로 전압 레벨을 사용하는데, 예를 들어 0V와 1V 사이의 전압 상태를 '0' 상태, 3V에서 5V 사이의 전압 상태를 '1' 상태로 정하게 된다.

논리 변수는 1이나 0의 두 가지 값만을 갖는 2진 변수로 기본 연산에는 논리곱AND, 논리합OR, 논리부정NOT, 배타적 논리합XOR이 있고 그 밖의 논리 회로로 버퍼, NAND, NOR, XNOR가 있다.

2 AND 게이트

AND 게이트는 논리곱이라고도 하며, 두 개의 2진 변수를 입력받아 이에 대한 하나의 결과를 출력하고, 연산기호 × 또는 •로 표시한다. 모든 입력 신호 레벨이 '1'인 경우에만 출력이 '1'이 되고 나머지 경우는 모두 0을 출력하는 논리회로이다. 논리곱(AND)은 2개 이상의 입력 단자와 1개의 출력 단자를 가지고 있다.

3 OR 게이트

OR 게이트는 논리합이라도고 하며, 입력이 하나라도 '1'인 상태라면 출력이 '1'이 되는 논리회로이다. 연산 기호는 +를 사용하고, 입력 단자가 2개인 경우에는 입력 경우의 수는 2^2가 되어 총 네 가지가 되며, 입력 단자가 3개인 경우에는 2^3이 되어 총 여덟 가지의 입력 신호 조합이 만들어진다.

4 NOT 게이트

NOT 게이트는 논리부정이라고도 하며, 입력 1개와 출력 1개로 구성되는 논리회로로서 인버터 Inverter 라고 부른다. 입력 논리 변수 X에 대해 $\overline{X}$, X', 또는 NOT X와 같이 표현하고 입력 X가 0이면 결과는 1이 되고, X가 1이면 결과는 0이 된다.

5 버퍼 buffer 게이트

버퍼 게이트는 입력된 신호를 변경하지 않고 그대로 출력하는 논리 게이트로서 단순한 전송 기능을 수행한다. 논리 게이트는 하나의 게이트로만 동작되는 것이 아니라 여러 논리 게이트들이 상호 연결되어 하나의 동작 모듈 기능을 수행하게 된다. 하나의 논리 게이트 출력은 1개 이상의 논리 게이트 입력으로 연결되며, 이때 중간에 버퍼 게이트를 두어 논리 게이트를 연결할 수 있다.

버퍼에는 단순한 전송 기능을 수행하는 버퍼 이외에 하이high, 로low, 하이 임피던스high impedance 를 구분할 수 있는 3 상태 버퍼도 있다. 하이 임피던스 상태는 마치 연결선이 절단된 것과 마찬가지인 상태를 말한다.

종류	그래픽 심벌	불 함수	진리표
AND		$F = xy$	x y | F 0 0 | 0 0 1 | 0 1 0 | 0 1 1 | 1
OR		$F = x + y$	x y | F 0 0 | 0 0 1 | 1 1 0 | 1 1 1 | 1
인버터		$F = \bar{x}$	x | F 0 | 1 1 | 0
버퍼		$F = x$	x | F 0 | 0 1 | 1
NAND		$F = \overline{xy}$	x y | F 0 0 | 1 0 1 | 1 1 0 | 1 1 1 | 0
NOR		$F = \overline{x + y}$	x y | F 0 0 | 1 0 1 | 0 1 0 | 0 1 1 | 0
XOR		$F = x\bar{y} + \bar{x}y$	x y | F 0 0 | 0 0 1 | 1 1 0 | 1 1 1 | 0
XNOR		$F = xy + \overline{xy}$	x y | F 0 0 | 1 0 1 | 0 1 0 | 0 1 1 | 1

B・논리회로

6 NAND 게이트

NAND 게이트는 AND 게이트에 NOT 게이트가 직렬로 연결된 형태로서 AND 게이트 출력의 인버터이다.

7 NOR 게이트

OR 게이트의 출력 단자에 NOT 게이트를 직렬로 연결하여 구성한다.

8 XOR 게이트

배타적exclusive OR의 약어로서 2개의 입력 신호가 서로 같은 경우에는 출력이 '0'이 되고, 서로 다르면 '1'이 되는 논리회로로, 연산 기호는 $\oplus$를 사용한다. 배타적이라는 것은 서로 다름을 선택한다는 의미로, XOR 게이트의 출력이 '1'이 되기 위해서는 서로 다른 입력이 있어야 한다. 논리합의 형태로는 $AB'+A'B$와 같은 논리관계를 가지며, $A \oplus B$, A XOR B와 같이 표현한다.

9 XNOR 게이트

배타적exclusive NOR 게이트로서 2개의 입력 신호가 서로 다르면 '0'이 출력되고, 서로 같으면 '1'이 출력되는 논리 게이트이다. XNOR 게이트의 경우 입력 단자에 입력되는 '0' 혹은 '1'의 값이 짝수 개이면 '1'이 출력되는 특징이 있다.

참고자료

Morris Mano. 2012. *Digital Design*. Prentice-Hall.

신종홍. 2013. 『컴퓨터 구조와 원리 2.0』. 한빛아카데미.

이종섭. 2014. 『컴퓨터구조』. 이한미디어.

기출문제

114회 응용   NOR/NAND Flash Memory. (10점)

B-2

불 대수 Boolean Algebra

불 대수는 디지털 논리회로의 분석과 설계에서 가장 기본이 되는 수학이다. 불 대수에서는 0과 1을 나타내는 변수들을 사용하여 논리 기능을 표현한다.

1 불 대수의 사용 목적

불 대수boolean algebra는 디지털 논리회로의 분석과 설계에서 가장 기본이 되는 수학이다. 1854년 조지 불(George Boole)이 논리학을 체계적으로 표현하기 위해 불 대수boolean algebra 시스템을 제안하였고, 1938년 섀넌(C. Shannon)이 2가지 값만 갖는 불 대수를 연구하여 스위칭 대수switching algebra 시스템을 고안하여 오늘날 디지털 컴퓨터의 근본 원리가 되었다.

불 함수boolean function는 불 대수로 표현되는 함수로 2진 변수를 사용한다. 각각의 변수는 0과 1의 값을 가지기 때문에 불 함수도 최종적으로 0과 1 중 하나를 결과 값으로 가진다.

불 대수의 사용 목적은 디지털 회로의 설계와 분석을 용이하게 하는 데 있으며, 다음의 세부 목적을 갖는다.

(1) 변수 사이의 진리표(true table) 관계를 대수 형식으로 표현한다.
(2) 논리도의 입출력 관계를 대수 형식으로 표현한다.

(3) 같은 기능의 보다 간단한 회로로 단순화한다.

2 불 함수

불 대수에서는 0과 1을 나타내는 변수들을 사용하여 AND, OR, NOT 논리 기능을 표현한다. AND 논리는 변수들의 곱셈으로 OR 논리는 변수들의 덧셈으로, NOT은 변수 위에 바bar를 붙이거나 변수 뒤에 ' 표시를 하여 표현한다.

불 함수boolean function는 불 대수로 표현되는 함수로 2진 변수를 사용한다. 각각의 변수는 0과 1의 값을 가지기 때문에 불 함수도 최종적으로 0과 1 중 하나를 결과 값으로 가진다.

2.1 불 NOT

불 NOT은 2진 변수 값을 반전시키기 위한 표현이다. 변수 A가 0인 경우 불 NOT A는 1이 되고, 1인 경우 불 NOT A는 0이 된다. 불 NOT은 인버터 논리 게이트를 사용하여 구현한다.

2.2 불 OR

불 OR는 불 덧셈으로 산술 덧셈과 동일한 + 기호를 사용한다. 불 OR는 OR 게이트를 사용하여 구현 가능하며 피연산자 중 하나라도 1이 있으면 결과 값은 1이 된다.

2.3 불 AND

불 AND는 불 곱셈으로 산술 곱셈 기호 대신 논리곱을 나타내는 ● 를 사용하며, 논리 숫자가 아닌 논리 변수의 불 AND 연산에서는 기호를 생략하여 표현한다. 불 AND에서는 두 값 중 하나라도 0이 있으면 결과 값은 0이 되고, 두 값이 모두 1이 되어야 결과 값이 1이 된다.

함수	기호	설명
NOT	$\overline{X}$, X'	불 NOT은 2진 변수 값을 반전시키기 위한 표현이다. 변수 A가 0인 경우 불 NOT A는 1이 되고, 1인 경우는 0이 된다. 불 NOT은 인버터 논리 게이트를 사용하여 구현한다.
OR	+	불 OR는 불 덧셈으로 산술 덧셈과 동일한 + 기호를 사용한다. 불 OR는 OR 게이트를 사용하여 구현 가능하며 피연산자 중 하나라도 1이 있으면 1이 된다.
AND	•	불 AND는 불 곱셈으로 산술 곱셈 기호 대신 논리곱을 나타내는 • 를 사용하며, 논리 숫자가 아닌 논리 변수의 불 AND 연산에서는 기호를 생략하여 표현한다. 불 AND에서는 두 값 중 하나라도 0이 있으면 결과 값은 0이 되고, 두 값이 모두 1이 되어야 결과 값이 1이 된다.

3 불 대수의 규칙과 법칙

3.1 불 대수의 규칙

규칙	설명
$A \cdot 0 = 0$	불 대수에서도 일반 대수와 마찬가지로 어떤 변수에 0을 논리곱 하면 결과 값은 0이 된다.
$A \cdot 1 = A$	불 AND 연산에서 입력이 1인 경우에는 결과 값에 전혀 영향을 주지 못한다. 일반 대수에서 어떤 변수에 1을 곱하더라도 결과 값은 그 변수 자체 값이 되는 것과 동일하다.
$A \cdot A = A$	모든 불 함수는 자기 자신을 AND 연산하게 되면 자기 자신의 값과 같게 된다. 즉, A = 0인 경우에는 $A \cdot A = 0 \cdot 0 = 0$이 되고, A = 1인 경우에는 $A \cdot A = 1 \cdot 1 = 1$이 된다.
$A \cdot \overline{A} = 0$	어떤 변수와 그 보수를 AND 연산시키면 결과는 0이 된다.
$A + 0 = A$	불 OR 연산에서 입력 값이 0인 경우에는 결과 값에 영향을 주지 못한다.
$A + 1 = 1$	어떤 변수와 1을 불 OR 연산하게 되면 결과 값은 항상 1이 된다.
$A + A = A$	동일한 변수들을 서로 불 OR 연산하게 되면 결과 값은 변수와 동일한 값을 갖게 된다. 하나의 입력 신호가 동시에 OR 게이트 입력 단자에 연결되면 게이트 출력은 입력 신호와 동일하게 된다.
$A + \overline{A} = 1$	어떤 변수와 그 변수의 보수를 불 OR 시키면 결과 값은 항상 1이 된다.
쌍대성의 원리	쌍대성의 원리는 불 AND와 불 OR 사이에는 서로 dual 관계가 있음을 뜻한다. 불 AND 등식에서 AND 연산자를 OR 연산자로 바꾸고, 0을 1로, 1을 0으로 바꾸면 불 OR 등식이 성립하게 된다.
$\overline{\overline{A}} = A$	불 대수에서 어떤 변수의 보수를 다시 보수로 취하면 원래 값으로 되돌아온다. 논리적으로 부정의 부정은 긍정이라는 의미와 같다.
$A + A \cdot B = A$	다음과 같이 증명 가능하다. $A + A \cdot B = A(1 + B) = A \cdot 1 = A$

규칙	설명
$A + \overline{A} \bullet B = A + B$	다음과 같이 증명 가능하다. $A + \overline{A}B = (A + AB) + \overline{A}B = (AA + AB) + \overline{A}B$ $\quad = AA + AB + A\overline{A} + \overline{A}B = (A + \overline{A})(A + B) = 1 \bullet (A + B) = A + B$
$(A + B)(A + C) = A + B \bullet C$	다음과 같이 증명 가능하다. $(A + B)(A + C) = AA + AC + BA + BC = A + AC + AB + BC$ $\quad = A(1 + C) + AB + BC = A + AB + BC$ $\quad = A(1 + B) + BC = A + BC$

3.2 불 대수의 법칙

법칙	설명
닫힘(closure) 법칙	A와 B가 집합 C의 원소이면, 즉 A ∈ C, B ∈ C에 대해 다음 식을 만족한다. $\quad (A + B) \in C$ $\quad (A \bullet B) \in C$ 불 대수의 모든 변수들은 0, 1 두 가지 값을 가지며 이들 변수를 입력으로 하는 모든 결과 값도 0, 1값만을 갖는다.
교환 법칙	불 OR와 불 AND에서 변수들의 위치가 바뀌어도 결과 값은 동일하다. $\quad A + B = B + A$ $\quad A \bullet B = B \bullet A$
결합 법칙	일반 대수와 마찬가지로 괄호로 묶어 연산 순서를 정할 수 있다. 불 대수의 연산 순서는 괄호가 가장 빠르며, 불 AND, 불 OR의 순서로 연산이 된다.
분배 법칙	$A \bullet (B + C) = (A \bullet B) + (A \bullet C)$ $A + (B \bullet C) = (A + B) \bullet (A + C)$

3.3 드모르간의 정리

불 함수를 간략하게 표현하는 방법이며, 변수들의 합의 보수와 곱의 보수를
다음과 같이 AND와 OR 연산을 서로 바꾸고, 각 변수의 부정(보수)를 취하
여도 같다는 것이다.

$$\overline{A \bullet B} = \overline{A} + \overline{B} \text{ (논리곱} \rightarrow \text{논리합) 드 모르간의 제1법칙}$$
$$\overline{A + B} = \overline{A} \bullet \overline{B} \text{ (논리합} \rightarrow \text{논리곱) 드 모르간의 제2법칙}$$

참고자료

Morris Mano. 2012. *Digital Design*. Prentice-Hall.
신종홍. 2013. 『컴퓨터 구조와 원리 2.0』. 한빛아카데미.
이종섭. 2014. 『컴퓨터구조』. 이한미디어.

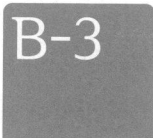

카르노 맵 Karnaugh Map

카르노 맵은 불 함수를 간략화하는 방법으로 논리회로의 구성을 알 수 있고, 시각적으로 간략화할 수 있기 때문에 편리하게 사용하는 방법이다.

1 불 함수의 간략한 표현 방법, 카르노 맵

논리회로의 복잡도를 줄이고 처리 시간을 단축하기 위해서는 불 함수의 항과 변수의 개수를 최소화시킬 필요가 있다. 불 함수를 간략화하는 방법은 다음과 같다.

- 불 대수 법칙을 이용하는 방법
- 카르노 맵을 이용하는 방법

불 대수 법칙을 이용하는 방법은 많은 경험이 필요할 뿐만 아니라 최소 형태로 간략화하지 못하는 경우가 발생할 수 있는 반면, 카르노 맵은 논리회로의 구성을 알 수 있고 시각적으로 간략화할 수 있기 때문에 편리하다.

카르노 맵은 입력 변수들에 대한 2진수 조합 개수만큼, 즉 입력 변수가 2개면 2^2 = 4개, 입력 변수가 3개면 2^3 = 8개의 셀들이 배열된 구조를 가진다. 각 셀에는 대응되는 입력 변수 조합에 대한 출력 값이 표기되며, 간략화하는 방법은 카르노 맵 상에서 서로 인접해 있는 1 혹은 0 값들을 묶어서 정해진 규칙에 따라 변수를 제거하는 과정으로 이루어진다.

카르노 맵은 여러 개의 셀들로 구성되고 각 셀은 최소항minterm을 나타낸다. 어떠한 불 함수도 최소항의 합의 형태로 표현할 수 있으므로 함수 내에서 최소항들이 차지하고 있는 네모 형태로 불 함수를 직관적으로 간략화할 수 있다.

2 2변수 카르노 맵

2변수 카르노 맵에서는 결합 가능한 조합의 수가 $2^2 = 4$개이므로 가로와 세로에 각 변수를 할당하고 다음 그림과 같이 4개의 셀로 구성한다. 카르노 맵을 작성하는 방법은 함수의 출력이 1이 되는 최소항의 셀에 1을 적어 넣는다. 나머지 빈 곳은 0으로 채우거나 비워도 된다. Don't care항인 경우에는 x나 d로 표기한다. Don't care항이란 입력 값이 0이 되건 1이 되건 상관없는 항을 의미한다. 다시 말하면 출력 결과에 영향을 미치지 않는 최소항을 말한다.

2변수 카르노 맵

A B	0	1
0	A'B'	AB'
1	A'B	AB

2변수 카르노 맵을 작성하는 방법은 우선 셀을 $2^2 = 4$개 만들고 입력 변수를 각각 가로와 세로에 적는다. 가로 입력 변수의 경우에는 왼쪽부터 0, 1 순서로 표기하고 세로 변수의 경우에는 위쪽부터 0, 1 순서로 기입한다. 각 셀은 가로 변수와 세로 변수의 조합에 해당하는 출력 값을 기록한다.

2변수 진리표는 4개의 조합으로 되어 있으므로 카르노 맵에서도 셀의 개수가 4개가 된다. 진리표상 각 조합의 출력 F값을 해당 셀에 기입함으로써 카르노 맵을 완성할 수 있다.

카르노 맵을 이용하여 논리식을 간략화할 때는 원래의 논리식에 의한 진리표에서 1인 것만 카르노 맵에 표현하고, 이웃한 1끼리 묶은 후 다음 조건에 의해 간소화할 수 있다.

- 1칸은 2개의 변수로 표현한다.
- 인접한 2칸은 1개의 변수로 표현한다.

카르노 맵을 이용하여 불 함수를 간략화하는 방법을 예를 통해 살펴보자. 불 함수 $F(A, B) = AB + A\overline{B}$를 간략화하기 위해 그림과 같이 바로 이웃한 항끼리 직사각형이나 정사각형 형태로 묶고 형태를 살펴보면, 결과 값이 1이 되기 위한 조건으로 입력 변수 B는 값에 상관없이 입력 변수 A만 1이면 결과 값이 1이 됨을 알 수 있다. 따라서 출력이 1이 되기 위해 변수 B는 없어지고 변수 A가 1이면 되므로 $F(A, B) = A$로 간략화된다.

2변수 진리표

A	B	F
0	0	0
0	1	0
1	0	1
1	1	1

2변수 카르노 맵

B＼A	0	1
0	0	1
1	0	1

카르노 맵에서 간략화한 내용은 불 함수의 법칙 $A + \overline{A} = 1$을 사용한 것과 동일하다. 불 함수의 법칙을 사용하면 다음과 같이 간략화할 수 있다.

$$F(A, B) = AB + A\overline{B} = A(B + \overline{B}) = A \bullet 1 = A$$

카르노 맵 상에서 직사각형 또는 정사각형 묶음의 개수가 2개 이상일 경우에는 각각의 결과를 논리 OR시키면 된다.

3 3변수 카르노 맵

3변수 카르노 맵은 $2^3 = 8$개의 셀들로 이루어진 2차원 배열로 구성된다. 가로와 세로에 어떤 변수를 할당하든 결과 값은 일치한다. 변수 A와 변수 B를 AB항으로 하여 가로에 배치하든 세로에 배치하든 상관없다. 변수 B와 변수 C를 묶어 BC항으로 하여 가로 혹은 세로에 배치할 수 있다.

3변수 카르노 맵에서는 가로 변수 AB의 항 배치에서 00, 01, 10, 11 대신 00, 01, 11, 10으로 구성됨을 주의해야 한다. 인접한 항이라는 것은 2비트 중에서 어느 한 비트씩만 차이가 있어야 되기 때문이다. 01과 11은 첫 번째 비트만이 차이가 있지만 01과 10은 모든 비트 값이 서로 다르기 때문에 01의 인접 항은 11이 되는 것이다.

3변수 카르노 맵

C \ AB	00	01	11	10
0	A′B′C′	A′BC′	ABC′	AB′C′
1	A′B′C	A′BC	ABC	AB′C

3변수 진리표를 바탕으로 카르노 맵을 작성하기 위해서는 우선 변수 A, B, C로 구성된 $2^3 = 8$개의 셀을 구성하고 각 변수항을 표기하는데, 이때 AB 변수항의 순서는 00, 01, 11, 10 순으로 작성해야 인접한 셀 구성이 된다. 그리고 진리표의 각 조합에 해당하는 각각의 셀에 진리표의 출력 F값을 기입한다.

3변수 진리표

A	B	C	F
0	0	0	0
0	0	1	1
0	1	0	0
0	1	1	1
1	0	0	1
1	0	1	0
1	1	0	1
1	1	1	1

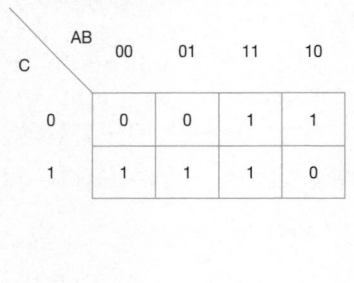

3변수 진리표에 대한 카르노 맵

C \ AB	00	01	11	10
0	0	0	1	1
1	1	1	1	0

어떤 불 함수에 대한 카르노 맵을 작성하기 위해서는 우선 그 함수를 정규형으로 표현한 후 각 항에 해당하는 셀을 찾아서 1을 기입하면 된다. 예를 들어 3변수 불 함수 F(A, B, C) = ABC + $\overline{AB}$에 대한 카르노 맵을 작성하고자 할 때 두 번째 항에 변수 C가 포함되어 있지 않으므로 정규형이 아니

B · 논리회로

다. 정규형으로 변형하기 위해서 두 번째 항에 $(C + \overline{C})$를 곱해주어 전개하면 된다.

$$
\begin{aligned}
F(A, B, C) &= ABC + \overline{A}B \\
&= ABC + \overline{A}B(C + \overline{C}) \\
&= ABC + \overline{A}BC + \overline{A}B\overline{C}
\end{aligned}
$$

정규형 불 함수에 포함된 3개의 최소항들에 해당하는 3개의 셀들에 1을 기입하고 나머지 셀들은 0으로 채우거나 그대로 비워두면 카르노 맵을 완성할 수 있다.

불 함수를 카르노 맵으로 변환할 때 정규형으로 바꾸지 않고 직접 카르노 맵을 작성할 수도 있다. $F(A, B, C) = ABC + \overline{A}B$에서 두 번째 항은 변수 C에 상관없이 A = 0이고 B = 1이면 출력 F가 1임을 나타내므로 A = 0, B = 1, C = 0과 A = 0, B = 1, C = 1 셀에 1을 기입하면 된다.

$F(A, B, C) = ABC + \overline{A}B$에 대한 카르노 맵

C \ AB	00	01	11	10
0	0	1	0	0
1	0	1	1	0

4 4변수 카르노 맵

4변수 카르노 맵은 $2^4 = 16$개의 셀들로 이루어진 2차원 배열로 구성되고, 16개 사각형이 최소항의 형태로 교차되게 표현해야 한다.

변수가 4개인 경우 양끝의 내용이 1일 때는 이웃한 것으로 처리해야 한다. 또한 1인 것을 묶을 때는 2, 4, 8과 같이 2의 배수가 되도록 최대한 많이 묶는다. 변수가 4개인 논리식을 간략화하기 위하여 카르노 맵을 사용할 때는 가로와 세로 방향을 함께 고려하여야 한다.

CD \ AB	00	01	11	10
00	A'B'C'D'	A'BC'D'	ABC'D'	AB'C'D'
01	A'B'C'D	A'BC'D	ABC'D	AB'C'D
11	A'B'CD	A'BCD	ABCD	AB'CD
10	A'B'CD'	A'BCD'	ABCD'	AB'CD'

다음 논리식 F(A, B, C, D) = A'B'C'D' + A'BC'D' + A'B'C'D + A'BC'D + ABCD + AB'CD + ABCD' + AB'CD'를 카르노 맵으로 간략화해보자. 먼저 8개항에 대해 다음과 같이 카르노맵에 표시할 수 있다.

CD \ AB	00	01	11	10
00	1	1	0	0
01	1	1	0	0
11	0	0	1	1
10	0	0	1	1

A'C' (왼쪽), AC (오른쪽)

1로 표시된 인접한 부분을 묶어주면 다음과 같이 표현할 수 있으며, 인접한 4칸은 2개의 변수로 표현되므로 F(A, B, C, D) = A'C' + AC 로 간소화된다.

5 Don't care 조건의 간략화

카르노 맵을 작성할 때에 입력 변수의 조합이 정의되어 있지 않은 경우가 존재한다. 예를 들어서 4변수 시스템은 16가지의 입력 조합들이 존재하는데 BCD 코드는 4비트로 이루어진 진리표에서 6가지, 즉 1010, 1011, 1100, 1101, 1110, 1111의 조합에 해당하는 출력은 정의되어 있지 않다. 이 6개의 입력 조합에 대한 출력 결과는 0이든 1이든 BCD 코드에는 영향을 주지 않기 때문에 이 값들을 묶어서 간략화할 때 사용할 수 있다. 이렇게 묶을 때 사용되는 조합들을 Don't care라고 부르며 기호로는 d 또는 x로 표기한다.

카르노 맵을 작성할 때 Don't care 셀은 필요에 따라 0 또는 1의 값을 기입할 수 있으므로 더 크게 묶고자 할 때에는 1 값을 기입하고 인접 셀과 묶을 수 없는 경우에는 0으로 기입함으로써 훨씬 간략화된 결과를 얻을 수 있다. 예를 들어 다음 그림과 같은 카르노 맵을 간략화하는 경우에는 묶음을 크게 하고 항의 개수를 줄이기 위한 방안으로 1100, 1111, 1011 셀들은 1로 할당하고 나머지 Don't care 셀인 1101, 1110, 1010 셀들은 0으로 할당하여 $F = CD + \overline{CD}$로 간략화할 수 있다.

CD \ AB	00	01	11	10
00	1	1	d	1
01			d	
11	1	1	d	d
10			d	d

참고자료
Morris Mano. 2012. *Digital Design*. Prentice-Hall.
신종홍. 2013. 『컴퓨터 구조와 원리 2.0』. 한빛아카데미.
이종섭. 2015. 『컴퓨터구조』. 이한미디어.

조합 논리회로

조합 논리회로는 과거 입력 변수 조합에 상관없이 오로지 현재의 입력 변수 조합에 의해서만 출력이 결정되는 논리 게이트들로 구성된다. 조합 논리회로는 NOT, AND, OR, NAND, NOR, XOR, XNOR 등의 논리 게이트를 사용하여 입력 변수의 조합으로 결정된 출력이 다시 피드백되어 기존의 입력 변수로 유입되는 경우가 없는 회로로 순차 논리회로와 비교하여 상대적으로 단순하다.

1 조합 논리회로의 개요

디지털 논리회로는 크게 조합 논리회로combinational logic circuit 와 순차 논리회로sequential logic circuit 로 구분된다. 조합 논리회로와 순차 논리회로의 가장 큰 차이점은 시간적 개념의 유무이다. 조합 논리회로에서는 현재 이전의 상태에 관계없이 동일한 입력 조건하에서는 동일한 결과 값을 출력하기 때문에 내부 기억 능력, 즉 메모리를 가지고 있지 않지만, 순차 논리회로에서는 동일한 입력 조건이라고 해도 회로 내의 상태에 따라 출력 결과 값이 달라진다. 순차 조합회로는 회로 자체에 메모리 기능을 가지고 있다.

조합 논리회로는 과거 입력 변수 조합에 상관없이 오로지 현재의 입력 변수 조합에 의해서만 출력이 결정되는 논리 게이트이다. 조합 논리회로는 NOT, AND, OR, NAND, NOR, XOR, XNOR 등의 논리 게이트를 사용하여 입력 변수의 조합으로 결정된 출력이 다시 피드백되어 기존의 입력 변수로 유입되는 경우가 없는 회로로 입력, 논리 게이트, 출력으로 구성된다. 따라서 순차 논리회로와 비교하여 상대적으로 단순하다.

조합 논리회로의 논리 게이트들은 입력으로 2진 신호를 받아 처리하여 출력으로 2진 신호를 생성한다.

조합 논리회로의 블록도

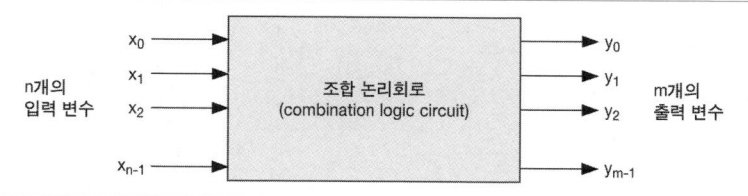

n개의 입력 변수들에 대해 2^n개의 입력 신호의 조합이 존재하며, 하나의 입력 신호 조합마다 단 한 개의 출력 조합이 출력된다. 조합 논리회로에서는 각 출력 변수에 대해 1개의 불 함수가 표현되므로 출력 변수가 m개일 경우 m개의 불 함수가 기술된다.

2 조합 논리회로의 설계

조합 논리회로는 기본 게이트를 연결하여 각 게이트의 입력과 출력을 모아 특정 기능을 수행할 수 있는 최종 출력을 얻어내는 것이므로, 특정 기능을 수행하는 조합 논리회로를 설계하는 순서는 다음과 같다.

> (1) 입력과 출력 조건에 적합한 진리표를 작성한다.
> (2) 진리표를 가지고 카르노 맵을 작성한다.
> (3) 간소화된 논리식을 구한다.
> (4) 논리식을 기본 게이트로 구성한다.

예를 들어, 입력 변수는 3개(A, B, C)이며 출력 F는 입력의 3비트 2진 값이 4를 초과하면 1, 그렇지 않으면 0의 값을 갖는다고 하자. 3변수에 대한 진리표는 다음과 같다.

A	B	C	F
0	0	0	0
0	0	1	0
0	1	0	0
0	1	1	0
1	0	0	0
1	0	1	1
1	1	0	1
1	1	1	1

이를 기반으로 카르노 맵을 다음과 같이 작성하고, 간소화하면 F=AB+AC로 표현할 수 있다.

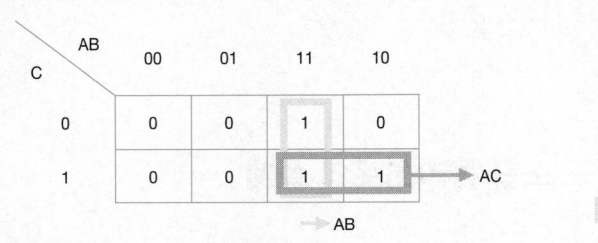

함수 F를 논리곱의 논리합으로 표현하면 다음과 같다.

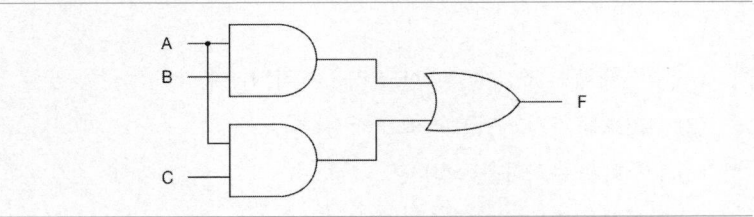

3 가산기

가산회로adder circuit 는 덧셈뿐만 아니라 뺄셈, 곱셈, 나눗셈의 연산을 수행한다. 즉, 뺄셈은 보수를 더하여 줌으로써, 곱셈은 덧셈을 반복함으로써, 나눗셈은 뺄셈을 반복함으로써 연산이 가능하다. 가산기의 종류에는 반가산기

half adder 와 전가산기 full adder 가 있다.

3.1 반가산기 HA: Half Adder

반가산기는 1비트짜리 2개의 2진수를 더하는 논리회로로서 2개의 입력과 2개의 출력으로 이루어진다. 2개의 입력은 피연산수 x와 연산수 y이고, 2개의 출력은 두 수를 합한 결과인 합S: Sum과 올림 수C: Carry이다. 반가산기는 아래 자리에서 올라오는 자리 올림 수를 고려하지 않고 동작하는 가산기이기 때문에 반half이라는 이름이 붙었다.

다양한 반가산기의 구성

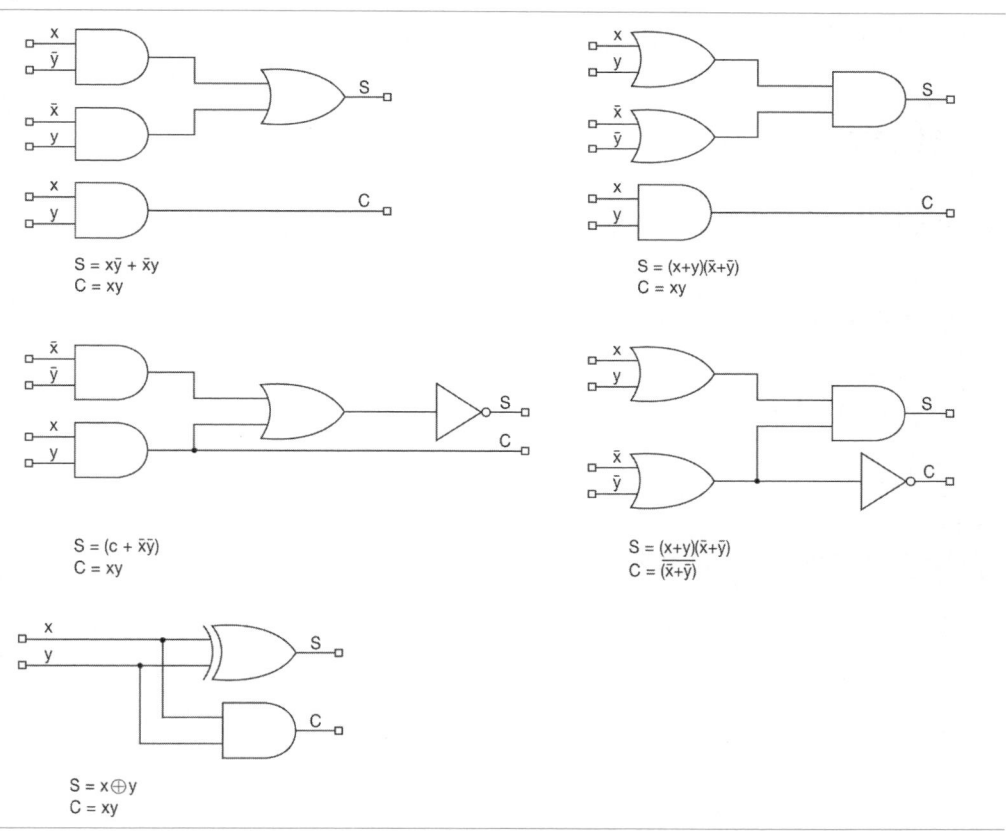

$S = x\bar{y} + \bar{x}y$
$C = xy$

$S = (x+y)(\bar{x}+\bar{y})$
$C = xy$

$S = (c + \bar{x}\bar{y})$
$C = xy$

$S = (x+y)(\bar{x}+\bar{y})$
$C = \overline{(\bar{x}+\bar{y})}$

$S = x \oplus y$
$C = xy$

반가산기의 진리표는 다음 표와 같다. 진리표로부터 출력 변수 S와 C에 대한 불 함수를 구하면 다음과 같다.

$$S = \bar{x}y + x\bar{y} = x \oplus y$$

$$C = xy$$

반가산기 진리표

x	y	C	S
0	0	0	0
0	1	0	1
1	0	0	1
1	1	1	0

불 함수를 다양하게 변경하여 반가산기를 구현할 수 있으며, 가장 간단하게는 하나의 XOR 게이트와 AND 게이트를 사용하여 반가산기를 구현할 수 있다. 전가산기의 경우에는 2개의 반가산기를 사용하여 구현 가능하다.

3.2 전가산기 FA: Full Adder

전가산기는 하위 비트에서 올라오는 자리 올림 수를 포함하여 3개의 입력 비트들의 합을 구하는 조합 논리회로로서 3개의 입력과 2개의 출력으로 구성된다. 전가산기는 입력 변수인 피연산수를 x, 연산수를 y, 하위 비트로부터 올라오는 자리 올림 수를 z로 할당하고, 출력 변수에는 합을 S, 올림 수를 C로 할당한다. 입력 변수 3개의 조합에 따른 출력을 나타내는 진리표는 다음과 같다.

전가산기 진리표

x	y	z	C	S
0	0	0	0	0
0	0	1	0	1
0	1	0	0	1
0	1	1	1	0
1	0	0	0	1
1	0	1	1	0
1	1	0	1	0
1	1	1	1	1

진리표를 통해 불 함수를 구해보면 다음과 같다. 다음 그림의 논리회로는 아래의 불 함수를 구현한 결과이다.

$$S = \overline{x}\overline{y}z + \overline{x}y\overline{z} + x\overline{y}\overline{z} + xyz$$

$$C = xy + xz + yz$$

전가산기의 논리회로

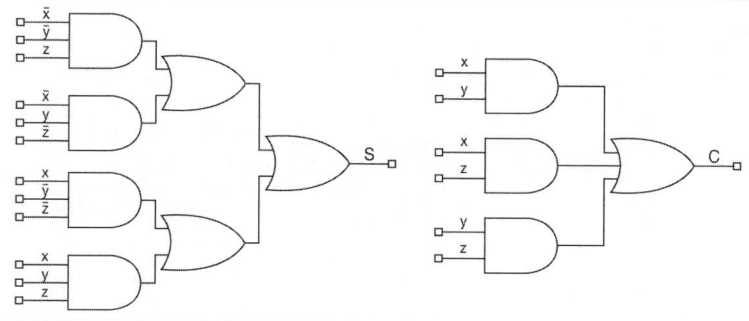

다음의 과정을 거치면 전가산기를 구성하는 불 함수를 XOR 함수로 변환할 수 있다.

$$
\begin{aligned}
S &= \overline{x}\overline{y}z + \overline{x}y\overline{z} + x\overline{y}\overline{z} + xyz \\
&= (\overline{x}y + x\overline{y})z + (\overline{x}\overline{y} + xy)\overline{z} \\
&= (x \oplus y)z + \overline{(x \oplus y)}\overline{z} \\
&= x \oplus y \oplus z
\end{aligned}
$$

$$
\begin{aligned}
C &= xy + xz + yz \\
&= xy(z + \overline{z}) + (\overline{x}y + x\overline{y})z \\
&= xy + (x \oplus y)z
\end{aligned}
$$

2개의 반가산기와 1개의 OR 게이트로 구현한 전가산기 논리회로

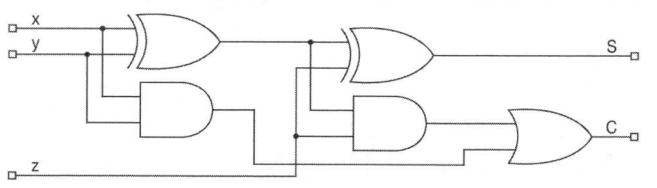

3.3 2진 병렬 가산기

2진 병렬 가산기는 2개의 n비트 2진수를 더하는 가산기로, 전가산기를 연속적으로 연결하여 구성한다. n비트의 가산을 위해서는 n개의 전가산기가 필요하고, 전가산기의 출력 캐리는 다음 자리의 입력 캐리가 된다.

4비트 병렬 가산기의 구조는 다음과 같다.

배열의 구조도

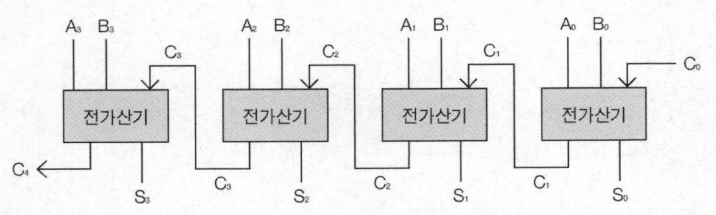

A_0~A_3는 A레지스터의 각 비트이고, B_0~B_3는 B레지스터의 각 비트이다. 또한, S_0~S_3는 각 전가산기에서 연산된 결과이고, C_0는 첫 번째 전가산기에 입력되는 아랫자리 캐리로서 덧셈을 할 때는 0, 2의 보수를 더할 때는 1을 입력한다. C_1~C_3는 각 가산기에서 연산되는 캐리이고, C_4는 끝자리 캐리이다.

1번의 덧셈 신호에 의해 오른쪽 전가산기에서 가장 오른쪽 비트가 더해지고 캐리는 그 왼쪽 가산기로 전해진다.

전가산기는 각 자신에게 입력되는 비트들을 오른쪽 전가산기에서 입력되는 캐리와 함께 연산하여 결과 S_0~S_3을 출력하고 캐리는 왼쪽의 전가산기로 전달한다. 가장 왼쪽 전가산기의 캐리는 가산기 전체에서 마지막으로 발생되는 끝자리 캐리이다.

4 감산기

감산기subtractor는 두 개 이상의 입력이 있을 경우, 입력 하나에서 나머지 입력을 뺄셈 연산하여 그 차이를 출력하는 조합 논리회로이다. 감산기는 가산기를 응용한 것으로 가산기에서의 합(S)는 감산기에서 차difference가 되며, 가산기에서는 올림수(C)가 발생했지만 감산기에서는 빌림수borrow가 발생하고 반감산기와 전감산기가 있다.

4.1 반감산기 half subtracter

반감산기는 2개의 2진수를 빼는 논리회로로서 2개의 입력과 2개의 출력을 가진다. 입력 변수는 피연산수 x와 연산수 y로 표현하고 출력 변수는 차 D difference와 빌림 B borrow로 나타낸다.

피연산수 x에서 연산수 y를 감산할 때 x ≥ y인 경우에는 1에서 0을 뺄 수 있으나 x < y인 경우에는 피연산수에서 연산수를 뺄 수 없으므로 바로 앞 비트에서 1을 빌려와 연산하는데, 이때 빌림이 발생한다.

반감산기에 대한 진리표는 다음과 같다.

반감산기 진리표

x	y	B	D
0	0	0	0
0	1	1	1
1	0	0	1
1	1	0	0

진리표로부터 불 함수를 구하면 다음과 같다.

$$D = \bar{x}y + x\bar{y} = x \oplus y$$
$$B = \bar{x}y$$

위의 논리식으로 논리회로를 구성하면 다음과 같다.

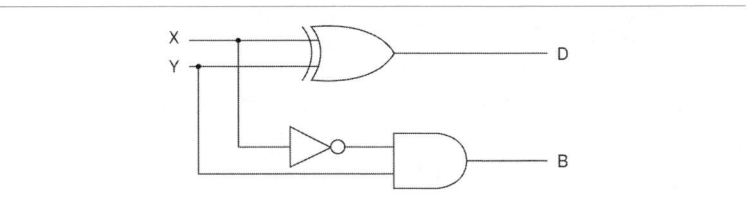

반가산기는 하나의 인버터not gate와 하나의 반가산기로 구현할 수 있고,

따라서 가산회로는 뺄셈, 곱셈, 나눗셈의 기초가 된다.

4.2 전감산기 | full subtracter

전감산기는 피연산수와 연산수 등의 입력 변수에 하위 비트로 빌려준 빌림을 입력 변수로 추가하여 3개의 입력 비트들의 뺄셈을 구하며 출력은 2개로 차와 빌림이다. 즉, 3개의 입력 변수는 피연산수 x, 연산수 y, 빌려준 빌림 z 이고, 2개의 출력 변수는 차D와 빌림B이 된다.

전감산기의 진리표는 다음과 같다.

전감산기 진리표

x	y	z	B	D
0	0	0	0	0
0	0	1	1	1
0	1	0	1	1
0	1	1	1	0
1	0	0	0	1
1	0	1	0	0
1	1	0	0	0
1	1	1	1	1

진리표를 통해 불 함수를 구해보면 다음과 같다.

$$D = \bar{x}\bar{y}z + \bar{x}y\bar{z} + x\bar{y}\bar{z} + xyz$$
$$B = \bar{x}y + xz + yz$$

위의 논리식을 가지고 논리 회로를 구성하면 다음과 같다.

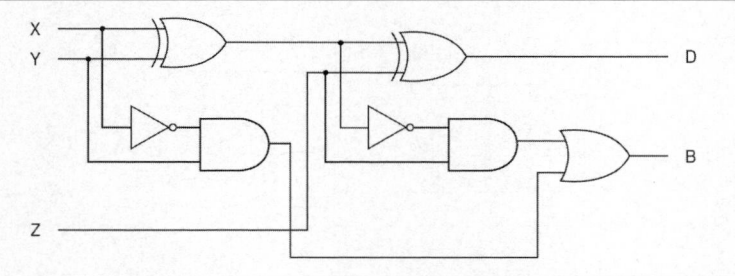

차D는 전가산기의 합s과 같으며, B는 빌림수borrow로서 전가산기의 캐리 c와 다른 점은 X를 보수한 것이다.

5 비교기

비교기comparator는 두 수의 크기를 비교하는 논리회로로 비교의 결과는 A <B, A>B, A=B, A≠B 4가지이다. 4가지 결과에 대한 불 대수식을 논리회로로 구현한 것이 바로 비교기이다.

1비트 비교기에 대한 진리표와 불 대수식, 논리회로는 다음과 같다.

1비트 비교기 진리표

A	B	$F_1(A=B)$	$F_2(A \neq B)$	$F_3(A > B)$	$F_4(A < B)$
0	0	1	0	0	0
0	1	0	1	0	1
1	0	0	1	1	0
1	1	1	0	0	0

$$F_1 = \overline{A \oplus B}, \quad F_2 = A \oplus B, \quad F_3 = \overline{A}B, \quad F_4 = \overline{A}B$$

1비트 비교기의 논리회로

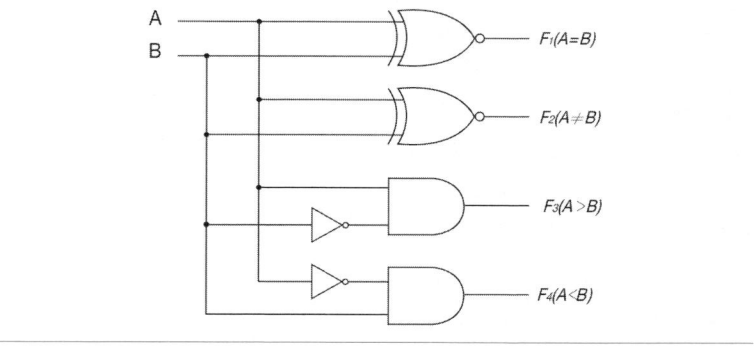

6 인코더와 디코더

인코더는 입력 신호를 컴퓨터 내부에서 사용 가능한 2진 부호(코드)로 변경하는 기능을, 디코더는 반대로 2진 부호(코드)를 일반적인 신호 형태로 변환하는 기능을 수행한다.

6.1 인코더 encoder

인코딩encoding은 정보의 형태 및 형식의 표준화, 보안, 처리 속도 향상, 저장 공간 절약 등의 목적으로 다른 형태나 형식으로 변환하는 처리 방식으로 부호화라고도 한다. 인코더는 디지털 전자회로에서 어떤 부호 계열의 신호를 다른 부호 계열의 신호로 바꾸는 변환장치이다. 2^n개의 입력 단자 중 하나가 선택되어 1의 신호값을 갖고, n개의 출력 단자를 통해 2진 코드가 출력되는 회로이다.

인코더의 진리표

x_3	x_2	x_1	x_0	y_1	y_0
0	0	0	1	0	0
0	0	1	0	0	1
0	1	0	0	1	0
1	0	0	0	1	1

인코더 회로

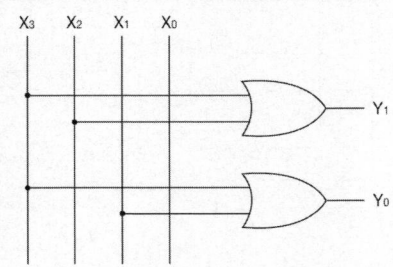

B · 논리회로

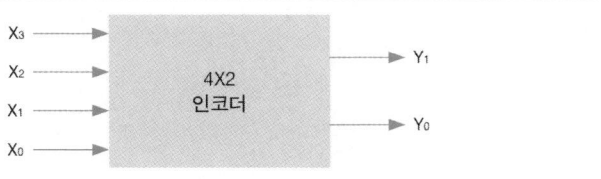

6.2 디코더 decoder

디코딩decoding은 인코딩된 정보를 인코딩되기 전으로 되돌리는 처리 방식으로 복호화라고도 하며, 보통은 인코딩의 절차를 역으로 수행하면 디코딩이 된다. 복호기(해독기) 또는 디코더는 복호화를 수행하는 장치나 회로를 말한다. 디코더는 입력 단자가 n개이고 출력 단자가 2^n개로, 입력 신호를 감지한 후 입력 신호에 대응하는 출력 단자를 활성화하는 형태로, 비트 패턴을 해석하거나 해독하는 방법에 유용하다.

디코더의 진리표

x_1	x_0	y_3	y_2	y_1	y_0
0	0	0	0	0	1
0	1	0	0	1	0
1	0	0	1	0	0
1	1	1	0	0	0

디코더 회로

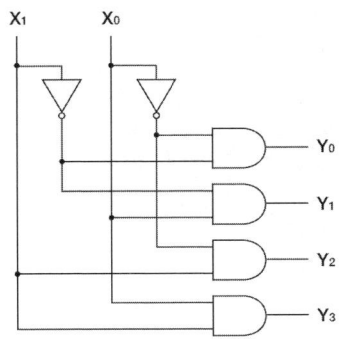

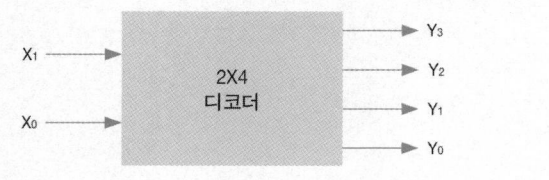

7 멀티플렉서와 디멀티플렉서

다수의 입력 신호로부터 특정 조건에 맞는 입력 신호 하나를 선택할 때 사용하는 장치가 멀티플렉서이고, 그 반대의 장치가 디멀티플렉서이다.

7.1 멀티플랙서 multiplexer

다수의 입력 신호 중에서 조건에 맞는 하나를 선택하여 출력하는 조합회로로, 다중화기 또는 다중 입력 신호 중 하나만 출력한다고 하여 데이터 선택기라고도 불리며 MUX로 줄여서 표기한다. $2^n \times 1$ 멀티플렉서는 2^n개의 입력 단자와 1개의 출력 단자로 구성되며 선택 신호가 n비트이다. 복수 개의 빌딩 블록을 하나의 빌딩 블록과 연결하고자 할 경우, 유용하게 사용된다.

멀티플렉서 회로

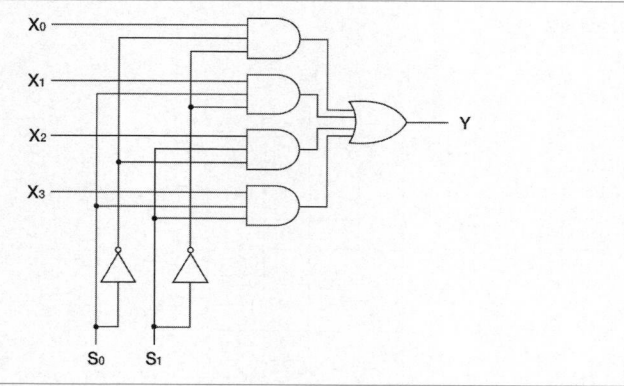

멀티플렉서 기호

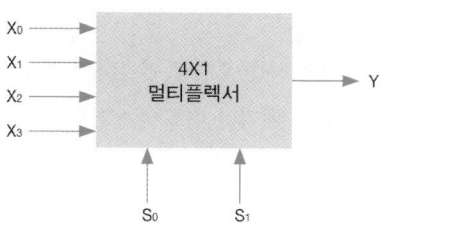

7.2 디멀티플랙서 demultiplexer

디멀티플렉서는 DEMUX, 역다중화기, 데이터 분배기라고도 하며, 하나의 입력 단자와 다수 개의 출력 단자로 연결되는 조합회로이다. 1×2^n 디멀티플렉서는 1개의 입력 선으로부터 신호를 받아 n개의 선택 선의 조합에 의해 2^n개의 출력 선 중에서 하나를 선택하여 출력한다.

디멀티플렉서 회로

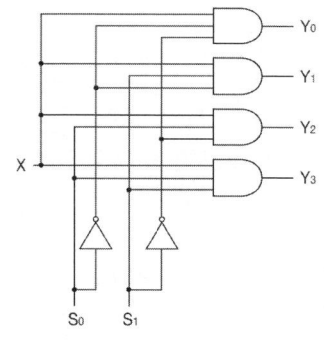

디멀티플렉서 기호

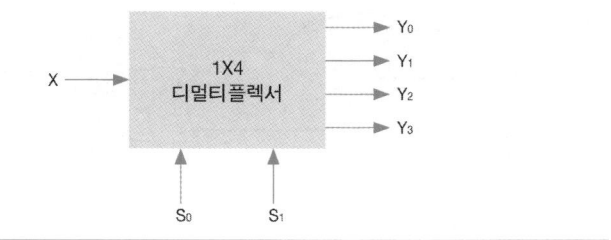

8 패리티 발생기

데이터 전송 과정 중에 발생하는 오류를 검출하기 위해 추가하는 비트를 패리티 비트parity bit라고 한다. 패리티 비트에는 1의 유효 개수를 홀수가 되도록 하는 홀수odd 패리티 비트와 짝수가 되도록 만드는 짝수even 패리티 비트가 있다.

3비트 패리티 발생기의 경우, 다음과 같은 진리표를 갖는다.

3비트 패리티 발생기의 진리표

3비트 입력			홀수 패리티 비트 p_o	짝수 패리티 비트 p_e
A	B	C		
0	0	0	1	0
0	0	1	0	1
0	1	0	0	1
0	1	1	1	0
1	0	0	0	1
1	0	1	1	0
1	1	0	1	0
1	1	1	0	1

패리티 비트 발생기의 진리표를 참조하여 불 대수식을 표현하면 다음과 같다.

$$P_o = A \oplus B \oplus C, \quad P_e = A \oplus B \oplus C$$

각각의 불 대수식을 논리회로로 구현하면 다음과 같다.

홀수 패리티 비트 발생기

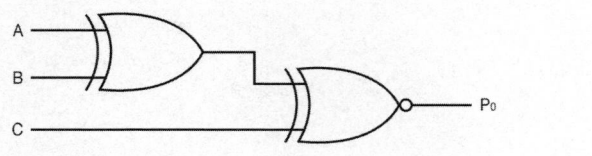

B · 논리회로

짝수 패리티 비트 발생기

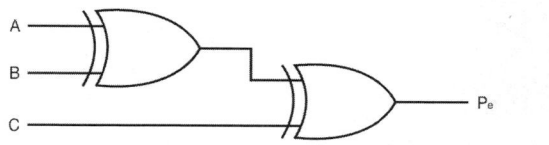

참고자료

Morris Mano. 2012. *Digital Design*. Prentice-Hall.
신종홍. 2013. 『컴퓨터 구조와 원리 2.0』. 한빛아카데미.
우종정. 2014. 『컴퓨터 아키텍처: 컴퓨터 구조 및 동작 원리』. 한빛아카데미.
이종섭. 2015. 『컴퓨터구조』. 이한미디어.

기출문제

80회 관리 2개의 입력 신호 A, B 대소를 비교하여 결과를 출력하는 논리회로를 다음 질의에 따라 기술하시오.
가. 입력 신호 A, B에 대해서 대소비교(A > B)하여 출력 Z로 하는 진리표와 논리회로를 작성하는 절차를 기술하시오.
나. 입력 신호 A, B에 대해서 대소비교(A≥B)하여 출력 Z로 하는 진리표와 논리회로를 작성하는 절차를 기술하시오.
101회 응용 3개의 입력 변수 X, Y, Z로 표현되는 값이 4를 초과하면 1의 값, 4 이하인 경우에는 0의 값을 출력하는 조합회로를 작성하시오. (25점)

순차 논리회로

순차 논리회로는 조합 논리회로와 기억회로로 구성된다. 순차 논리회로는 입력 값에 따라 출력 값이 결정되는 조합 논리회로와는 달리 현재의 입력 값뿐만 아니라 기억소자인 플립플롭에 저장되어 있는 정보에 의해 결정되는 논리회로이다.

1 순차 논리회로의 개요

순차 논리회로sequential logic circuit 는 입력 값에 따라 출력 값이 결정되는 조합 논리회로combinational logic circuit 와는 달리 현재의 입력 값뿐만 아니라 기억소자인 플립플롭flip-flop 에 저장되어 있는 정보에 의해 결정되는 논리회로이다.

    순차 논리회로는 조합 논리회로와 기억회로로 구성된다. 조합 논리회로에서는 기억회로의 정보와 입력 변수의 조합으로 출력이 결정되며 이 출력 값은 다시 기억회로에 저장된다. 기억회로에 저장되어 있는 2진 정보를 상태state라고 한다. 따라서 순차 논리회로는 입력이 들어오기 전에 이미 저장되어 있는 과거의 상태 값을 바탕으로 현재의 출력 값이 결정되는 회로이다. 조합 논리회로의 현재 출력 값은 기억회로에 저장되고 이 저장된 값은 다음 단계의 순차회로 동작을 위해 피드백 경로를 통해 다시 조합 논리회로의 입력으로 사용된다.

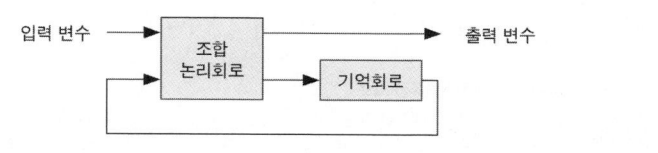

순차 논리회로에 포함되는 기억회로는 2진 정보를 저장하는 장치로서 크게 비동기식 플립플롭과 동기식 플립플롭으로 구분된다. 비동기식 플립플롭은 동기 동작을 유발시키는 동기입력 단자가 없으며 세트S: set와 리셋R: reset만으로 기억회로의 값을 아무 때나 변경할 수 있는 플립플롭이다. 비동기식 플립플롭은 래치latch라고도 부른다.

동기식 플립플롭은 동기입력 단자에 입력되는 클록 펄스CP: Clock Pulse 의 타이밍에 동기를 맞추어서 동작하는 플립플롭이다. 동기식 플립플롭에서는 클록 펄스가 입력되지 않으면 어떤 동작도 할 수 없다. 일반적으로 동기식 플립플롭을 비동기식 플립플롭으로 사용할 수 있도록 클록에 관계없이 출력을 '1'로 하는 프리셋PR 입력 단자와 출력을 '0'으로 하는 클리어CLR 입력 단자가 갖추어져 있다.

2 플립플롭 회로

플립플롭 회로는 상태를 변경하기 위해 입력 신호를 변경하기 전까지 회로에 전원이 계속 공급되는 한 2진 상태를 유지하는 회로이다.

2.1 기본 플립플롭 회로

기본 플립플롭 회로는 2개의 NAND 게이트 혹은 2개의 NOR 게이트로 구현 가능하다. 각 회로들은 하나의 게이트의 출력이 다른 게이트의 입력으로 피드백 되도록 구성되어 있어 비동기식 순차 회로로 구분되기도 한다. 하나의 게이트의 출력이 다른 게이트의 입력으로 교차 연결되는 피드백cross-coupled feedback을 구현하게 된다. 플립플롭 회로는 입력으로 세트S와 리셋R

이 있고 출력으로 Q와 $\overline{Q}$가 있다. 이러한 형태의 플립플롭을 직접 결합 direct-coupled RS 플립플롭 혹은 SR 래치라고 부른다.

NOR 게이트를 사용한 기본 플립플롭 회로

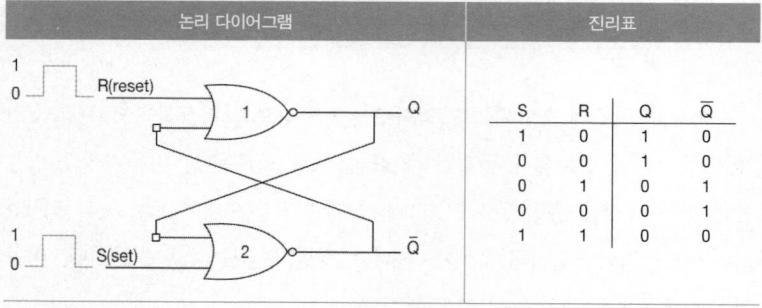

논리 다이어그램				진리표			
				S	R	Q	$\overline{Q}$
				1	0	1	0
				0	0	1	0
				0	1	0	1
				0	0	0	1
				1	1	0	0

NOR 게이트의 특성상 입력 중 하나라도 1이 있으면 0이 출력되고, 모든 입력이 0인 경우에만 1이 출력되는 것을 염두에 두고, 플립플롭 회로의 세트S 입력이 1이고 리셋R 입력이 0인 경우를 가정해보자. 2번 NOR 게이트의 입력이 1이기 때문에 $\overline{Q}$는 0이 되며, 1번 NOR 게이트의 모든 입력이 0이 되기 때문에 Q는 1이 출력된다. 세트S 입력이 0으로 변경되더라도 Q값은 그대로 유지되기 때문에 출력 값에는 변화가 없다. 리셋R이 1로 변경되는 경우에는 Q는 0으로 $\overline{Q}$는 1로 변경된다. 이 상태에서 리셋R이 0으로 변경되면 출력 값에는 변화가 없다. 세트S와 리셋R 입력이 모두 1인 경우는 출력 값이 모두 0이 되지만, 이런 경우는 Q와 $\overline{Q}$가 다른 값을 가진다는 조건에 위배되기 때문에 일반적으로 세트S와 리셋R에 동시에 1을 입력하지는 않는다.

NAND 게이트를 사용한 기본 플립플롭 회로

논리 다이어그램				진리표			
				S	R	Q	$\overline{Q}$
				1	0	0	1
				1	1	0	1
				0	1	1	0
				1	1	1	0
				0	0	1	1

B · 논리회로

플립플롭 회로는 두 가지 상태를 갖게 되는데, Q = 1이고 $\overline{Q}$ = 0인 상태를 세트 상태set state 혹은 1 상태라 부르며, Q = 0이고 $\overline{Q}$ = 1 인 상태를 클리어 상태clear state 혹은 0 상태라고 부른다.

2.2 RS 플립플롭

회로의 상태가 변경될 때를 결정하는 별도의 제어 입력을 추가하여 기본 플립플롭의 동작을 수정할 수도 있다. 클록 펄스CP 입력을 갖는 RS 플립플롭은 다음 그림과 같이 표현된다. 기본 플립플롭 회로와 추가적인 2개의 NAND 게이트를 사용하여 구성된다.

RS 플립플롭 회로

논리 다이어그램	특성표

Q	S	R	Q(t+1)
0	0	0	0
0	0	1	0
0	1	0	1
0	1	1	불안정
1	0	0	1
1	0	1	0
1	1	0	1
1	1	1	불안정

3번, 4번 NAND 게이트의 경우 CP가 0인 경우 항상 1이 된다. 이러한 상황은 기본 플립플롭에서는 정지 조건이다. CP가 1이 되면 S 혹은 R 입력이 활성화되어 출력 값을 낼 수 있게 된다. 세트 상태는 S = 1, R = 0, CP = 1인 경우에 해당된다. S = 0, R = 1, CP = 1인 경우에 리셋 상태로 변경된다.

2.3 D 플립플롭

RS 플립플롭 회로에서 불안정 상태indeterminate state 를 없애기 위해서는 동시에 S와 R에 1이 입력되는 것을 금지해야 하는데, 이런 불안정 상태를 없앤 것이 D 플립플롭이다. D 플립플롭은 딜레이delay 플립플롭으로 D 입력 값은 S 입력에는 그대로, R 입력에는 반대 값으로 입력되어 RS 플립플롭의 문제점인 불안정 상태를 없앨 수 있다.

D 플립플롭 회로

논리 다이어그램	특성표

Q	D	Q(t+1)
0	0	0
0	1	1
1	0	0
1	1	1

2.4 JK 플립플롭과 T 플립플롭

JK 플립플롭은 RS 플립플롭에서 입력이 금지되는 R = 1, S = 1의 입력을 허용하도록 수정한 플립플롭으로 J = 1, K = 1인 경우에는 출력 Q가 반대 값을 갖도록 구성된다.

JK 플립플롭 회로

논리 다이어그램	특성표

Q	J	K	Q(t+1)
0	0	0	0
0	0	1	0
0	1	0	1
0	1	1	1
1	0	0	1
1	0	1	0
1	1	0	1
1	1	1	0

T 플립플롭은 JK 플립플롭을 하나의 입력만으로 동작하도록 한 플립플롭 회로이다. 토글toggle의 첫 문자를 따서 이름 지어진 것처럼 T 플립플롭은 클록 펄스의 에지edge 순간에 T 입력 신호가 '1'이면 현재 상태의 보수 값으로 플립플롭 상태가 변경된다.

T 플립플롭 회로

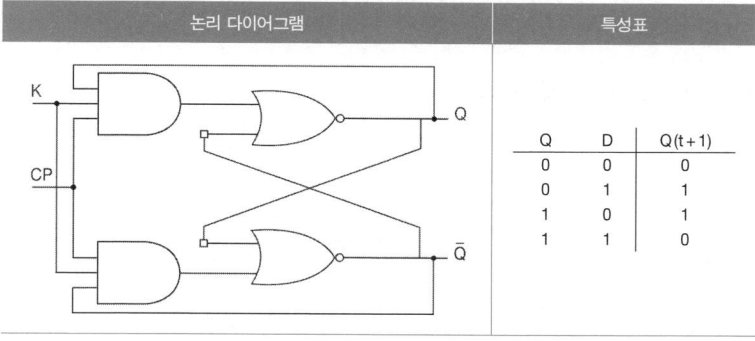

논리 다이어그램	특성표

Q	D	Q(t+1)
0	0	0
0	1	1
1	0	1
1	1	0

3 카운터 counter

카운터는 플립플롭을 연결하여 구성하는데, 클록 펄스를 카운트하거나 제어장치의 회로 동작을 제어하는 데 사용된다. 플립플롭의 상태표에 기반하여 입력 펄스에 따라 회로의 상태 변화 값을 이용하여 구현한다. 카운터는 구현 방법에 따라 다음과 같은 종류가 있다.

종류	설명
동기 카운터	모든 플립플롭이 같은 클록 펄스를 받아 동작하도록 설계된 카운터
비동기 카운터	한 플립플롭의 출력이 다음 플립플롭의 입력으로 사용되도록 연속적으로 연결된 카운터로, 리플(ripple) 카운터라고도 한다.
상향 카운터	카운터가 0부터 1씩 증가하는 카운터로 2진 상향 카운터라고도 하며, 마지막 상태에 도달하면 다음 클록 펄스에 처음의 0 상태로 돌아가 순환한다.
하향 카운터	카운터의 최대 상태 값부터 시작하여 1씩 감소하는 카운터로 2진 하향 카운터라고도 하며, 카운터의 값이 0가 되면 다음 클록 펄스에서 다시 최댓값으로 돌아간다.
링 카운터	하나의 1이 바퀴를 돌듯이 다음 플립플롭으로 이동되고, 마지막 플립플롭에서는 다시 처음 플립플롭으로 이동한다. 여러 자원에게 일정하게 시간을 분배하는 등의 순환 업무 제어에 적합하다.
시프트 카운터	1비트를 첫 번째 플립플롭부터 차례대로 채운 후 다시 0비트를 첫 번째 플립플롭부터 채우는 과정을 반복한다.

다음은 3비트 상향 비동기식 카운터의 예이다. 이 카운터는 0부터 시작하여 클록 펄스마다 1씩 증가하여 7까지 증가한 후 다시 0으로 돌아간다. 이 카운터를 mod-8 카운터라 부른다.

상향 카운터의 클록 펄스에 따른 플립플롭의 출력을 나타내는 타이밍도를 보면 각 플립플롭은 클록 펄스의 하강 에지에서 상태가 변경됨을 알 수 있다.

3비트 상향 비동기식 카운터의 논리회로

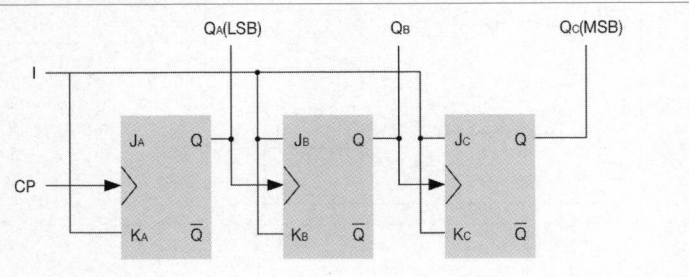

3비트 상향 비동기식 카운터의 타이밍도

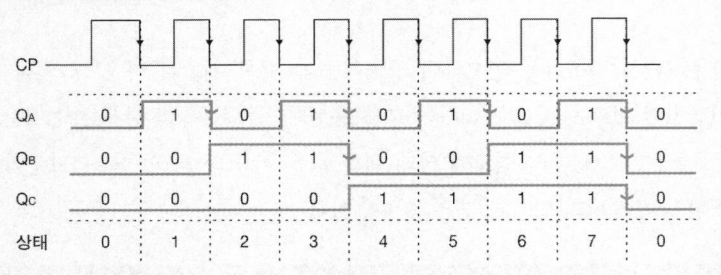

참고자료

Morris Mano. 2012. *Digital Design*. Prentice-Hall.

신종홍. 2013. 『컴퓨터 구조와 원리 2.0』. 한빛아카데미.

이종섭. 2015. 『컴퓨터구조』. 이한미디어.

우종정. 2014. 『컴퓨터 아키텍처: 컴퓨터 구조 및 동작 원리』. 한빛아카데미.

기출문제

98회 응용 순서 논리회로를 정의하고 이를 구성하는 여러 가지 플립플롭
(Flip-Flop)의 특징에 대하여 설명하시오.

C

중앙처리장치

—

중앙처리장치의 구성

중앙처리장치는 컴퓨터 시스템의 핵심 부분으로서 각종 연산을 수행하며 기억장치에 저장된 명령을 읽어 수행하는 역할을 하는 컴퓨터 핵심 구성 요소이다. 중앙처리장치의 내부구조는 연산장치, 제어장치, 레지스터의 집합으로 구성되며, 내부 CPU 버스로 연결되어 데이터 전송을 수행한다.

1 중앙처리장치의 구성

중앙처리장치는 연산장치ALU: Arithmetic Logic Unit, 제어장치control unit, 레지스터 register로 구성되어 있다. 구성 장치들은 내부 CPU 버스internal cpu bus로 연결되어 있으며, 버스를 통해 데이터가 전송된다.

CPU의 내부 구조

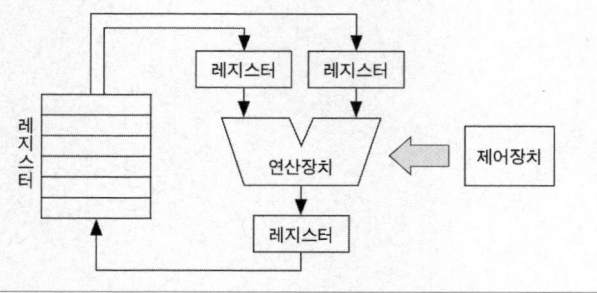

1.1 연산장치 ALU: Arithmetic Logic Unit

각종 연산 기능을 수행하는 회로들로 구성되어 있으며 산술 논리 연산장치 ALU 또는 실행장치라고 한다. 이러한 다중의 산술 논리 연산장치를 이용하여 복잡하고 많은 데이터를 처리할 수 있다. 산술 논리 연산장치는 산술 및 불 논리 연산기, 상태 플래그, 이동기, 보수기 등으로 구성된다.

산술 논리 연산장치의 구성 요소

구성 요소	설명
산술 및 불 논리 연산기 (arithmetic and boolean logic)	산술연산(덧셈, 뺄셈, 곱셈, 나눗셈)과 논리연산(AND, OR, NOT, XOR)을 수행하는 회로
상태 플래그 (status Flags)	연산 중인 산술 논리 연산장치 내의 데이터 상태를 표시 • 음수, 0, 오버플로 등으로 표시
이동기 (shifter)	데이터 비트를 좌우로 비트별로 이동시킴 • 비트의 이동은 2로 곱셈하거나 나눗셈 하는 것으로 해석
보수기 (complementer)	산술 논리 연산장치 내의 데이터에 대해 보수 연산을 수행 • 2의 보수를 더함으로써 뺄셈연산장치를 쉽게 제작할 수 있어 컴퓨터에서는 2의 보수를 주로 사용

사칙연산을 위한 산술장치와 논리연산을 위한 논리장치는 다음과 같이 통합할 수 있다. 16비트용 산술장치와 논리장치를 멀티플렉서를 이용하여 연결한 경우, 2개의 16비트 입력 데이터는 상술장치와 논리장치에 입력되고, 입력 올림수와 출력 올림수는 산술장치에만 각각 입력되고 출력된다.

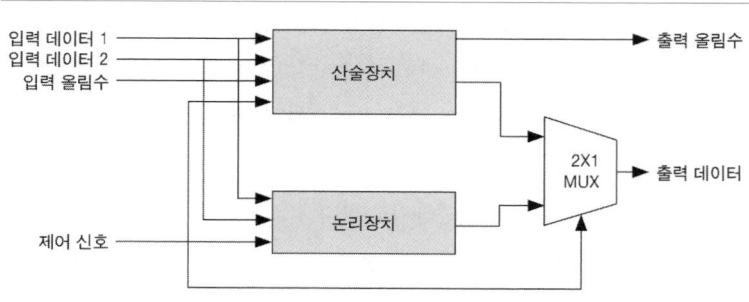

1.2 제어장치 control unit

컴퓨터 시스템을 구성하는 각종 장치 간의 동작을 제어하는 장치로 명령어장치instruction unit라고도 한다. 레지스터 간 데이터의 전송 및 산술 논리 연산 장치에서 실행할 동작을 제어하기 위하여 명령어를 해독하고 제어 신호를 발생하여 제어 기능을 수행한다. 제어장치는 주기억장치에 저장되어 있는 명령어를 차례대로 하나씩 꺼내기 위한 레지스터와 명령코드, 주소번지 해독기가 필요하며, 정해진 순서대로 프로그램이 진행되도록 프로그램 카운터도 필요하다.

제어장치의 구성 요소 및 동작

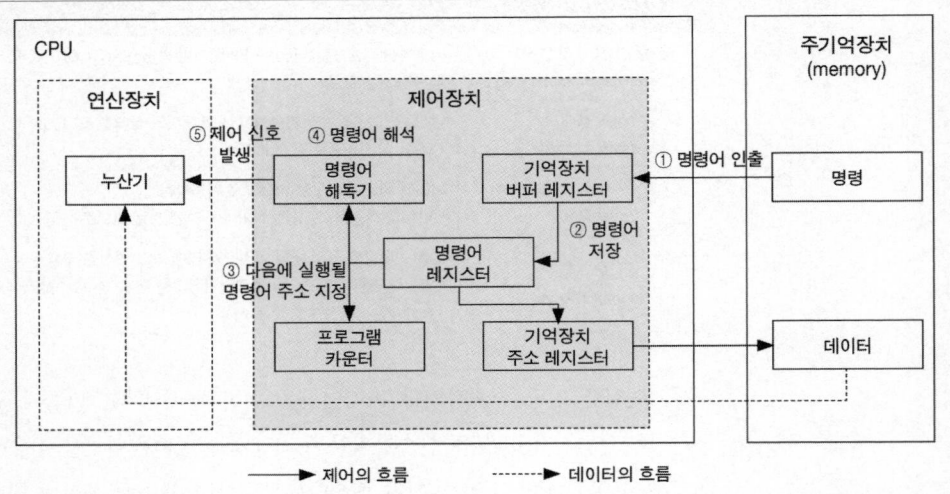

기억장치 버퍼 레지스터와 기억장치 주소 레지스터는 외부의 주기억장치와 연결되는 시스템 버스와 연결되며 직접적으로 중앙처리장치 내부와 연결되지 않는다. 또한 기억장치 버퍼 레지스터와 기억장치 주소 레지스터는 중앙처리장치 내부와 외부 장치 간의 속도 차이를 극복하기 위한 버퍼 역할을 수행한다. 제어장치 관련 레지스터에 대한 설명은 다음 단락인 '레지스터와 스택stack'에서 자세히 설명하기로 한다.

제어장치를 구현하는 방법에는 고정결선식과 마이크로프로그래밍 방식이 있다. 고정결선식 제어장치는 디코더를 통해 명령어 레지스터의 연산 부호를 해석하고 조합논리회로가 디코더의 출력, 플래그 레지스터의 상태, 외부 장치의 신호 등을 이용하여 적절한 제어 신호를 클록에 맞춰 제공하는 방법이다. 이 방법은 명령어 구성이 복잡하고 명령어 수가 많으면 회로 설계와 검증이 복잡하고 어려워지는 단점이 있다. 또한 연산부호의 변경이나

누산기 accumulator
데이터 레지스터로 처리 결과를 임시로 보유하는 역할. 프로그램 명령어 수행 중에 산술 및 논리 연산의 결과를 일시적으로 저장함.

C • 중앙처리장치

프로세서 상태 추가가 필요한 경우, 제어장치를 다시 설계해야 한다. 그러나 최적화된 설계로 불필요한 회로를 제거할 수 있어 칩의 크기가 작고 제어 신호를 빠르게 생성할 수 있는 장점이 있다.

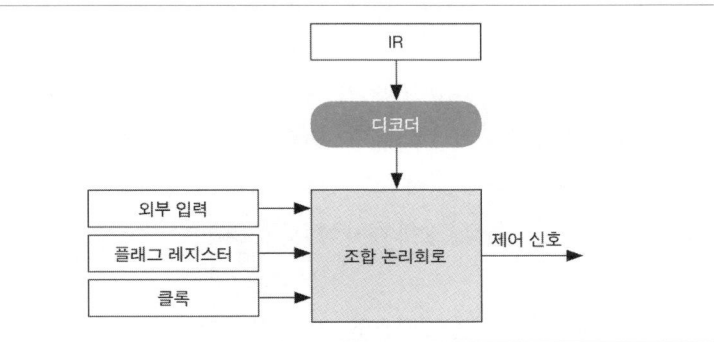

마이크로프로그래밍 방식의 제어장치는 마이크로 연산을 수행할 수 있는 마이크로 명령어를 PROM에 프로그래밍하는 방식으로 일부 마이크로 연산은 동시 수행이 가능하다. 동시에 수행되는 마이크로 연산의 집합을 마이크로 명령어 또는 제어 단어control word라고 한다. 마이크로프로그래밍 제어장치는 모든 연산에 대해 일련의 마이크로 명령어를 수행하는 컴퓨터라 할 수 있다. 이 방식은 모든 명령어에 대해 마이크로 연산을 도출한 후 ROM에 프로그래밍함으로 설계와 검증이 용이하고, 연산부호의 변경 및 프로세서 상태의 추가가 필요한 경우 PROM에 있는 프로그램을 수정하면 된다. 그러나 ROM을 사용하면 불필요한 회로가 포함되어 칩의 크기가 커지고 메모리에 의한 속도 제한이 있다.

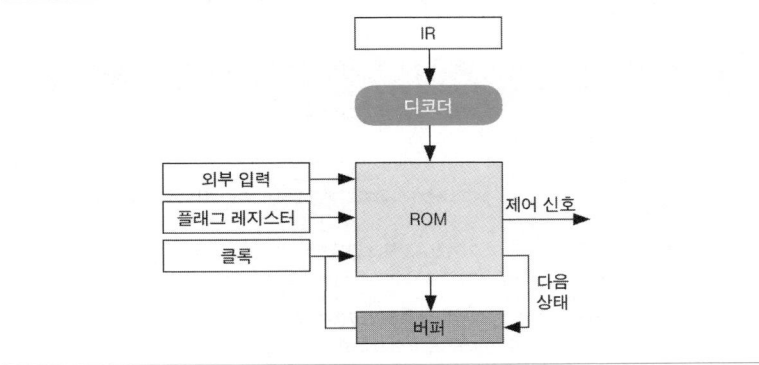

1.3 레지스터와 스택

레지스터는 중앙처리장치 내부에 위치한 기억장치로 '프로세서 레지스터'라고도 하며 레지스터의 집합을 레지스터 세트라고 한다. 중앙처리장치 내부의 레지스터는 접근 속도가 컴퓨터의 기억장치들 중 가장 빠르며 일반적으로 고속으로 계산하는 값을 저장하는 데 사용한다. 즉, 연산장치나 제어장치의 실행 도중 중간 데이터 값을 일시적으로 저장하고, 주기억장치에서 읽어 온 명령어와 데이터를 임시 보관하는 장소이다. 레지스터는 사용자에게 보이는 레지스터와 제어 및 상태 레지스터로 분류된다.

1.3.1 사용자에게 보이는 레지스터

어셈블리 프로그래밍을 하기 위하여 명칭과 용도를 알아야 하는 레지스터로, 어셈블리 프로그래머는 프로그램에서 사용되는 변수 데이터 등을 저장하기 위해 해당 레지스터를 알고 있어야 한다.

종류	설명
일반 목적용 레지스터 (general-purpose register)	프로그래머가 여러 용도로 사용할 수 있고, 연산을 위한 모든 종류의 피연산자를 저장할 수 있는 레지스터
데이터 레지스터(data register)	데이터 저장에만 사용할 수 있는 레지스터
주소 레지스터(address register)	특정 주소 지정 방식을 위해 사용하는 레지스터
조건 코드(condition code)	사용자에게 보이는 레지스터에 저장된 데이터의 상태를 표시하는 데 사용됨

1.3.2 제어 및 상태 레지스터

프로그램 실행 과정에서 중앙처리장치 내부적으로 사용되는 레지스터이다.

종류	설명
명령어 레지스터 (IR: Instruction Register)	명령 레지스터로 CPU가 현재 수행하고 있는 명령어를 기억하는 레지스터
프로그램 카운터 (PC: Program Counter)	CPU에서 다음에 실행할 명령어의 번지를 기억하는 레지스터
기억장치 주소 레지스터 (MAR: Memory Address Register)	기억장치로부터 입출력되는 데이터의 주소를 기억하는 레지스터. MAR 출력이 주소 버스와 직접 연결됨
기억장치 버퍼 레지스터 (MBR: Memory Buffer Register)	기억장치로부터 입출력되는 데이터 자체를 기억하는 레지스터. MBR 출력이 데이터 버스와 직접 연결됨

종류	설명
입출력 주소 레지스터 (I/O AR: I/O Address Register)	입출력장치의 주소를 저장
입출력 버퍼 레지스터 (I/O BR: I/O Buffer Register)	입출력 모듈과 CPU 사이의 교환되는 데이터를 일시적으로 저장
상태 레지스터 (SR: Status Register)	CPU에서 수행되는 연산에 관련된 여러 가지 상태 정보를 기억하기 위해 사용되는 레지스터

스택Stack은 CPU 내부의 레지스터 집합에 존재하는 저장장치로 일반적인 저장장치와 다르게 주소를 지정하는 방법과 읽고 쓰는 방법이 간편하다. 데 이터가 순차적으로 저장되며 요소의 개수와 스택의 길이는 가변적이다. 데 이터 접근 방법은 LIFOLast-In-First-Out의 특징을 가지며, 한 번에 하나의 요소 에만 접근이 가능하다.

스택의 기본 동작

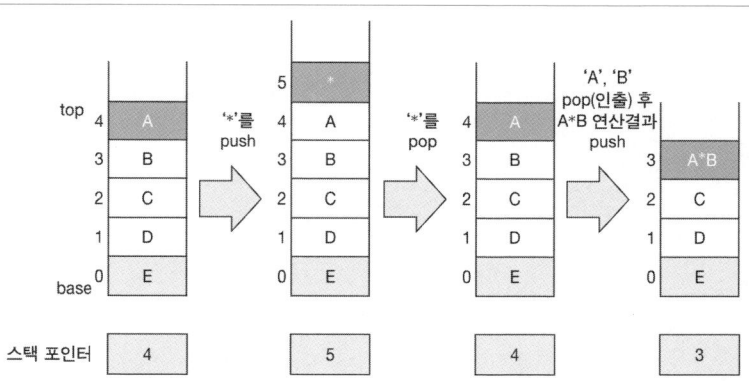

top: 데이터가 입출력되는 액세스 부분(흰 글씨)
push: 스택의 top에 새로운 요소를 추가 저장하는 동작
pop: 스택의 top에서 하나의 요소를 꺼내는 동작
스택 포인터: 스택 주소 지정 방식에 사용. top의 위치를 표시하는 장치로 특수 레지스터를 이용하여
　　　　　　자동으로 처리됨. 위 그림에서 스택 포인터는 계속해서 이동하면서 top의 위치를 알려줌

1.4 내부 CPU 버스 internal CPU bus

중앙처리장치 내에서 데이터 전달 기능을 수행한다. 실질적인 데이터를 전 달하는 데이터 버스와 제어장치에서 발생되는 제어 신호를 전달하는 제어 버스로 구성된다(주기억장치가 중앙처리장치에 존재하지 않으므로 주소 버스는

존재하지 않는다).

　내부 CPU 버스는 중앙처리장치 밖의 시스템 버스들과 직접 연결되지 않으며, 반드시 버퍼 레지스터나 버스 인터페이스 회로를 통해 시스템 버스와 접속한다.

참고자료
김성락 외. 2011. 『컴퓨터 구조의 이해』. 정익사.
김경복. 2012. 『핵심 컴퓨터 구조』. 한올출판사.
신종흥. 2013. 『컴퓨터 구조와 원리 2.0』. 한빛미디어.
우종정. 2014. 『컴퓨터 아키텍처: 컴퓨터 구조 및 동작 원리』. 한빛아카데미.

중앙처리장치의 기능 및 성능

중앙처리장치는 기계어로 쓰인 컴퓨터 프로그램의 명령어를 해석하여 실행하고, 프로그램에 따라 외부에서 정보를 입력, 기억, 연산하고 외부로 출력하며, 컴퓨터 전체의 동작을 제어한다. 중앙처리장치의 성능은 클록 주파수, 워드 크기, 캐시기억장치, 명령어 집합의 복합성, 파이프라이닝, 병렬처리 등 여러 가지 요소에 좌우된다.

1 중앙처리장치의 기능

중앙처리장치가 모든 명령어에 대해 공통적으로 수행하는 기능은 명령어 인출과 명령어 해독이다.

공통 기능	설명
명령어 인출 (instruction fetch)	주기억장치에 저장되어 있는 명령어를 읽어오는 기능
명령어 해독 (instruction decode)	명령어에 대한 수행 동작을 결정하기 위해 인출된 명령어를 해독하는 과정

또한 해당 명령을 수행하기 위해 추가되는 기능으로는 데이터 인출, 데이터 처리, 데이터 쓰기 등의 기능이 있다.

공통 기능	설명
데이터 인출 (data fetch)	명령어 실행을 위해 데이터가 필요한 경우, 기억장치 또는 입출력장치에서 그 데이터를 읽어오는 과정(연산 과정에서 사용하는 데이터를 불러오는 과정)
데이터 처리 (data process)	읽어온 데이터에 대한 산술적 또는 논리적 연산을 수행
데이터 저장 (data store)	데이터 처리 과정에서의 수행 결과를 저장하는 기능

중앙처리장치는 다음과 같이 4단계의 기본 동작으로 구성된다.

중앙처리장치의 기본 동작

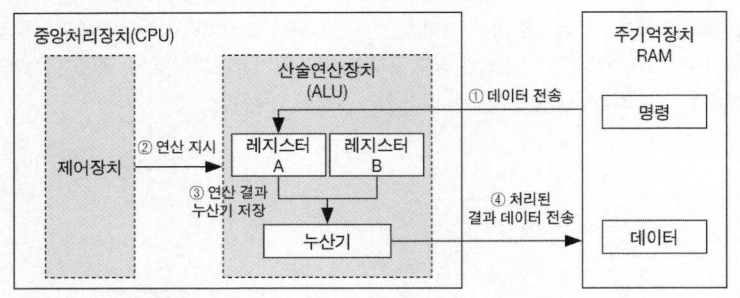

(1) 중앙처리장치가 처리해야 할 데이터는 주기억장치의 램RAM에서 인출되고 외부 시스템 버스를 통해 레지스터 A번으로 전달된다.

(2) 제어장치는 새롭게 저장된 레지스터 A번 데이터와 이전부터 저장하고 있던 레지스터 B번의 데이터를 연산하라는 제어 신호를 산술 논리 연산장치ALU에 전달한다. * C-1장 1.2 제어장치의 '제어장치의 구성 요소 및 동작'(74쪽 도표) 참조

(3) 산술 논리 연산장치에서는 제어 신호에 의해 연산을 수행하고 그 결과를 누산기accumulator에 저장한다.

(4) 연산 결과는 외부 시스템 버스를 통해서 다시 주기억장치로 전달된다.

2 중앙처리장치의 성능

2.1 클록 clock 주파수

1MHz
초당 100만 주기의 속도를 나타냄

컴퓨터 시스템에서 수행되는 모든 연산이나 각 구성 요소의 모든 동작을 동기화하기 위해 사용되는 클록 펄스의 발생 주기를 말하며 메가헤르츠(MHz)로 표시한다.

　컴퓨터 시스템 클록(CPU 클록)의 클록 주파수는 컴퓨터의 전체적 처리 속도, 즉 명령어의 수행 속도를 결정하는 주요한 요인의 하나이며, CPU 자체의 명령어 처리 시간은 클록 주파수에 비례한다.

클록과 명령어 처리 시간의 관계

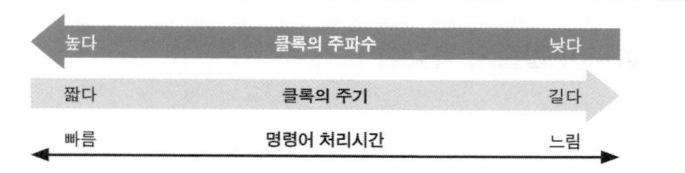

　즉, 클록 주파수는 특정 시간 동안 완수할 수 있는 명령어의 수를 제한하게 되며 클록의 주파수가 높을수록 클록의 주기가 짧아져 명령어 처리 시간이 빨라진다.

　예를 들어 클록 주파수가 20MHz인 CPU는 10MHz인 CPU에 비해 2배 빠른 처리 속도를 갖는다.

2.2 워드 word 크기

중앙처리장치가 한 번에 읽고 쓸 수 있는 비트 수로, 워드 크기를 나타낸다.
1바이트는 8비트지만 워드의 크기는 시스템에 따라 달라진다. 즉, 레지스터의 크기와 버스 데이터 선의 수에 달려 있다. 워드 크기가 큰 컴퓨터는 워드크기가 작은 컴퓨터보다 한 명령어에서 더 많은 데이터를 처리할 수 있다.
최근 컴퓨터의 워드 크기는 32비트나 64비트이다.

2.3 캐시기억장치 cache memory

캐시기억장치는 중앙처리장치가 데이터에 빠르게 접근할 수 있도록 데이터와 명령어를 일시적으로 저장하는 소형의 고속 기억장치이다. 중앙처리장치와 주변기기의 속도 차이에 따른 프로그램 실행 시간을 단축하기 위하여 주기억장치와 하드디스크 사이에 임시 저장장치를 만들고 프로그램을 실행할 때 주기억장치로 들어오는 내용을 임시 보관하여 재실행 시 활용할 수 있도록 한다. 컴퓨터는 필요한 데이터를 예측하여 미리 캐시에 가져다 놓을 수 있고, 중앙처리장치는 필요한 데이터를 찾을 때 메모리 확인 전에 캐시기억장치를 체크하여 활용함으로써 읽기와 쓰기 동작 속도를 향상시켜 중앙처리장치 속도에 영향을 준다.

2.4 명령어 집합의 복잡성

명령어 집합의 복잡성은 구성 방식에 따라 복잡 명령어 집합 컴퓨터CISC: Complex Instruction Set Computer와 축소 명령어 집합 컴퓨터RISC: Reduced Instruction Set Computer로 분류된다. 먼저 CISC는 중앙처리장치에 복잡한 명령어가 많이 내재된 컴퓨터를 말한다. 한 명령어는 기억장치에서 많은 바이트를 차지해 중앙처리장치가 수행하려면 몇 클록이 소요되므로 저속으로 동작하게 된다. 일반 PC에 사용되는 386, 486 등 인텔 계열의 중앙처리장치에서 사용된다. RISC는 연산 속도를 향상시키기 위해 제어논리를 단순화하고 CISC에 비해 단순화된 명령어 구조를 가진다. 즉, 중앙처리장치에 빠르게 수행되는 제한된 수의 간단한 명령어만 내재한 컴퓨터이다. 결과적으로 특별한 설계 방법을 통해 속도를 최대한 높일 수 있는 컴퓨터이다. 이전에는 CISC와 RISC가 서로 각자의 우월성을 주장하던 관계였으나 최근에는 POST RISC 성숙 단계로 접어들어서 상호 간의 장단점을 중앙처리장치 구조에 적절하게 반영해 최적 성능을 제공하고 있다.

2.5 파이프라이닝 pipelining

파이프라인은 연속으로 주어지는 작업을 하는 데 있어 처리율throughput을 높이는 일반적인 알고리즘이다. 파이프들이 연속적으로 연결되는 개념으로 중앙처리장치가 이전 명령어의 수행이 완전하게 종료되기 전에 새로운 다음 명령어 수행을 시작하는 기법이다. 명령어의 부사이클subcycle이 동시에 처리될 수 있으므로 중앙처리장치의 처리 속도를 증가시킬 수 있다. 상세 내용은 'C-7 명령어 파이프라이닝'에서 설명하기로 한다.

2.6 병렬처리 parallel processing

하나 이상의 중앙처리장치로 구성된 컴퓨터에서 한 번에 여러 개의 명령어를 동시에 수행시킬 수 있는 방법을 병렬처리라고 한다. 하나의 중앙처리장치만 있을 경우 그 중앙처리장치가 다른 명령어를 처리하는 동안 현재 입력된 명령어는 대기하고 있어야 한다. 그러나 여러 개의 중앙처리장치로 구성된 병렬처리의 경우 각각의 중앙처리장치가 명령어를 처리할 수 있어 명령어가 처리를 대기하는 시간을 줄일 수 있으므로 컴퓨터의 처리 속도가 증가된다.

참고자료

김성락 외. 2011. 『컴퓨터 구조의 이해』. 정익사.
김민장. 2010. 『프로그래머가 몰랐던 멀티코어 CPU이야기』. 한빛미디어.
김경복. 2012. 『핵심 컴퓨터 구조』. 한올출판사.
신종흥. 2013. 『컴퓨터 구조와 원리 2.0』. 한빛미디어.

기출문제

62회 응용   CPU 성능 측정 방법을 5가지 이상 기술하시오. (25점)

중앙처리장치의 유형

중앙처리장치는 중앙처리장치의 기능, 중앙처리장치의 비트 수, 명령어 집합의 복잡도 등에 따라 여러 가지 유형으로 구분할 수 있다.

1 기능에 따른 분류

1.1 MPU Micro Processor Unit

중앙처리장치에서 주기억장치를 제외한 연산장치, 제어장치 및 각종 레지스터들을 단 한 개의 집적회로(IC 소자)에 구성한 것이다. 주로 퍼스널 컴퓨터PC용으로 사용된다.

1.2 MCU Micro Controller Unit

마이크로프로세서 중에 한 개의 칩 내에 중앙처리장치의 기능은 물론이고 일정한 용량의 메모리(ROM, RAM 등)와 입출력 제어 인터페이스 회로까지 내장된 것으로 MCU, 단일 칩 마이크로컴퓨터, 마이컴 등으로 불린다. 역시 주로 퍼스널 컴퓨터용으로 사용된다.

1.3 DSP Digital Signal Processor

디지털 신호를 하드웨어적으로 처리할 수 있는 집적회로로 구성된 프로세서이다. 영상, 음성 신호 처리용으로 많이 사용된다.

2 프로세서 비트 수에 따른 분류

2.1 8비트 프로세서

1970년대에 개발된 마이크로프로세서이다. 8개의 데이터 버스가 있고, 레지스터의 기본적인 길이가 8비트인 프로세서를 말한다. 현재는 소용량 마이크로 제어기가 8비트 프로세서로 사용된다.

2.2 16비트 프로세서

1980년대 초의 마이크로프로세서이다. 내부 처리기기(연산장치, 레지스터, 데이터 버스 등) 모두가 16비트를 기준으로 하고 있는 중앙처리장치로서, 대표적으로 모토로라의 68000이나 인텔의 8086 계열이 있다.

2.3 32비트 프로세서

1980년대 중반 이후 개발된 마이크로프로세서이다. 모든 내부 처리 기기가 32비트를 기준으로 한다. 퍼스널 컴퓨터 또는 대용량의 데이터 처리를 하는 산업용 장치에 사용되고 있으며, 대표적으로 IBM과 모토로라가 개발한 파워PC와 인텔이 개발한 i486 계열, 펜티엄 계열 등이 있다.

2.4 64비트 프로세서

모든 내부 처리 기기가 64비트를 기준으로 하고 있는 프로세서이다. 대표적인 64비트 프로세서로는 MIPS의 R4000, R10000, 인텔의 6XX 계열 등이

있다. 퍼스널 컴퓨터에 사용되는 펜티엄 계열이나 파워PC 계열의 중앙처리
장치는 버스 등이 64비트로 구성된 것도 있지만, 연산 처리 자체가 32비트
단위이기 때문에 64비트 CPU라고 하지는 않는다. 최근 고화질 비디오와 오
디오, 3D 영상 등 대용량 멀티미디어 콘텐츠를 활용하기 위해 강력한 성능
의 중앙처리장치를 필요로 하고 있다.

3 명령어 집합의 복잡도에 따른 분류

3.1 CISC Complex Instruction Set Computer

복잡한 명령어를 지원하는 중앙처리장치이다. 1980년대 이후 마이크로프
로세서 시장에 처음 선을 보였다. 한 개의 명령어로 최대의 동작을 수행하
도록 만들어 다양한 길이와 명령어 형식을 제공한다. 따라서 기억장치에서
많은 바이트를 차지해 중앙처리장치가 수행하려면 몇 클록이 소요되므로
저속으로 동작하게 된다. 명령어의 수가 증가함에 따라 컴퓨터 설계와 구현
이 복잡해져 많은 시간이 소요된다. 일반 퍼스널컴퓨터에 사용되는 386,
486 등 인텔 계열의 중앙처리장치에서 사용된다.

3.2 RISC Reduced Instruction Set Computer

단순한 명령어 세트를 지원하는 프로세서이다. 연산 속도를 향상시키기 위
해 제어 논리를 단순화하고 CISC에 비해 단순화된 명령어 구조를 가진다.
즉, 명령어 개수와 주소 모드를 최소화하고 고정된 명령어 형식만을 사용하
여 한 사이클에 명령이 수행되도록 구성한다. Load/Store 방식의 메모리 구
조와 다수의 레지스터를 이용하여 구현한다.

3.3 EISC Extendable Instruction Set Computer

국내에서 개발된 임베디드 프로세서용 RISC 기반 명령어 집합이다. RISC에
기반을 두었지만 RISC의 간결성과 CISC의 확장성을 동시에 지녔다.

C · 중앙처리장치

CISC, RISC, EISC 비교

구분	CISC	RISC	EISC
CPU Instruction	명령어 개수가 많고, 그 길이가 다양하며 실행 사이클도 명령어마다 다름	명령어 길이는 고정적이며, 워드와 데이터 버스 크기가 모두 동일, 실행 사이클도 모두 동일	16비트 명령을 사용해 32비트 데이터를 처리
회로 구성	복잡	단순	단순
메모리 사용	높은 밀도의 명령어 사용으로 메모리 사용이 효율적	낮은 밀도의 명령어 사용으로 메모리 사용이 비효율적	코드 밀도가 높음(임베디드 시스템에 유리)
프로그램 측면	명령어를 적게 사용	상대적으로 많은 명령어가 필요, 파이프라인 사용	RISC보다 더 깊은 파이프라인 스테이지
컴파일러	다양한 명령을 사용하므로 컴파일러가 복잡해짐	명령어 개수가 적어 단순한 컴파일러 구현 가능	국산 기술에 의해 개발(ADC corp.)

참고자료

이종섭. 2015. 『컴퓨터구조』. 이한미디어.

http://infosec.kut.ac.kr/sangjin/class/comparch0601

http://blogfile.paran.com/BLOG_329061

기출문제

93회 응용 명령어 집합의 구조와 특성에 따른 프로세서 구조를 설명하시오. (25점)

가. Complex Instruction Set Computer(CISC)

나. Reduced Instruction Set Computer(RISC)

다. Extensible Instruction Set Computer(EISC)

C-4

명령어

명령어는 컴퓨터가 특별한 동작을 수행하게 하는 비트들의 집합을 말한다. 이러한 명령어는 처리 사이클을 갖는데, 명령어 인출 단계와 명령어 실행 단계를 반복하여 수행함으로써 프로그램을 실행한다. 명령어 집합은 중앙처리장치가 수행할 동작을 정의하는 2진수 코드로 된 명령어들의 집합이며 중앙처리장치의 사용 목적, 특성에 따라 결정된다.

1 프로그래밍 언어와 명령어

컴퓨터 프로그래밍 언어는 저급 프로그래밍 언어와 고급 프로그래밍 언어로 구분할 수 있다.

저급 프로그래밍 언어는 컴퓨터 내부에서 바로 처리 가능한 언어이다. 컴퓨터가 직접 해독할 수 있는 2진 숫자로 표현한 기계어machine language와 기계어의 비트 형식을 연상 코드Mnemonic code로 나타낸 어셈블리assembly 언어가 있다.

컴퓨터 명령 형식은 기계어로 표현된다. 컴퓨터에 따라 고유한 명령 형식이 존재하며, 기계어도 역시 컴퓨터에 따라 구조가 다르다. 컴퓨터 명령은 여러 개의 입출력 명령, 수치 및 논리 연산 명령, 자료 이동 및 분기 명령으로 구성된다.

기계어의 명령 단위는 동작을 지시하는 명령코드부operation code와 동작의 대상이 되는 데이터가 어디에 있는지 지시하는 주소부address 또는 operand로 나누어진다.

C · 중앙처리장치

명령코드 (Op code)	모드 (Mode)	주소부 (operand)

어셈블리 언어는 기계어 프로그래밍의 비효율성을 극복하기 위해 기계어를 사람이 사용하는 언어에 가깝게 문자로 기호화해서 나타낸다. 어셈블리 프로그램은 어셈블러에 의하여 기계어로 변환되어 명령어가 수행된다. 기계어와 마찬가지로 한 종류의 중앙처리장치에서만 동작하고 다른 종류에는 실행되지 않는다.

어셈블리 프로그램의 실행 과정

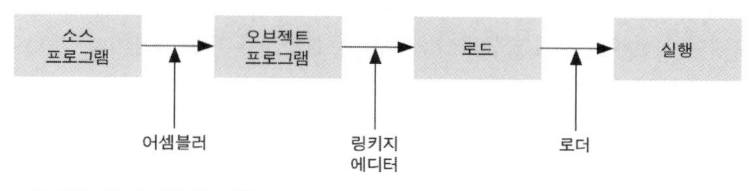

고급 프로그래밍 언어는 인간의 언어체계와 유사하여 프로그래밍하기 용이하다. 고급 프로그래밍 언어를 기계어로 번역하는 프로그램은 크게 소스 프로그램의 전체를 기계어로 번역하여 계속 실행할 수 있도록 하는 컴파일러compiler와 한 명령씩 기계어로 번역한 후 바로 실행하는 인터프리터interpreter가 있다. 컴파일러가 번역하는 프로그래밍 언어를 컴파일러어라고 하고 FORTRAN, PASCAL, COBOL, C언어 등이 있으며, 인터프리터가 번역하는 프로그래밍 언어를 인터프리터어라고 하는데 BASIC이 대표적이다.

2 명령어 사이클

중앙처리장치가 하나의 명령어를 실행하는 데 필요한 전체 처리 과정을 명령어 사이클instruction cycle이라고 한다. 명령어 사이클은 인출 사이클fetch cycle과 실행 사이클execution cycle로 구성되며 프로그램 실행은 2개의 사이클 과정이 연속적으로 반복됨으로써 이루어진다.

명령어 사이클

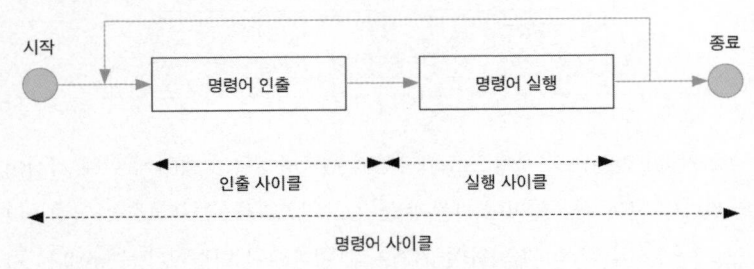

기억장치에서 명령어를 중앙처리장치로 읽어오는 과정을 인출 사이클이라고 하며, 명령어가 실행되는 과정을 실행 사이클이라고 한다.

인출 사이클과 실행 사이클은 각각 여러 단계step로 구성되어 있는데, 각단계에서 실제 수행되는 동작이 프로그램 실행에서 가장 기본이 되는 단위이며 이를 마이크로 연산micro-operations 이라고 한다.

명령어 실행 과정은 여러 연산을 포함할 수도 있으며, 명령어의 성격에 따라 달라지기도 한다.

2.1 명령어 인출 사이클

명령어 인출 사이클

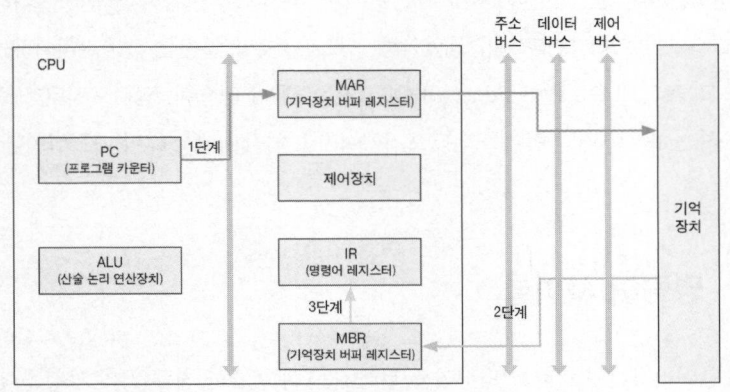

1단계: MAR ← PC(PC 내용은 MAR로 전송)
2단계: MBR ← 메모리(해당 주소 기억장치의 명령어가 MBR로 적재)
　　　　PC ← PC + 1(PC 내용 1 증가)
3단계: IR ← MBR(MBR에 있는 명령어가 IR로 이동)

주기억장치에 기억되어 있는 프로그램 명령어를 호출하는 과정으로 중앙처리장치가 기억장치에서 명령어를 읽어 오는 단계이다.

명령어 인출 사이클의 진행 과정을 살펴보면 다음과 같다.

- PC Program Counter 가 지정하는 주소에서 명령어를 IR Instruction Register 로 가져오고 PC를 증가시킨다.
- 명령어를 해독한 명령어 코드와 주소 지정 방식에 따라 사이클을 수행한다.

2.2 명령어 실행 사이클

명령어를 실제적으로 실행하는 단계이다. 실행되는 동작은 하나 또는 그 이상이 동시에 수행된다. 중앙처리장치는 실행 사이클 동안 명령어 코드를 해독하고 필요한 연산들을 수행한다. ADD 명령어의 예를 통해 명령어 실행 사이클의 진행 과정을 살펴보면 다음과 같다.

- 기억장치에 저장된 데이터를 ACC(누산기)의 내용과 더하고, 그 결과를 다시 ACC에 저장.

MAR: Memory Address Register
프로그램의 코드 또는 데이터를 인출할 경우 주기억장치의 어느 부분에 있는가를 나타내는 주소를 저장하는 레지스터

MBR: Memory Buffer Register
주기억장치에 기록될 데이터를 임시로 저장하거나 또는 가장 최근에 읽은 명령어나 데이터를 임시로 저장하는 레지스터

IR: Instruction Register
가장 최근에 주기억장치로부터 인출된 명령어를 저장하는 레지스터

명령어 실행 사이클

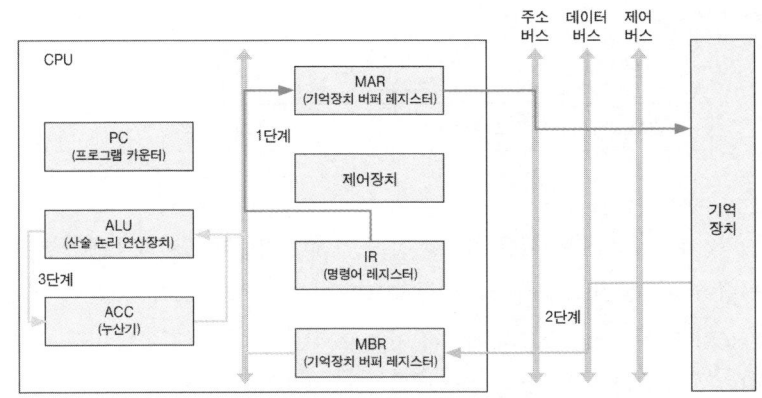

1단계: MAR ← IR (MBR에 저장될 데이터의 기억장치 주소를 MAR로 전송)
2단계: MBR ← 메모리 (저장할 데이터를 MBR로 이동)
3단계: ACC ← ACC + MBR (MBR 데이터와 ACC의 내용을 더하고 결과 값을 다시 ACC에 저장)

3 명령어 집합

명령어 집합instruction set은 중앙처리장치가 수행할 동작을 정의하는 2진수 코드로 된 명령어들의 집합이다. 기계 명령어machine instruction 또는 컴퓨터 명령어computer instruction라고도 부르며 일반적으로 어셈블리 코드assemble code 형태로 표현된다.

명령어는 연산 코드operation code와 오퍼랜드operand로 구성된다. 연산 코드는 연산자라고도 하며, 수행될 연산을 지정한다. 함수 연산 기능, 전달기능, 제어 기능, 입출력 기능으로 분류된다. 오퍼랜드는 연산을 수행하는 데 필요한 데이터 또는 데이터의 주소를 나타낸다. 오퍼랜드의 주소는 중앙처리장치의 레지스터, 주기억장치, 입출력장치 등에 저장된 데이터 또는 주소가 된다. 오퍼랜드에는 다음 명령어 주소가 위치할 수 있으며 이것은 현재의 명령이 완료된 후 다음에 인출할 명령어의 위치를 지정할 때 사용된다.

명령어는 여러 개의 필드로 나누어지며 각 필드는 일련의 비트 패턴에 의해 표현된다. 명령어 내 필드들의 수와 배치 방식, 각 필드의 비트 수에 의해 명령어가 표현되며 이를 명령어 형식instruction format이라고 한다. 명령어 형식은 경우에 따라 두 개 또는 세 개의 필드로 구성될 수 있다.

명령어 형식

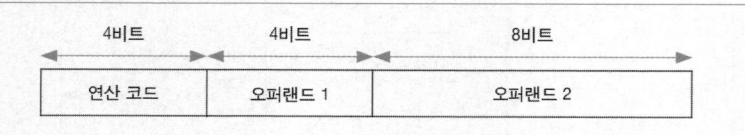

일반적으로 명령어 집합에는 한 가지 이상의 명령어 형식이 존재하는데, 명령어의 구성 요소에 하나의 연산 코드와 한 개 이상의 오퍼랜드들이 있기 때문이다. 즉, 연산 코드의 비트 길이와 오퍼랜드의 수와 길이에 따라 명령어 형식이 달라질 수 있다. 명령어 집합은 중앙처리장치의 사용 목적, 특성에 따라 결정된다.

명령어 집합들의 연산 코드가 수행하는 연산에 따라 명령어의 특성이 결정된다. 명령어가 수행하는 연산에는 함수 연산 기능, 전달 기능, 입출력 기능, 제어 기능 등이 있다.

함수 연산 기능을 담당하는 명령어 집합에는 사칙연산 등을 수행하는 산술연산이나 각 비트에 대한 참과 거짓을 구별하는 AND, OR, NOT 등의 논리연산 명령 등이 있다.

전달 기능을 담당하는 명령어 집합은 중앙처리장치와 주기억장치, 중앙처리장치 내의 레지스터 간의 정보 교환과 적재load, 인출fetch, 저장store 기능을 수행한다.

입출력 기능을 담당하는 명령어 집합은 중앙처리장치와 외부 장치 간의 데이터 이동을 수행한다.

제어 기능을 담당하는 명령어 집합은 중앙처리장치의 제어장치에서 수행되며 프로그램 루프loop의 반복 실행, 조건부 실행, 분기, 호출 등의 프로그램 수행 흐름을 제어하는 데 사용한다.

오퍼랜드에 저장될 데이터는 주소address, 수number, 문자character, 논리 데이터logical data 등의 형태가 있다.

BCD: Binary Coded Decimal
10진수를 2진수로 표현한 것

주소는 주기억장치나 레지스터의 주소이다. 수는 정수, 고정 소수점 수, 부동 소수점 수, BCD Binary Coded Decimal 등을 사용할 수 있다. 문자는 ASCII 코드가 사용되며, 논리 데이터는 비트 혹은 플래그 등으로 사용된다.

참고자료

신종홍. 2013. 『컴퓨터 구조와 원리 2.0』. 한빛미디어.
이종섭. 2015. 『컴퓨터구조』. 이한미디어.

기출문제

49회 응용 컴퓨터 명령어의 구성을 설명하고 명령어의 형식을 기억장소에 따른 명령어 형식과 오퍼랜드의 수에 따른 명령어 형식으로 구분하여 설명하시오. (25점)

C-5

주소 지정 방식

주기억장치의 데이터가 저장된 위치를 주소라고 하며, 주기억장치에서 원하는 데이터를 사용하기 위해 주소를 지정하는 것을 주소 지정 방식이라 한다. 컴퓨터 시스템에서는 사용자가 효과적으로 프로그래밍을 하고 기억장치를 효율적으로 사용하기 위해 다양한 주소 지정 방식을 사용하고 있다.

1 주소 지정 방식 개요

일반적으로 명령어 비트 수는 중앙처리장치가 처리하는 단어word의 길이와 같도록 제한된다. 제한된 수의 명령어 비트들을 이용하여 사용자로 하여금 가능한 한 다양한 방법으로 오퍼랜드를 지정하고 더 큰 용량의 기억장치를 사용할 수 있도록 하기 위해 여러 가지 주소 지정 방식addressing mode이 제안되어 있다.

주기억장치에 저장된 데이터들의 위치를 식별하기 위해 주기억장치에서 데이터가 저장된 위치에 고유한 일련번호를 부여하고 이를 주소address라 한다. 이렇게 부여된 주소 값을 기준으로 주기억장치에서 데이터를 인출하기 위해 주소를 지정하는 것을 주소 지정 방식이라고 한다.

주소 지정 방식에서는 다음과 같은 표기 방법을 사용한다.

다양한 주소 지정 방식 활용을 통해 프로그래머는 제한된 비트들을 이용하여 다양한 방법으로 오퍼랜드를 지정하고 더 큰 용량의 기억장치를 사용할 수 있다.

주소 지정 방식 표기 방법

표기 방법	내용
EA	유효 주소(Effective Address)로서 데이터가 저장된 기억장치의 실제 주소를 의미함
A	명령어 형식에서 오퍼랜드 필드가 기억장치 주소를 나타내는 경우(명령어 내의 주소 필드)
R	오퍼랜드 필드가 레지스터 번호를 나타내는 경우(명령어 내의 레지스터 번호)
(A)	기억장치 A번지의 내용을 표시하는 방법
(R)	레지스터 R번지의 내용을 표시하는 방법

2 주소 지정 방식의 분류

2.1 직접 주소 지정 방식 direct addressing mode

오퍼랜드(operand)
기계어는 2개의 필드로 구분된 일정한 형식을 갖는다. CPU가 수행할 연산을 지정해주는 연산 코드(operation code) 필드와 연산을 수행하는 데 필요한 데이터나 데이터의 주소를 나타내는 오퍼랜드(operand) 필드로 구성되어 있다.

기계명령어 내의 오퍼랜드 필드의 내용이 기억장치 내의 데이터의 유효 주소가 되는 간단한 방식이다.

직접 주소 지정 방식

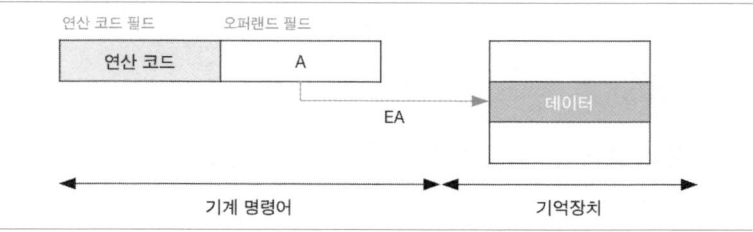

'EA = A(유효 주소 = 기억장치 주소)'가 된다.

즉, 가장 일반적인 주소 지정 방식으로 데이터의 주소를 나타내는 오퍼랜드 필드의 내용이 유효 주소가 되는 방식이다.

직접 주소 지정 방식은 데이터 인출을 위해 한 번의 기억장치 액세스만을 필요로 하며 오퍼랜드에 한 번만 접근하여 실제 기억장치의 주소를 알 수 있는 장점이 있다. 그러나 명령어에서 일정 부분은 연산 코드를 위해 사용하기 때문에 남은 비트들만 주소 비트로 사용할 수 있으므로 직접 엑세스할 수 있는 기억장치 주소 공간이 오퍼랜드 필드의 비트 수에 의해 제한되는 단점이 있다.

2.2 간접 주소 지정 방식 indirect addressing mode

직접 주소 방식의 단점은 주소 필드의 길이가 짧아서 주소를 지정할 수 있는 공간이 제한된다는 것이다. 이를 개선한 방식이 간접 주소 지정 방식이다. 오퍼랜드에 표현된 값이 실제 데이터가 기억된 곳이 아닌 위치하는 곳의 주소를 나타내고, 그 주소가 가리키는 기억장소에 데이터의 유효 주소가 지정되어 있다. 따라서 메모리 용량이 그 기억장소에 저장된 비트 수에 의해 결정되므로 기억용량을 더 확장시킬 수 있다. 그러나 오퍼랜드를 얻기 위해 메모리로부터 두 번의 액세스를 요구한다.

간접 주소 지정 방식

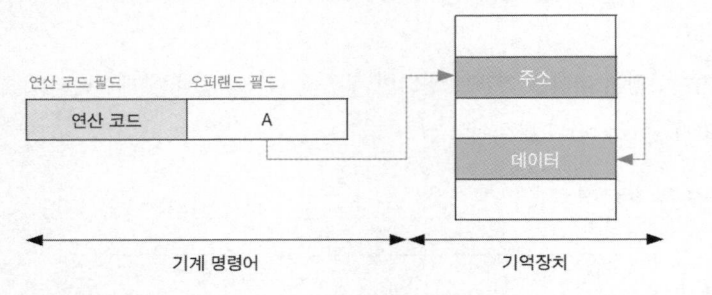

2.3 묵시적 주소 지정 방식 implied addressing mode

데이터의 위치가 별도로 지정되어 있지 않고 명령어의 연산 코드에 내포되어 있는 방법이다. 묵시적 주소 지정 방식에 사용하는 스택 메모리push down stack는 주메모리의 크기가 고정되지 않은 한 부분이며, 서브루틴이나 인터럽트 같은 예외적인 상황을 관찰하기 위해 할당된다.

모든 명령어들은 하나 또는 2개의 톱top 레지스터에서 지시하는 주소에 자신의 묵시적 오퍼랜드를 갖는다. 모든 연산의 결과는 스택으로 되돌려지며 톱 레지스터가 된다. 하나의 오퍼랜드가 요구하면 그 오퍼랜드가 메모리로부터 인출되고 스택의 맨 위에 놓인다. 따라서 그 스택의 다른 모든 레지스터의 내용들이 그 밑에 놓이게 된다.

예를 들어 SHL 명령어는 누산기의 내용을 좌측으로 시프트shift 하라는 명령어로서 오퍼랜드 필드가 없지만 자동적으로 누산기에서 연산을 수행하게 된다. 명령어 길이가 짧지만 명령어 종류가 제한되는 단점이 있다.

2.4 즉시 주소 지정 방식 immediate addressing mode

실제 오퍼랜드가 그 명령어의 주소 부분에 저장됨을 나타내며 '직접 데이터
형식'이라고도 한다. 즉, 데이터가 명령어에 포함되어 있는 방식으로 오퍼
랜드 필드의 내용이 연산에 사용할 실제 데이터가 된다.

즉시 주소 지정 방식

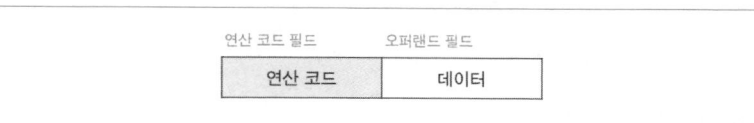

이 주소 지정 방식은 보통 프로그램상에 어떤 상수를 포함할 때나 또는
오퍼랜드가 짧을 때 사용된다. 데이터를 인출하기 위해 기억장치에 접근할
필요가 없으나 상수 값의 크기가 오퍼랜드 필드의 비트 수에 의해 제한된다.

2.5 레지스터 주소 지정 방식 resister addressing mode

연산에 사용할 데이터가 레지스터에 저장되어 있는 방식이다. 오퍼랜드 부
분이 레지스터 번호를 나타내며, 유효 주소는 레지스터 번호가 된다.
 'EA = R(유효 주소 = 레지스터 번호)'가 된다.

레지스터 주소 지정 방식

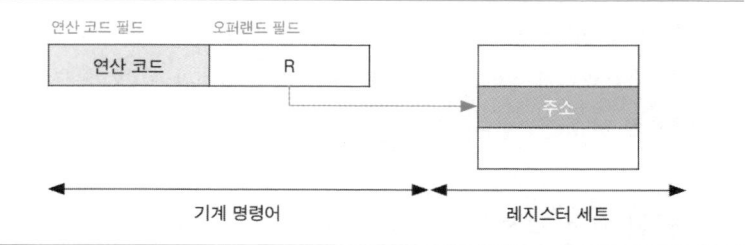

이 방법은 오퍼랜드 필드가 레지스터들의 번호를 나타내기 때문에 비트
수가 적어도 되며 데이터를 인출하기 위해 기억장치에 접근할 필요가 없다.

그러나 데이터를 저장할 수 있는 공간이 중앙처리장치 내부의 레지스터들로 제한되는 단점이 있다.

2.6 레지스터 간접 주소 지정 방식 resister-indirect addressing mode

오퍼랜드는 메모리에 저장되며 주소 부분에서 지정된 레지스터에는 그 오퍼랜드의 메모리 주소를 포함한다. 명령어 형식에서 오퍼랜드 필드가 레지스터 번호를 가리키고 그 레지스터에 저장된 내용이 유효 주소이다. 그리고 유효 주소를 사용하여 실제 데이터를 인출한다.

'EA = R(유효 주소 = 레지스터 번호)'가 된다.

레지스터 간접 주소 지정 방식

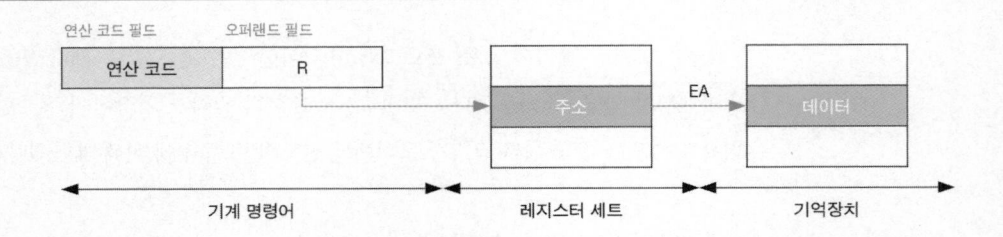

주소를 지정할 수 있는 기억장치 영역이 확장되는 장점이 있으며, 레지스터의 길이에 따라 주소 지정 영역이 결정된다. 만약 레지스터의 길이가 16비트라면 주소 지정 영역은 2^{16} = 64Kbyte이 된다.

간접 주소 지정 방식과 유사하나 중앙처리장치 레지스터의 개수는 메모리의 개수보다 적기 때문에 메모리 주소를 지정하는 것보다 레지스터를 지정하는 것이 명령어 주소 부분의 비트 공간을 더 작게 요구한다. 그리고 간접 주소 지정 방식에서는 기억장치에 두 번 접근 하지만 이 방법에서는 기억장치에 한 번만 접근한다.

2.7 변위 주소 지정 방식 displacement addressing mode

직접 주소 지정 방식과 레지스터 간접 주소 지정 방식을 조합한 것으로 명령어에 포함된 오퍼랜드 필드는 레지스터 번호 필드와 변위 값 필드 2개가 존재하며, 이 두 오퍼랜드 조합으로 유효 주소가 생성된다.

'EA = A + (R) (유효 주소 = 기억장치 주소 + 레지스터 번호)'가 된다.

변위주소 지정 방식

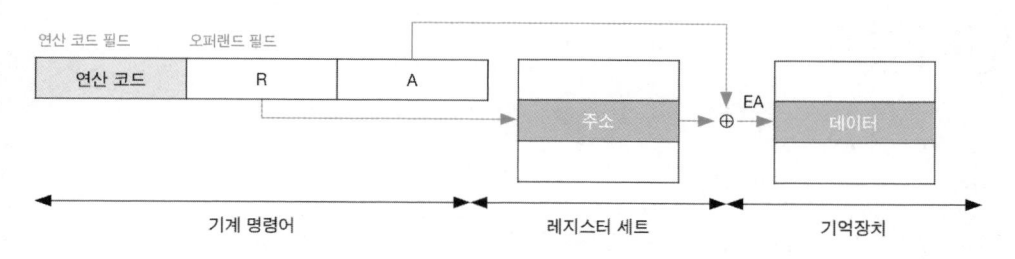

즉, R이 가리키는 레지스터의 내용과 변위 값 A를 더해 유효 주소를 결정하게 된다.

 참고자료

김경복. 2012. 『핵심 컴퓨터 구조』. 한올출판사.

신종홍. 2013. 『컴퓨터 구조와 원리 2.0』. 한빛미디어.

삼성SDS 기술사회. 2008. 『핵심 정보기술 총서』. 도서출판 한올.

http://infosec.kut.ac.kr/sangjin/class/comparch0601

http://blogfile.paran.com/BLOG_329061

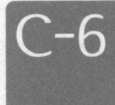

C-6

인터럽트

컴퓨터 시스템에서 어떤 장치에 인터럽트가 발생하면 CPU는 현재 실행 중인 프로그램의
작업 상태를 기억한 후 프로그램 처리를 강제로 중단시키고 인터럽트를 발생시킨 장치의
작업을 우선 진행한다. 인터럽트는 발생 원인에 따라 여러 종류가 있으며, 현재의 인터럽
트가 처리되는 동안 다른 인터럽트가 발생하는 경우를 다중 인터럽트라고 한다.

1 인터럽트의 개요

외부 장치로부터 중앙처리장치로 전해지는 하드웨어 신호로, 현 상태로부
터 특수한 사건이나 환경으로 보내는 특별한 제어 신호를 인터럽트interrupt
라고 한다. 인터럽트는 효율적인 시스템 운용에 필수적인 기능으로, 입출력
인터럽트가 가장 많은 비중을 차지한다. 중앙처리장치는 인터럽트를 이용
하여 다중 프로그래밍multi-programming 을 실행할 수 있다.

인터럽트 처리 원리는 다음과 같다.

인터럽트 처리 원리

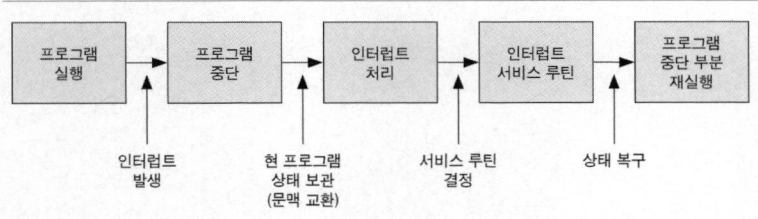

　　　　　　　　　　　　　　　　C • 중앙처리장치

프로그램 실행 중 인터럽트가 발생하면, 수행 중인 프로그램을 중단하고 현 프로그램 상태를 보관한 후 제어권을 운영체제로 넘긴다. 운영체제는 인터럽트 처리기라는 특수 루틴을 통해 인터럽트의 원인을 분석하고 적절한 작업을 수행하며, 인터럽트 처리가 끝나면 중단되었던 프로그램을 다시 실행하게 된다.

2 인터럽트 종류

인터럽트가 발생하는 원인에 따라 다음과 같이 구분할 수 있다.

2.1 슈퍼바이저 호출 SVC: Supervisor Call 인터럽트

슈퍼바이저 호출SVC은 일반 사용자 프로그램이 생성하는데, 보통 입출력 수행, 기억장치의 할당, 또는 오퍼레이터와의 대화 등을 하기 위해 생성하는 인터럽트이다.

2.2 입출력장치 I/O device 인터럽트

입출력 요구가 있을 때 하드웨어가 발생시키며, 중앙처리장치에 채널이나 입출력장치의 상태 변화를 알려준다. 입출력이 완료되었거나 에러가 발생했을 때, 기기가 대기 상태에 있을 때 발생한다.

입출력 지시는 제어장치에서 하지만 실제 입출력은 채널channel이 수행하는데, 입출력 시 에러가 발생하거나 입출력을 종료할 경우 인터럽트를 발생시켜 CPU에 알려주게 된다.

2.3 외부 external 인터럽트

인터럽트 시계에서 일정한 시간이 만기가 된 경우, 사용자가 콘솔에서 인터럽트 키를 입력하는 경우, 다중처리 시스템에서 다른 프로세서로부터 신호가 왔을 경우 등에 발생하게 된다.

2.4 재시작 restart 인터럽트

사용자가 콘솔에서 재시작 단추를 누를 때, 다중처리 시스템에서 다른 프로세스로부터 재시작 명령문이 도착할 때 발생한다.

2.5 프로그램 검사 program check 인터럽트

수행 중인 프로세스의 잘못된 명령에 의해 발생하는 인터럽트로 연산 시 0으로 나누거나 자리 넘침이 발생하는 등의 대수법칙 상의 계산이 불가한 경우나 의미 없는 계산 결과 값이 나오는 경우, 허용되지 않는 명령문을 실행하는 경우 발생한다.

내부 internal 인터럽트라고도 하며, 불법적인 명령코드의 사용, 오버플로 등이 일어날 때 발생하는 인터럽트 등이 해당된다.

2.6 기계 검사 machine check 인터럽트

기계 고장 시 발생하는 인터럽트이다. 컴퓨터 하드웨어의 검사 회로가 기계 상의 오류를 발견하면 중앙처리장치는 상태를 분석하고 에러 정정을 시도함과 동시에 다시 동작시키기를 시도한다.

3 인터럽트 사이클

인터럽트 사이클은 인터럽트 발생을 처리하기 위한 부사이클로 중앙처리장치에서 인터럽트 요구가 있는지 검사하는 과정이다. 컴퓨터의 명령어 동작을 위한 명령어 사이클 과정에서 인터럽트가 발생하면 인터럽트를 위한 새로운 부사이클이 필요하게 된다.

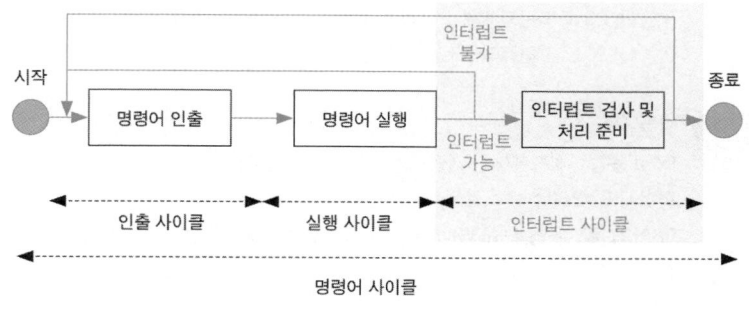

4 다중 인터럽트

인터럽트가 발생하는 동안 또 다른 인터럽트가 발생하는 것을 다중 인터럽트라고 한다. 다중 인터럽트 처리 방법에는 인터럽트 불가능과 우선순위 인터럽트가 있다.

- 인터럽트 불가능interrupt disabled은 중앙처리장치가 인터럽트를 처리하고 있는 도중에 새로운 다른 인터럽트 처리 요구가 발생하더라도 중앙처리장치가 나중에 발생한 인터럽트 요구를 무시하여 인터럽트 사이클을 수행하지 않도록 방지하는 기능이다. 나중에 발생된 인터럽트는 현재 처리 중인 인터럽트 처리 종료 후 순차적으로 실행되게 된다.
- 우선순위 인터럽트priority interrupt는 우선순위에 따른 인터럽트 처리를 말한다. 인터럽트의 우선순위를 정의하고 우선순위가 더 높은 인터럽트를 먼저 처리하도록 허용하는 방식이다. 우선순위가 낮은 인터럽트가 처리되고 있는 동안 우선순위가 높은 인터럽트가 요청되면 처리되고 있던 낮은 순위의 인터럽트를 중단하고 우선순위가 높은 새로운 인터럽트를 처리하게 된다.

참고자료

신종홍. 2013. 『컴퓨터 구조와 원리 2.0』. 한빛미디어.

구현회. 2010. 『운영체제』. 한빛미디어.

이종섭. 2015. 『컴퓨터구조』. 이한미디어.

기출문제

96회 응용 하드웨어 인터럽트와 소프트웨어 인터럽트의 처리 흐름에 대하여 설명하시오. (25점)

98회 응용 운영체제(OS)에서의 인터럽트(Interrupt)를 정의하고 동작 원리에 대하여 설명하시오. (10점)

C-7

파이프라이닝

___

파이프라이닝은 프로세서가 이전 명령어를 마치기 전에 다음 명령어를 시작하는 기법이다. 명령어를 읽어 순차적으로 실행하는 프로세서에 적용할 때, 한 번에 하나의 명령어만 실행하는 것이 아니라 동시에 여러 개의 명령어를 실행함으로써 처리 속도를 향상시킬 수 있다.

1 명령어 파이프라이닝

명령어 파이프라이닝instruction pipelining은 명령어 실행 시 동시에 서로 다른 명령어들을 처리하도록 함으로써 중앙처리장치의 성능을 높여주는 기술이다. 즉, 한 번에 하나의 명령어만 실행하는 것이 아니라 하나의 명령어가 실행되는 도중에 다른 명령어 실행을 시작하여 동시에 여러 개의 명령어를 실행한다.

하나의 명령어는 여러 개의 단계로 실행되는데, 이때 하나의 명령어를 처리할 때까지 다음 명령어가 처리되지 않고 기다린다면 명령어의 특정 단계를 처리하는 동안 다른 단계를 처리하는 부분은 아무 작업도 하지 않게 된다. 그러나 명령어 파이프라이닝 기술은 하나의 명령어를 여러 단계로 나누어서 처리할 수 있으므로 한 명령어의 특정 단계를 처리하는 동안 다른 부분에서는 다른 명령어의 다른 단계를 처리할 수 있어 처리 속도를 향상시킬 수 있다.

1.1 2단계 명령어 파이프라인

명령어의 실행을 위해 필요한 과정을 명령어 사이클instruction cycle 이라고 한다. 명령어 사이클은 인출 사이클과 실행 사이클로 구성되는데, 명령어를 실행하는 하드웨어를 인출 단계fetch stage 와 실행 단계execute stage 의 2개의 파이프라인 단계로 분리하여 구성하는 것을 2단계 명령어 파이프라인이라고 한다.

2단계 명령어 파이프라인

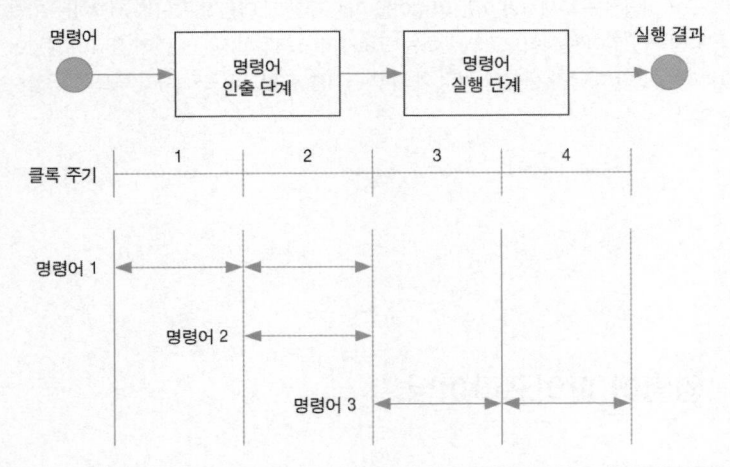

첫 번째 클록 주기에서 인출 단계가 '명령어 1'을 인출한다. '명령어 1'의 인출 단계가 끝나고 실행 단계가 수행되는 두 번째 클록 주기에서 '명령어 2'의 인출 단계가 동시에 진행된다. 그리고 '명령어 3' 및 '명령어 4'도 각각 인출과 실행 단계가 병렬로 처리된다. 그러나 이와 같은 속도 향상은 명령어의 인출과 실행 시 같은 길이의 시간이 소요되도록 동일한 클록을 가하여 동작 시간을 일치시키는 경우에만 얻을 수 있다. 실행 단계에서는 오퍼랜드를 읽거나 저장하기도 하고, 복잡한 연산을 수행하는 경우도 있기 때문에 일반적으로 실행 단계에서 소요되는 시간이 인출 단계보다 더 길다.

인출 단계와 실행 단계의 처리 시간이 동일하지 않을 경우 속도가 향상되지 않는 문제를 극복하려면 파이프라인의 단계 수를 증가시켜서 세분화하여 단계 간 시간 차이를 최소화함으로써 각 단계의 처리 시간을 동일하게

클록(Clock) 주파수
컴퓨터에서 수행되는 모든 연산의 타이밍을 맞추기 위해 펄스를 방출하는데 이를 시스템 클록이라고 한다. 클록 주파수는 컴퓨터가 명령어를 수행하는 속도를 결정한다.
하나의 클록 동안에 명령어부 사이클이 수행된다. 클록의 주기가 길면 그만큼 처리될 수 있는 명령어부 사이클의 시간이 지연된다.

C・중앙처리장치

만드는 방법이 있다. 즉, 파이프라인의 단계 수를 늘리면 전체적으로 속도 향상을 가져올 수 있다.

1.2 4단계 명령어 파이프라인

파이프라인의 단계 수를 4개로 한 것이다. 파이프라인 단계들의 처리 시간이 동일하지 않아서 발생하는 효율 저하를 방지하기 위해 여러 단계로 세분화하여 단계들의 처리 시간을 거의 같아지도록 한 것이다.

4단계 명령어 파이프라인은 명령어 인출IF: Instruction Fetch, 명령어 해독ID: Instruction Decode, 오퍼랜드 인출OF: Operand Fetch, 실행EX: Execute 단계가 존재한다.

4단계 명령어 파이프라인

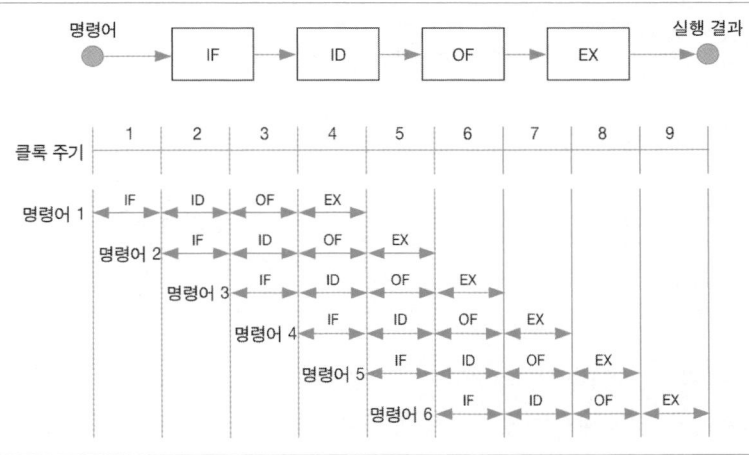

명령어 인출IF 단계는 명령어를 기억장치에서 인출하는 과정이다. 프로그램 카운터에서 제시한 기억장치 주소에서 명령어를 인출하여 명령어 레지스터로 이동시킨다. 명령어 해독ID 단계는 인출된 명령어를 명령어 해독기decoder를 이용하여 해석한다. 오퍼랜드 인출OF 단계는 기억장치에서 피연산자 부분으로 연산에 사용될 변수나 데이터가 되는 오퍼랜드를 인출한다. 실행EX 단계는 명령어에 지정된 연산을 수행하는 단계이다.

1.3 6단계 명령어 파이프라인

6단계 명령어 파이프라인은 FI Fetch Instruction, DI Decode Instruction, CO calculate Operand, FO Fetch Operand, EI Execute Instruction, WO Write Operand 의 여섯 단계가 존재한다.

6단계 명령어 파이프라인

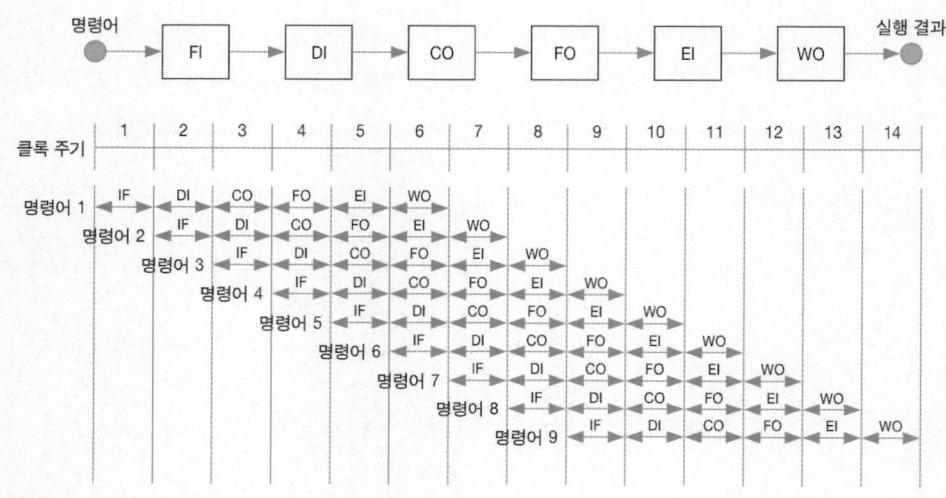

FI 단계는 명령어 인출 단계이고 DI 단계는 명령어 해독 단계이다. CO 단계는 오퍼랜드 계산 단계이다. 오퍼랜드는 피연산자로 일반적인 데이터 값 또는 주소이다. FO 단계는 오퍼랜드 인출 단계이며 EI 단계는 명령어 실행 단계이다. 마지막으로 WO 단계는 연산된 결과인 오퍼랜드 저장 단계이다.

2 파이프라인에 의한 속도 향상

파이프라인에 의한 속도 향상은 다음과 같은 방법으로 정량적인 계산이 가능하다.

파이프라이닝을 이용하여 명령어들을 실행하는 데 걸리는 전체 시간을 T 라고 하고, 파이프라인의 단계수를 k, 실행할 명령어들의 수를 N이라고 하고 각 파이프라인의 단계가 한 클록 주기씩 걸린다고 가정하면 T는 다음과 같다.

$$T = k + (N - 1)$$

첫 번째 명령어를 실행하는 데는 k 주기가 걸리고, 나머지 (N - 1)개의 명령어들은 각각 한 주기씩만 소요된다. 만약 파이프라인이 되지 않았다면 N개의 명령어들을 실행하는 데는 k * N 주기가 걸리므로, 파이프라이닝을 이용함으로써 얻을 수 있는 속도 향상(Sp)은 다음과 같다.

$$Sp = (k * N) / \{k + (N - 1)\}$$

3 파이프라인 해저드

파이프라인의 속도가 느려지는 경우가 있는데 이를 파이프라인 해저드hazard라고 한다. 파이프라인 해저드에는 데이터 해저드data hazards, 명령어 해저드, 구조적 해저드structural hazards가 있다.

3.1 데이터 해저드

데이터 해저드는 연산할 데이터가 준비되지 않아 파이프라인을 멈춰야 하는 상황이나 조건을 말한다. 주로 명령이 현재 파이프라인에서 수행 중인 이전 명령의 결과에 종속됨으로써 발생되는데, 이전 명령의 단계가 끝나기를 기다려야 하므로 파이프라인이 지연된다. 선행 명령어가 사용하는 데이터와 후행 명령어가 사용하는 데이터 간의 종속관계로 인해 발생하므로 데이터 종속data dependency이라고도 한다. 해결 방안으로는 포워딩forwarding, 인터록interlock, 명령어 스케줄링 등이 있다.

3.2 명령어 해저드

명령어 해저드는 실행할 명령어가 결정되지 않아 즉시 실행할 수 없을 때 일어난다. 즉, 다른 명령어들이 실행 중인 한 명령어의 결과 값에 기반을 둔 결정을 할 필요가 있을 때 발생한다. 이는 주로 분기 명령어에 의해 발생하기 때문에 분기 해저드branch hazard 또는 제어 해저드control hazard라고도 불린다.

캐시에 명령어가 저장되어 있을 경우 빠르게 명령어를 실행할 수 있지만, 해당 명령어가 없을 경우에 메모리로부터 가져와야 하므로 오랜 시간이 걸리고 결국 파이프라인의 속도가 떨어진다. 해결 방안으로는 분기 예측 및 지연 분기 등이 있다.

3.3 구조적 해저드

구조적 해저드는 두 명령어가 동시에 어떤 하드웨어에 접근해야 할 때 일어난다. 즉, 같은 클록 사이클에 실행하기를 원하는 명령어의 조합을 하드웨어가 지원할 수 없다는 것을 의미한다. 예를 들어 어떤 명령어가 실행이나 쓰기를 위해서 메모리에 접근해야 할 때, 다른 명령어가 메모리에서 읽혀지는 경우 이런 해저드가 발생한다. 해결 방안으로는 자원을 추가하여 사용하는 자원을 분리하거나, 예약표reservation table 을 이용하여 자원 충돌을 방지하는 방법 등이 있다.

4 슈퍼 파이프라이닝

슈퍼 파이프라이닝super pipelining 은 파이프라인 단계들을 각 단계의 클록 주기의 절반 이하로 더욱 작게 분할하여 처리 시간 차이를 최소화하여 줄여 명령어 실행 속도를 두 배 이상 높이는 방법이다.

대부분의 파이프라인 단계들이 작업을 수행하는 데 소요되는 클록 사이클이 반 이하의 시간이므로 가능한 기능이다. 슈퍼 파이프라인의 등급이 n이면 기능 유닛의 클록 사이클 시간은 기본 사이클의 1/n이 된다.

아래 그림은 2등급의 슈퍼 파이프라인에서 명령어 실행 시간도를 나타낸 것이다. 이 경우 기능 유닛의 클록 사이클 시간은 기본 사이클의 1/2이 된다. 명령어의 처리 단계는 다음과 같다.

- 1단계: 명령어 인출IF: Instruction Fetch
- 2단계: 명령어 해독ID: Instruction Decode

- 3단계: 연산 수행 EX: Execute
- 4단계: 연산 결과 저장 WB: Write Back

슈퍼 파이프라인

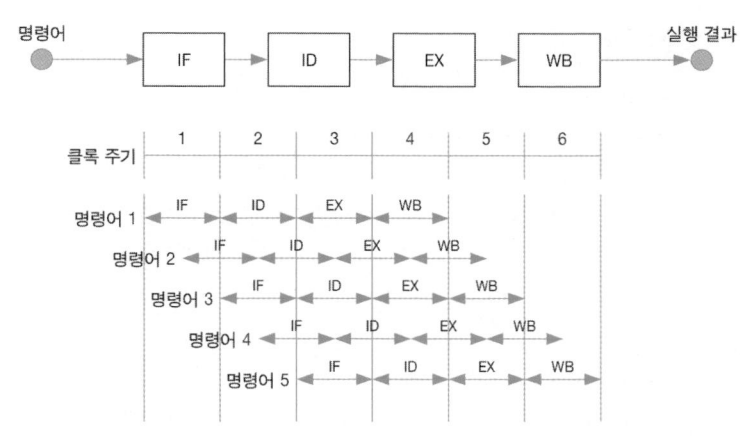

즉, 클록 사이클당 두 개의 파이프라인 단계 수행한다면, 각 단계에서 수행되는 기능이 두 개의 중첩되지 않는 부분들로 분리될 수 있고 각각은 클록 사이클의 절반에 해당하는 시간 내에 수행될 수 있다.

5 슈퍼스칼라

슈퍼스칼라 superscalar 파이프라이닝은 파이프라이닝과 병렬처리를 혼합하여 다수의 명령어 파이프라인을 포함시킨 구조로, 줄여서 슈퍼스칼라라고도 한다. 이는 하나의 프로세서에 여러 파이프라인을 장착해서 사이클마다 독립 수행이 가능한 명령어들을 병행 실행할 수 있으며, 명령어들을 순서와 다르게 실행할 수 있다.

슈퍼스칼라는 파이프라인으로 구현된 여러 개의 기능 유닛이 명령어들의 병렬처리를 지원하는 것을 기본 구성으로 하고 있다.

2개의 명령어를 병렬처리 하는 슈퍼스칼라 2등급 degree 2 의 경우를 예로 설명하면 다음과 같다.

슈퍼스칼라 2등급

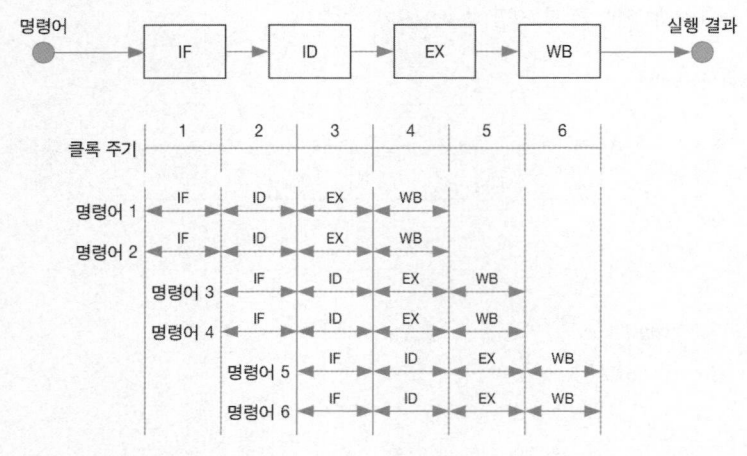

아래 그림에서 슈퍼스칼라 프로세서를 명령어 파이프라인과 비교하면 슈퍼스칼라 프로세서가 일반적인 파이프라이닝 기법의 처리 속도보다 두 배 빠르다(동일 클록 수 기준 명령어 수행 수가 두 배 차이남).

슈퍼스칼라 프로세서의 구조는 두 명령어 사이에 데이터 의존성이 존재하지 않아야 독립적으로 동시에 실행이 가능하다.

슈퍼스칼라 2등급과 4단계 명령어 파이프라인의 비교

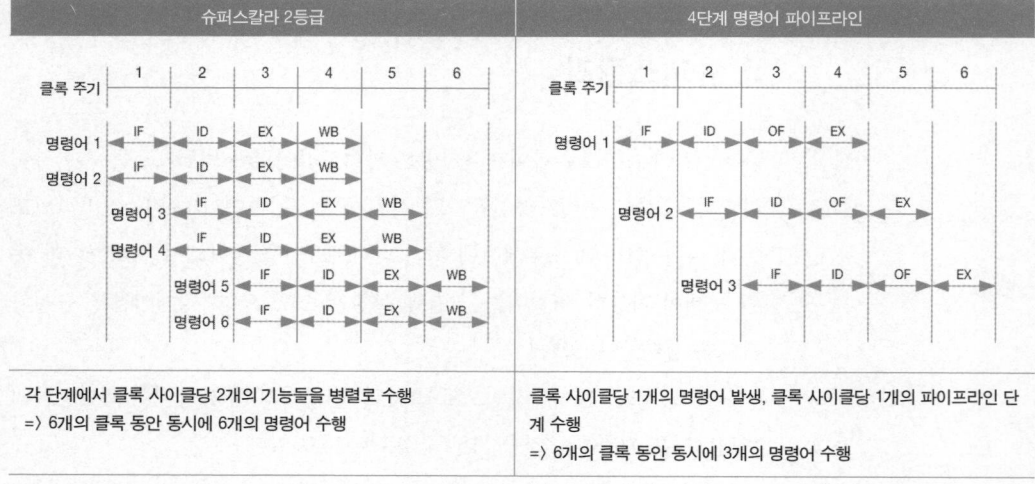

슈퍼스칼라 2등급	4단계 명령어 파이프라인
각 단계에서 클록 사이클당 2개의 기능들을 병렬로 수행 =〉6개의 클록 동안 동시에 6개의 명령어 수행	클록 사이클당 1개의 명령어 발생, 클록 사이클당 1개의 파이프라인 단계 수행 =〉6개의 클록 동안 동시에 3개의 명령어 수행

C・중앙처리장치

6 VLIW Very Long Instruction Word

VLIW는 슈퍼 파이프라이닝super pipelining 이나 슈퍼스칼라와 달리 하드웨어 대신 컴파일러가 명령어 수준 병렬성instrcution level parallelism 를 찾아주는 방식이다. 컴파일러가 미리 명시적으로 병렬처리할 수 있는 명령어 조합을 찾아 프로세서에게 보내는 것으로, VLIW는 병렬로 처리할 수 있는 명령어 조합을 명시하는 긴 명령 워드를 의미한다. 따라서 하나의 명령어에는 병렬 실행이 가능한 많은 연산이 포함된다.

VLIW는 하드웨어를 사용하지 않기 때문에 하드웨어가 단순하고, 발열량이 적으며 칩 공간도 덜 사용하는 반면, 컴파일러 설계가 어렵고 정적 스케쥴링에 의존하여 명령어 수준 병렬성의 활용이 제한적이며 어셈블리 프로그래밍이 곤란하다.

따라서 예측이 용이하고 심플한 DSP Digital Signal Processing, GPU Graphics Processing Unit 와 같은 특수 목적용 또는 임베디드 시스템용 프로세서 설계에 활용된다.

IPC(Instructions per Cycle) 향상을 위한 기술

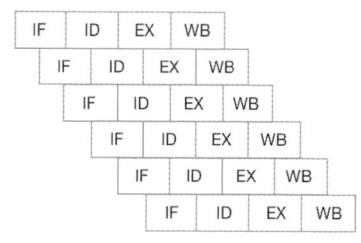

수퍼 파이프라이닝

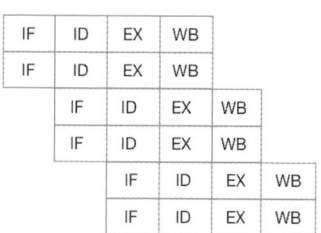

수퍼스칼라 파이프라이닝

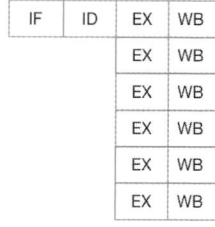

VLIW

참고자료
신종흥. 2013. 『컴퓨터 구조와 원리 2.0』. 한빛미디어.
우종정. 2014. 『컴퓨터 아키텍처: 컴퓨터 구조 및 동작 원리』. 한빛아카데미.

기출문제
48회 관리 CPU의 명령어 처리율(throughput) 향상을 위한 기법 중 하나인 파이프라이닝(Pipelining) 기법에 대해 설명하고 파이프라이닝 해저드(Pipeline Hazards)에 대해 설명하시오. (25점)

78회 응용 m 단계의 파이프라인 구조를 갖는 CPU에 대해 답하시오. 모든 명령어는 동일한 수행 과정을 갖고, 각 파이프라인 단계의 처리 기간은 k초로 동일하다고 가정하시오. 만약 CPU가 비파이프라인 구조를 갖는다면 한 명령어의 처리 시간은 mk초이다.

1) 비파이프라인 CPU가 n개의 명령어를 처리하는 데 필요한 시간은 (   )초이다.

2) 파이프라인 CPU가 n개의 명령어를 처리하는 데 필요한 시간은 (   )초이다.

3) 1)과 2)의 답으로부터 파이프라인에 의한 CPU의 성능 개선도(speedup)는 (   )이다.

4) 3)에서 답한 성능 개선도를 증가시키기 위한 개선책을 설명하시오. (25점)

96회 응용 CPU가 명령을 수행하기 위한 파이프라이닝(Pipelining)의 개념과 파이프라이닝을 방해하는 위험 요소에 대하여 설명하시오. (25점)

51회/96회 응용 수퍼스칼라, VLIW(Very Long Instruction Word), 슈퍼 파이프라인을 비교하여 설명하시오. (25점)

71회 응용 병렬처리에서 슈퍼스칼라(Super-Scalar) 방식과 슈퍼 파이프라인(Super-Pipeline)의 개념을 비교 설명하시오. (25점)

111회 응용 Pipeline Hazard의 유형과 제거 방안에 대해 기술하시오.(25점)

113회 관리 CPU의 명령어 처리에 있어서 파이프라인(pipeline) 방식과 비파이프라인 방식에 대하여 각각의 CPU 처리 시간을 비교하여 설명하시오. (단, 파이프라인의 단계 수를 m, 각 파이프라인 단계에서의 처리 시간을 k, 실행할 명령어들의 수를 n이라고 한다. (25점)

C-8

병렬처리

기술이 발달하여 하드웨어 가격이 하락함에 따라 더 좋은 성능을 가진 컴퓨터에 대한 관심이 늘어나게 되었다. 단일 프로세서는 물리적 제약과 공정상의 제약으로 더 이상 성능 개선이 어려워지자 병렬처리가 핵심 기술로 부상하게 되었다.

1 병렬처리의 개요

사용자는 끊임없이 더 좋은 성능의 컴퓨터를 요구하고, 우주과학, 유전자 공학, 인공지능 등과 같은 첨단 과학 분야에서는 처리 속도가 매우 빠른 슈퍼컴퓨터를 필요로 한다. 컴퓨터의 성능을 개선하는 방법은 회로의 속도와 기억용량을 늘려 하드웨어의 성능을 개선하는 것뿐만 아니라 컴퓨터 내에서 수행되는 동작의 수를 늘리는 방법, 여러 컴퓨터를 연결하여 동시에 프로그램을 실행시키는 방법 등 다양한 방법이 있을 수 있다.

일차적으로 단일 프로세서의 성능을 향상시키는 방법이 물리적 한계, 집적회로 공정상의 제약과 같은 한계에 부딪히게 되자, 병렬처리 방법을 찾기 시작했다.

병렬처리는 다수의 프로그램이나 하나의 프로그램에서 분할된 다수의 프로그램 조각task을 다수의 프로세서가 분산 실행함으로써 처리 속도를 높이는 방법이다. 병렬처리의 경우, 저전압 프로세서를 여러 개 사용함에 따라 1개의 고전압 프로세서 사용 시보다 전력 소모를 줄일 수 있다. 그러나 n개

의 프로세서를 사용하더라도 프로세서 간의 관리상의 손실로 n배의 성능을
내기는 어렵다.

2 병렬처리의 요구 조건

병렬처리는 여러 개의 프로세서를 가지고 고속으로 연산하는 복잡한 구조
의 컴퓨터이기 때문에 순차적 구조에서는 고려되지 않아도 되는 문제인 프
로그램을 태스크별로 나누는 분할과 각 태스크를 프로세서에 배정하는 스
케줄링, 각 프로세서에서 동시에 명령어를 수행하기 위한 동기화를 해결해
야 한다.

2.1 분할 partition

프로그램 내에서 병렬처리가 가능한 부분을 추출하여 태스크로 만드는 것
을 분할이라고 한다. 이렇게 분할된 부분을 그레인grain이라 하며 그레인의
크기는 다양하나 크기에 따라 병렬처리 성능에 영향을 미치게 된다.

그레인의 크기가 아주 작은 미세입자fine grain인 경우에는 병렬성은 높으나
동기화와 스케줄링에 과부하가 발생한다. 반대로 크기가 큰 조대입자coarse
grain인 경우에는 동기화와 스케줄링의 부하가 적지만 병렬성이 낮다.

또한, 프로그램은 순차적으로 처리해야 하는 많은 부분을 포함하고 있어,
모든 부분을 병렬처리할 수 있는 것은 아니다. 따라서 병렬처리 속도를 최
대화하기 위한 병렬 알고리즘이 필요하다.

2.2 스케줄링 scheduling

분할된 작업은 독립적으로 수행될 수 있는 부분도 있고, 다른 작업이 시작
되기 전에 완료되어야 하는 작업도 있다. 따라서 전체적인 실행 시간을 최
소화하고 처리 능력을 최대화할 수 있는 스케줄링이 필요하다.

2.2.1 정적 스케줄링 Static Scheduling

정적 스케줄링은 실행 순서를 사용자 알고리즘이나 컴파일 시에 컴파일러에 의해 결정하는 방식으로 정해진 순서는 실행되는 동안 유지된다.

　이 방법은 컴파일 시에만 스케줄링하기 때문에 실행 시 스케줄링에 대한 부담이 없는 장점이 있는 반면, 태스크의 실행 시간과 통신 시간 등을 정확히 예측할 수 없어 비효율적인 면이 있고 소스 프로그램 작성 및 컴파일 설계 시 고려할 점이 많다.

2.2.2 동적 스케줄링 dynamic scheduling

동적 스케줄링은 프로그램이 실행될 때 각 태스크를 프로세서에 할당하는 방법으로 프로세서의 이용률을 높일 수 있으나, 프로그램 실행 시에 스케줄링을 함으로써 실행에 많은 부담을 주게 된다.

2.3 동기화

여러 프로세서가 동시에 실행되면 프로세서 간의 데이터 공유와 교환이 필요하고, 공유 자원에 대한 경합 문제를 중재할 수 있는 방법이 필요하다. 즉, 공유자원에 대해 전체 프로그램 내에서 특정 프로세서만 액세스가 가능하도록 처리 순서를 정하는 것을 동기화라고 한다.

2.3.1 버스 잠금 bus-locking 방식

버스 잠금 방식은 하나의 프로세서가 버스를 이용하여 공유자원을 액세스할 때, 버스를 독점한 후 임계 영역을 처리하는 방법이다. 한 프로세서에 의해 버스가 독점되기 때문에 다른 프로세서에서는 해당 버스에 연결된 자원을 사용할 수 없게 된다.

2.3.2 상태 표시 flag 방법

자원별로 1비트의 상태 레지스터를 두어서 자원의 상태를 표시하는 방법으로 대기 중인 프로세서는 자원의 상태 레지스터를 모니터링하다가 사용 가능 상태가 되면 액세스하도록 하는 방법이다.

2.3.3 세마포어 semaphore

상호 배제 문제를 해결하기 위해 다익스트라(Dijkstra)가 고안한 방법으로 동기용 신호기를 세마포어라 한다. 세마포어의 사용방법은 임계 영역에 들어가기 전에 세미포어에 정의된 변수값이 0보다 크면 그 변수의 값을 하나 감소시키고, 0보다 작으면 프로세스는 대기 리스트에서 다른 프로세서가 사용을 끝내고 세마포어의 값을 증가시켜 값이 0보다 커질 때까지 기다리는 방법이다.

3 Flynn 분류법에 따른 컴퓨터의 분류

병렬처리를 포함한 컴퓨터 시스템의 분류는 일반적으로 Flynn 분류법을 따른다. 이 방법은 컴퓨터에 의해 수행되는 연속적인 명령어 그룹인 명령어 스트림과 명령어 스트림에 의해 호출되는 연속 데이터 그룹인 데이터 스트림을 기준으로 구분한다.

3.1 단일 명령어 스트림 단일 데이터 스트림 SISD

SISD Single Instruction stream/Single Data stream 구조는 하나의 명령어가 하나의 데이터를 한 번에 처리하는 시스템으로 단일 프로세서를 가진 폰노이만 아키텍처이다. SISD 구조의 컴퓨터에서는 파이프라이닝, 슈퍼스칼라와 같은 방법으로 성능을 병렬처리하여 성능을 높인다.

SISD 구조

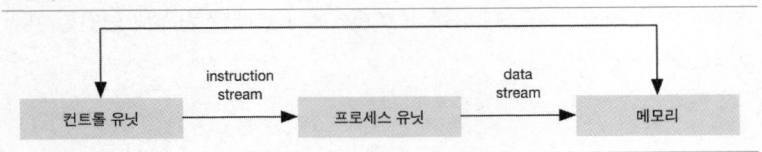

3.2 단일 명령어 스트림 다중 데이터 스트림 SIMD

SIMD Single Instruction stream/Multi Data stream 구조는 하나의 명령어가 다수의 데이

터를 동시에 처리하는 방식으로 하나의 제어장치와 다수의 처리장치로 구성된다. 행렬 형식으로 규정되는 문제나 알고리즘에 좋은 성능을 보이며, 유사 패턴을 가진 멀티미디어 데이터를 처리하는 데 적합하다.

SIMD 병렬처리는 데이터 수준 병렬성을 이용하는 방식의 배열 프로세서 또는 벡터 프로세서로, 하나의 제어장치에 다수의 처리장치와 메모리가 버스나 상호 연결망으로 배열 형태로 연결된 구조로 벡터 계산이나 행렬 계산에 사용된다. 컴파일러가 소스 코드를 분석하여 SIMD 명령어에 적합하면 자동으로 SIMD로 대체하는 것을 자동 벡터화라고 한다. 이러한 벡터 프로세서는 명령어 인출과 해독에 대한 제어장치의 부담이 적어 메모리 대역폭을 적게 사용하고, 프로세서가 데이터 스트림의 위치를 알고 데이터를 선인출할 수 있는 장점이 있다.

SIMD 구조

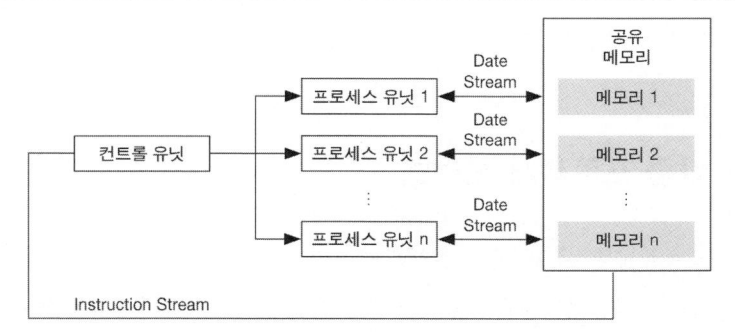

3.3 다중 명령어 스트림 단일 데이터 스트림 MISD

MISD Multi Instruction stream/Single Data stream 구조는 다수의 명령어 스트림이 하나의 데이터를 처리하는 시스템으로 아직까지 구현되지 않았으며 실용적이지 못하다.

3.4 다중 명령어 스트림 다중 데이터 스트림 MIMD

MIMD Multi Instruction stream/Multi Data stream 구조는 다수의 명령어 스트림이 다수의 데이터 스트림을 처리하는 방식으로 대부분의 컴퓨터가 이 방법을 사용한다. SIMD보다 설계가 복잡하나 융통성이 크고, 프로세서-메모리 인터페이스 수준 또는 시스템 수준에서도 구현이 가능하여 다중 프로세서 시스템(다수의 CPU를 가진 하나의 컴퓨터), 다중 컴퓨터 시스템(다수의 컴퓨터로 구성된 시스템)이라고도 한다.

MIMD 구조

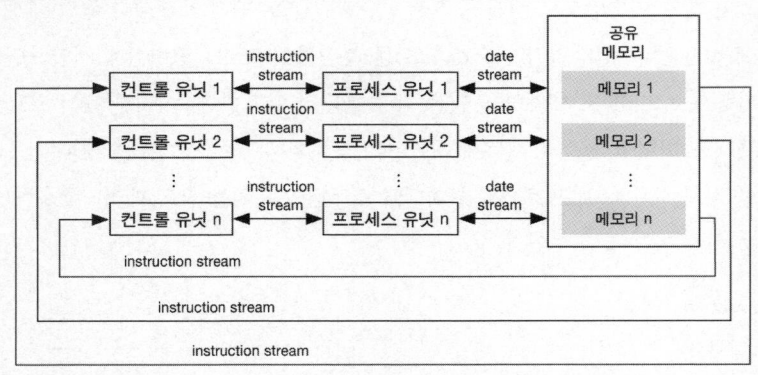

4 다중 프로세서 시스템

다중 프로세서 시스템은 프로세서-메모리 인터페이스 수준에서 구현된 MIMD 구조의 컴퓨터로 다수의 프로세서가 시스템 메모리와 주변장치를 공유한다. 프로세서 간의 상호 작용 정도가 높아 강결합 시스템 또는 밀집결합 시스템이라고도 하며, 메모리를 공유한다고 하여 공유 메모리 다중 프로세서라고도 한다.

다중 프로세서 시스템의 장단점은 다음과 같다.

장점	단점
• 프로세서 간의 데이터 교환 불필요 • 프로세서 간 작업 균등 배분으로 프로세서 이용률 극대화 가능 • 단일 주소 공간 사용으로 기존 프로그램의 병렬처리 용이	• 프로세서와 메모리 간의 통신 트래픽 과다 • 다수의 프로세서 간의 동일 메모리 영역 접근 시 충돌 발생

다중 프로세서 시스템에는 UMA Uniform Memory Access 구조와 NUMA 구조가 있다.

C • 중앙처리장치

4.1 UMA Uniform Memory Access 구조

UMA 구조는 중앙 집중식 메모리 공유 방식으로, 하나의 큰 공유 메모리에 공유 버스나 상호 연결망을 통해 모든 프로세서가 연결되어 사용하는 형태이다. 가장 보편적인 형태는 대칭형 다중 프로세서SMP: Symmetric multiprocessor 구조로, 동종 혹은 비슷한 성능의 프로세서로 수정되며 동일한 운영체제를 사용한다.

SMP 구조

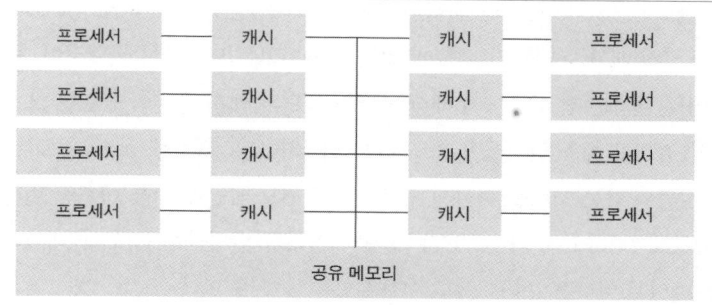

4.2 NUMA Non-uniform Memory Access 구조

CC-NUMA 구조

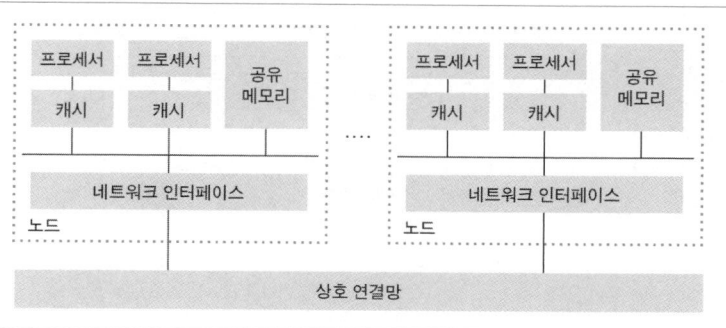

UMA 구조의 문제점을 해결하기 위해 모든 프로세서에서 사용하는 공유 메모리를 분산시키는 방법으로 프로세서는 분산된 메모리를 하나의 연속 공간처럼 사용한다. 분산 메모리를 공유한다고 하여 분산 공유 메모리DSM: distributed shared memory 구조라고도 한다. UMA 구조보다 코딩하기가 힘들고 캐시 일관성 문제에 취약하여 캐시의 일관성 유지를 보완한 CC-NUMA

Cache Coherent NUMA 구조 사용이 일반적이다.

4.3 멀티코어

칩 다중 프로세서CMP: Chip multiprocessor라고도 하는 멀티코어 프로세서는 하나의 칩에 물리적으로 여러 개의 프로세서를 집적한 시스템이다. 코어core는 칩에 집적된 프로세서를 의미하며, 일반적인 프로세서와의 구분을 위해 코어라고 칭한다. 하나의 칩에 집적되기 때문에 메모리 공유가 가능하고 클록 속도를 높이는 것보다 하나의 칩에 다수의 코어를 집적하는 것이 전력 소모 측면에서 유리하기 때문에 널리 사용되고 있다. 흔히 듀얼코어, 쿼드코어로 불리는 칩 다중 프로세서는 클록 속도와 캐시 용량이 동일한 프로세서를 집적한 동종 멀티코어 프로세서이다. 최근 각 코어가 구조적으로 다르고 성능이 다른 코어를 하나의 칩에 집적하기도 하는데 이를 이기종 멀티코어 프로세서라고 한다. CPU와 그래픽 처리를 담당하는 GPU가 대표적으로, 전력 소비량을 줄이면서도 연산속도를 높일 수 있다.

쿼드코어 칩 다중 프로세서 구조

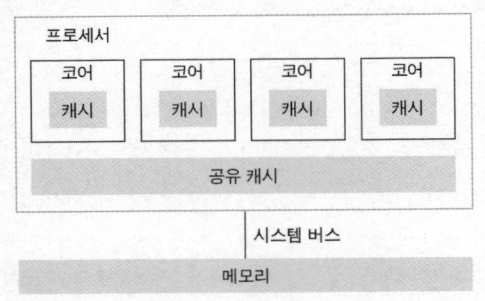

5 다중 컴퓨터 시스템

다중 컴퓨터 시스템은 시스템 수준의 MIMD 구조 시스템의 한 종류로, 다수의 독립적인 컴퓨터를 하나의 시스템으로 구성한 것이다.

5.1 다중 컴퓨터 시스템의 개념 및 장단점

다중 컴퓨터 시스템은 프로세서 간의 상호작용이 낮은 약결합 시스템 또는 소결합 시스템으로, 메모리를 공유하지 않아 분산 메모리 시스템이라고도 한다. 오늘날은 클러스터가 다중 컴퓨터 시스템에 널리 사용되고 있다.

다중 컴퓨터 시스템은 분산된 위치에 다수의 컴퓨터가 독립적으로 구성되어 있고 각 컴퓨터는 자신의 메모리와 주변장치를 가지고 있다. 다중 컴퓨터 시스템에 속한 컴퓨터는 노드node 혹은 모듈module 이라고 한다. 각 노드에 해당하는 컴퓨터는 자신의 메모리만을 참조할 수 있어 다른 노드와의 명시적인 메시지 교환이 필요하다. 따라서 노드 간의 상호 연결망을 통한 메시지 전달이 필요하고, 상호작용이 많을 경우 각 노드 간의 통신으로 인한 성능 저하가 발생한다.

다중 컴퓨터 시스템 구조

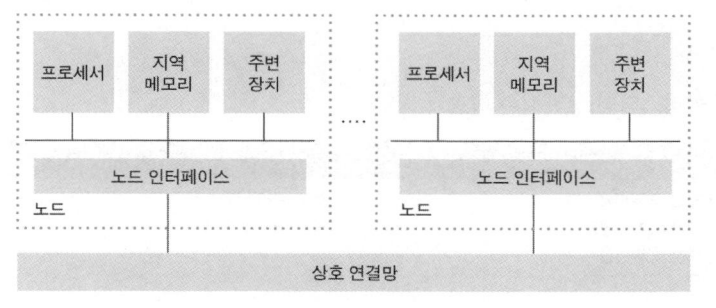

다중 컴퓨터 시스템의 장단점은 다음과 같다.

장점	단점
• 버스 경합 없음 • 노드의 개수 제한 없음 • 캐시 일관성 문제 없음	• 타 노드와의 빈번한 메시지 교환 시 성능 저하 • 메시지 교환 프로그램 구성으로 프로그래밍 부담 있음

5.2 클러스터

클러스터는 논리적으로 하나의 시스템처럼 사용할 수 있도록 동일한 공간 내에 고속 LAN 또는 네트워크 스위치를 이용하여 여러 컴퓨터를 연결한 집합체이다. 각 컴퓨터는 별도의 운영체제를 사용할 수 있고 워크스테이션뿐만 아니라 일반 PC들도 이더넷으로 연결하여 사용할 수 있다.

클러스터는 저렴한 마이크로프로세서와 고속의 네트워크를 이용하여 적은 비용으로 단일 슈퍼컴퓨터와 같은 성능을 낼 수 있다. 클러스터는 높은 가용성을 필요로 하는 웹서비스, 많은 계산을 요구하는 과학 분야 등에서 널리 사용된다.

클러스터 구조

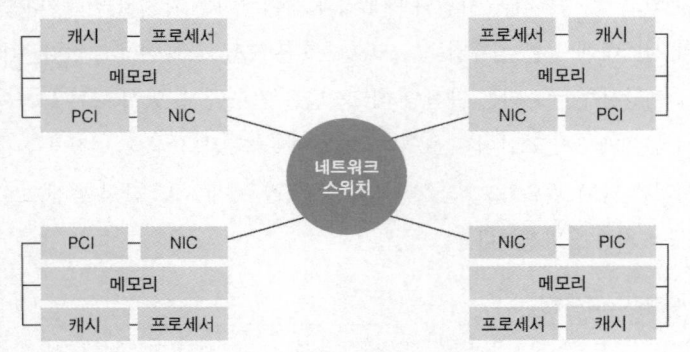

클러스터의 장단점은 다음과 같다.

장점	단점
• 낮은 구현 비용 • 고가용성, 고성능 • 확장성, 유연성	• 높은 관리 비용 • 높은 네트워크 지연

참고자료
우종정. 2014. 『컴퓨터 아키텍처: 컴퓨터 구조 및 동작 원리』. 한빛아카데미.
이종섭. 2015. 『컴퓨터구조』. 이한미디어.

기출문제
113회 응용　클러스터링(Clustering)의 개념과 주요목적 및 클러스터링의 장단점과 발전 전망에 대하여 설명하시오. (25점)

상호 연결망

MIMD 구조의 경우 많은 프로세서로 구성되어 각 프로세서 간의 협업을 위해 상호 연결망으로 연결한다. 다중 프로세서와 다중 컴퓨터 시스템에서 사용되는 상호 연결망에는 정적 상호 연결망과 동적 상호 연결망이 있다.

1 상호 연결망의 특징

상호 연결망은 다중 프로세서 시스템, 멀티프로세서-멀티메모리 시스템 MIMD 그리고 배열 프로세서 등에서 중요한 역할을 담당하는 하드웨어로 캐시, 메인 메모리, 전역 기억장치 모듈을 연결하는 네트워크로 컴퓨터 성능 향상의 요인으로 작용한다.

　상호 연결망은 다음과 같은 네 가지 방식이 있다.

1.1 동기화 synchnorous 방식

중앙의 글로벌 클록 유무에 따라 동기식과 비동기식으로 구분한다. 동기식은 글로벌 클록을 사용하여 상호 연결망에서 발생하는 모든 통신의 시간을 맞추는 방식이고, 비동기식은 요청에 따라 프로세서가 독립적으로 통신을 수행하는 방식이다.

1.2 교환 방식 switching method

교환 방식은 회선교환과 패킷교환 방식으로 나눌 수 있다. 회선교환 방식은 데이터 전송 전에 물리적인 경로가 설정된 후 데이터를 교환하는 방법으로 발생 빈도가 낮고 메시지가 긴 경우에 주로 이용한다. 패킷교환 방식은 물리적인 경로를 설정하지 않고 데이터를 패킷 단위로 분할하여 패킷마다 상호 연결망의 다른 경로로 전송한 후 받는 곳에서 전송받은 패킷을 다시 결합하는 형태로 발생 빈도가 높고 짧은 메시지를 주고받을 때 사용한다.

1.3 제어 방식

제어 방식에는 중앙 집중식과 분산 방식이 있는데 중앙 집중식 제어 방식은 글로벌 제어기가 통신 요청을 받아 상호 연결망의 접속을 승인하는 형태이다. 분산 제어 방식은 글로벌 제어기 없이 상호 연결망 자체가 통신 요청을 받아 처리하는 방법이다.

1.4 토폴로지 topology

토폴로지는 발신 노드와 수신 노드 간의 연결 방식을 의미하며, 재구성 여부에 따라 정적 토폴로지와 동적 토폴로지로 구분할 수 있다. 정적 토폴로지는 전용 링크가 있으며, 동적 토폴로지는 네트워크 스위치를 설정함으로써 통신 링크를 구성한다.

2 정적 상호 연결망

정적 상호 연결망은 노드 간의 직접적인 연결 경로가 있고 그 경로가 변하지 않는 방식으로, 노드 사이의 통신 패턴이 일정하고 통신 유형을 예측할 수 있어 고정적인 연결구조가 효과적인 경우에 사용된다.

  노드의 차수는 노드에 연결된 경로의 수로 네트워크 비용에 영향을 주고, 네트워크 직경은 발신 노드에서 수신 노드까지의 최단 경로에 포함된 링크의 최대 개수로 메시지 전파 시간의 하한 값을 결정한다. 따라서 낮은 네트워크 직경은 모든 노드에 대해 많은 차수를 필요로 하여 네트워크 비용을 증가시킨다.

2.1 1차원 토폴로지

선형 배열 구조가 있으며, n개의 노드가 n-1개의 노드와 순차적으로 연결된 형태로 평균 통신 시간이 가장 길다. 선형 구조는 단순하고 동시에 전송 동작이 일어날 수 있어 버스 구조보다 동시성이 높은 반면 노드 수가 많으면 통신 시간이 길어지는 단점이 있다.

1차원 토폴로지

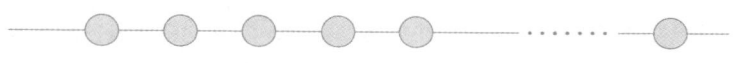

2.2 2차원 토폴로지

2차원 토폴로지에는 원형, 트리, 메시 형태의 구조가 있다.

2차원 토폴로지

| 원형 구조 | 트리 구조 | 메시 구조 |

원형구조는 N개의 노드들이 N개의 링크에 의해 차례대로 연결된 것이다. 선형구조의 0번(첫번째) 노드와 n-1번(마지막) 노드를 서로 연결해주는 링크를 하나 추가한 형태로, 많은 프로세스를 갖는 시스템에서 실용적인 구조이고, 데이터 통신이 빈번하지 않은 적은 수의 프로세스 수행 알고리즘에 적합하다.

최근 연구용 컴퓨터의 대부분은 트리 구조 또는 계층적 연결 네트워크를 사용한다. 트리 구조는 시스템 요소들의 수가 증가함에 따라 성능이 선형적으로 향상되는 구조로 로컬 트래픽에 적합하고 가격이 저렴하다. 상위 계층으로 갈수록 링크의 개수를 증가시킨 변형된 트리 구조인 팻 트리fat tree 구조도 있다.

또한, 2차원 배열의 형태로 연결하여 각 노드가 4개의 링크를 갖도록 한 메시mesh 구조도 있다.

2.3 다차원 토폴로지

다차원 토폴로지에는 완전 연결fully connected, 코달 원형chordal ring, 토러스torus, 하이퍼큐브hypercube 구조 등이 있다.

완전 연결 구조는 모든 노드가 다른 모든 노드와 연결되어 있는 형태여서 매우 복잡하며 네크워크의 직경은 1, 노드의 차수는 n-1이 된다.

코달 원형 구조는 원형 구조에 노드 사이에 링크를 일부 추가한 변형된 형태로 링크를 추가할수록 네트워크의 직경은 줄어든다.

토러스 구조는 메시 구조와 원형 구조를 혼합한 형태로 메시 구조보다 경로가 다양하고 확장이 용이한 반면 가격이 비싸지는 단점이 있다.

다차원 토폴로지

완전 연결 구조   코달 원형 구조   토러스 구조

하이퍼큐브hypercube 구조는 2^n개의 노드를 가진 n차원 토폴로지로 각 노드의 주소를 2진수로 표현한다. 하나의 노드와 연결된 노드가 n개이고, n개의 노드를 거쳐야 가장 멀리 떨어져 있는 노드와 통신할 수 있다. 선형 배열 구조와 완전 연결 구조를 적절히 혼합한 형태로 다양한 알고리즘의 구현이 가

   C · 중앙처리장치

능하지만 노드 개수가 늘어나면 복잡해지고 비용이 증가한다.

3 동적 상호 연결망

동적 상호 연결망은 노드 사이의 경로가 실행하는 동안 다양하게 변경되는 구조로 통신 패턴과 상황에 따라 필요한 경로를 설정하므로 노드 간에 경합이 발생할 수 있다. 따라서 경합을 중재하고 대기 중인 요구를 저장할 수 있는 하드웨어가 필요하다. 동적 상호 연결망은 연결 방식에 따라 버스 기반과 스위치 기반으로 구분된다.

3.1 버스 기반 상호 연결망

버스 기반 상호 연결망에는 공유 버스 구조, 다중 버스 구조, 크로스바 스위치, 다중 포트 구조가 있다.

공유 버스 구조

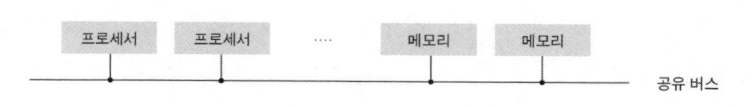

공유 버스 구조는 가장 간단하고 경제적으로 다수의 송신장치와 수신장치를 하나의 공유 버스를 이용하여 연결하는 방법이다. 미니컴퓨터, 마이크로컴퓨터에 사용되며, 하드웨어가 간단하다는 장점이 있다. 그러나 통신이 하나의 버스를 통하여 이루어지기 때문에 버스 경합이 높아져 지연 시간이 길어지고, 버스에 고장이 발생하면 어떤 자원도 접근할 수 없어 결함 허용도가 낮다.

다중 버스 구조

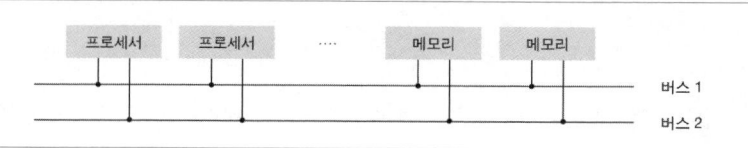

다중 버스 구조는 단일 버스 분할 사이클 기법으로 충분한 기억장치 대역폭을 얻을 수 없는 경우에 사용하는데, 기억장치 모듈이 읽기 요구를 보낸 송신자 프로세스를 알고 있어야 한다는 제약 사항이 있다. 단일 공유 버스에 비해 성능이 좋으나, 연결 네트워크의 구성 비용이 높고, 병렬 버스 스케줄링은 복잡해지는 단점이 있다.

크로스바 스위치 구조

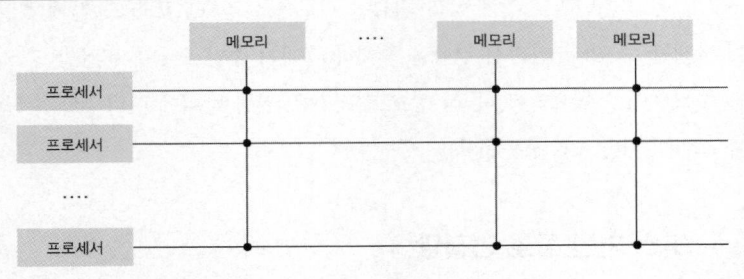

크로스바 스위치 구조는 버스의 수가 계속 늘어나 수신장치 수와 같아지는 경우로, 버스를 사용하여 격자 모양으로 노드를 연결하는 방식이다. 프로세스의 병목 현상을 줄일 수 있으나 비용이 많이 들고 하드웨어가 복잡해진다. 프로세스 수가 P개이고 메모리가 M개이면 P*M개의 크로스바 스위치가 필요해진다. 따라서 작은 규모의 노드를 위한 상호 연결망으로 적합하다.

다중 포트 메모리 구조

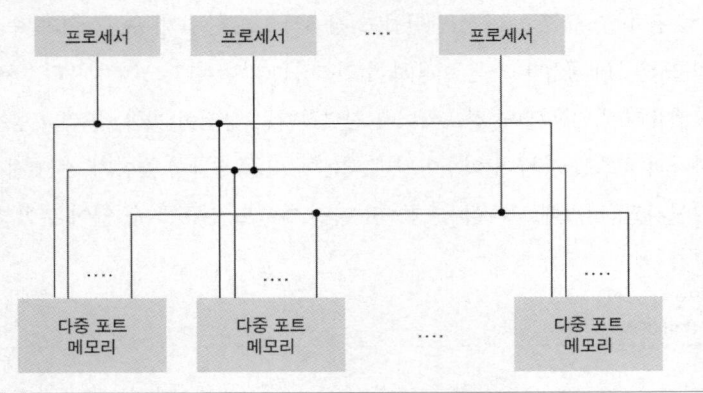

다중 포트 메모리 구조는 하나의 메모리에 연결된 크로스바 스위치의 중재 로직과 스위치 기능을 메모리에 포함시킨 형태로, 단일 버스 구조와 크

로스바 스위치를 결합한 방식이다. 공유 버스 구조에서는 다른 프로세스가 어떤 자원을 사용하고 있더라도 버스를 기다려야 하지만, 다중 포트 메모리 구조에서는 원하는 자원을 다른 프로세서가 사용하고 있을 때만 버스를 기다리면 된다.

3.2 스위치 기반 상호 연결망

스위치 기반 상호 연결망은 입력 단자와 출력 단자 사이에 멀티 스위치 요소를 사용하여 동적으로 경로를 연결하는 방식이다. 전송을 위해 패킷을 보관하고 있는 래치를 갖고 있고, 일반적으로 작은 크로스바 스위치(2×2 ~ 8×8 크로스바)를 다수의 단계로 연결하여 복잡한 병렬처리 시스템을 구현한다. 이렇게 구성하는 것을 다단계 상호 연결망 MIN: Multistage Interconnection Network 이라고 하고 대표적으로 오메가 네트워크가 있다. 오메가 네트워크는 연결 패턴이 모든 단계에서 동일하게 동작한다. 경로 설정 과정에서 발신 노드와 관계없이 수신 노드의 값이 0이면 스위치의 상위 단자와, 1이면 하위단자와 접속되는 방식이다.

참고자료
우종정. 2014. 『컴퓨터 아키텍처: 컴퓨터 구조 및 동작 원리』. 한빛아카데미.
이종섭. 2015. 『컴퓨터구조』. 이한미디어.

Computer

Architecture

D

주기억장치

D-1

기억장치 계층구조

컴퓨터는 각 장치 간의 성능 차이를 최소화하고 효율적인 운영을 위해 저장 용량의 크기, 속도, 가격당 성능에 따라 구조화하여 CPU와 각 계층구조와의 성능 차이를 최소화하고 있다.

1 기억장치의 계층구조 memory hierarchy

기억장치는 컴퓨터가 사용하는 프로그램과 데이터를 저장하거나 처리한 후의 결과를 저장하는 장치를 의미하며, 이러한 기억장치를 수행하는 역할에 따라 분류하면 주기억장치, 보조기억장치 및 캐시기억장치 등으로 구분할 수 있고, 여러 기억장치는 계층구조 개념으로 정리하면 각 기억장치의 전반적인 이해가 용이하다.

기억장치 계층구조는 1946년 폰노이만(John Von Neumann) 등이 현재 대부분의 컴퓨터가 적용한 프로그램 내장 방식을 제안할 때, 기억장치를 구현하기 위해 적용했던 핵심 개념 중 하나로 컴퓨터에 이상적인 기억장치를 구성하기 위해서는 무한한 용량과 즉각적인 반응속도(100μ초 수준)를 제공해야만 실용적 수준으로 사용 가능할 것이라고 판단하였으나, 이는 물리적으로 구현이 불가능하기 때문에 지역성 locality 을 기반으로 하는 기억장치 계층화 구조가 고안되었다.

기억장치 계층구조를 구성하는 각 계층은 주어진 역할에 따라 즉각적인 반응속도가 필요한 계층부터 거의 무한한 용량을 제공하는 계층으로 다단계로 구성되어 있으며, 해당 역할을 수행할 때 요구되는 수준을 충족하면서 경제적으로 가장 저렴한 기억장치를 대응하여 구성하는데, 대응되는 기억장치는 재료가 되는 매체에 따라, 크기, 속도 및 가격당 성능의 차이가 있다. 매체를 기준으로 기억장치 유형을 살펴보면 고속·소형의 반도체 기억장치로부터 점차 저속·대형으로 생산되는 디스크 기억장치나 대형의 테이프 기억장치 등으로 구분이 가능하다. 고속·소형의 장비일수록 고가의 장비이며, 저속·대형의 장비일수록 기억 단위당 가격이 저렴하게 생산되는 경향을 보인다.

또한, 기억장치를 구분하는 기준 중 하나는, 중앙처리장치 명령의 실행과정을 수행할 때, 직접 접근이 필요한 기억장치인지 또는 필요시 접속해서 사용하는 기억장치인지에 따라 이를 내부기억장치와 외부기억장치로 구분하는 관점도 있는데, 이러한 관점 역시 계층구조와 설명이 잘 들어맞기 때문에, 계층구조 모델을 적절하게 잘 활용하면, 기억장치 구성에 있어 비용 대비 효과가 높은 구성이 가능하다.

기억장치 계층구조

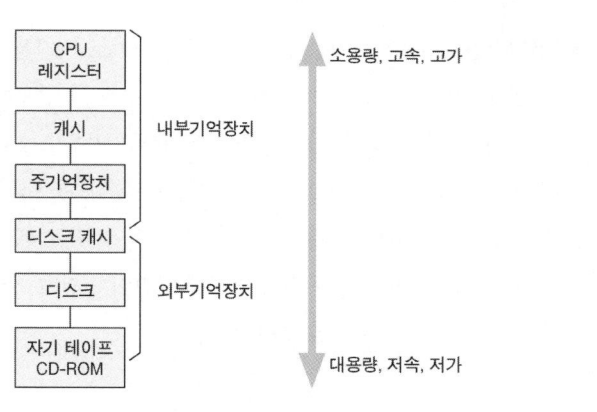

기억장치 계층구조를 도식화하면 아래로 갈수록 저장 가능한 용량은 커지나, 접근 속도는 느려지고, 저장 단위당 가격은 저렴해지는 장치로 구성되며 최상위에 있는 CPU 레지스터는 제어와 산술논리장치가 동작 중일 때 각각 명령어나 데이터를 임시 저장하기 위해 사용하고, 그 하위에 있는 캐

시기억장치cache memory는 CPU와 주기억장치의 동작 속도 차이로 인한 성능 감소를 최소화하기 위해 프로세스와 속도가 비슷한 플립플롭으로 구성된 고가의 SRAM을 사용한다.

다음으로 주기억장치는 DRAM으로 구성되어 현재 처리 중인 데이터와 프로그램을 저장하여 프로그램이 수행되는 공간으로 사용하며, 수행된 결과의 데이터를 컴퓨터와 분리하여 보관하는 SSD, CD-ROM, 자기테이프 등이 최하위인 보조기억장치를 구성한다.

2 기억장치의 특성

기억장치에서 가장 중요한 요소는 용량과 성능이며, 이는 기억장치가 저장할 수 있는 최대의 데이터양과 단위 시간당 얼마나 많은 데이터를 기억장치로부터 읽고 쓸 수 있느냐에 따라 기억장치의 특성이 결정된다. 이러한 기억장치의 특성을 결정하는 요소에는 기억용량, 액세스 시간, 사이클 시간, 대역폭, 데이터 전송률 등이 있다.

- 기억용량capacity은 기억장치의 물리적인 크기로 저장할 수 있는 데이터의 총량이다. 단위는 기억장치당 비트bit 수를 나타내며, 비트 수 대신 바이트bite, 1bite = 8bit, 단어word 수를 의미하는 경우도 있다. 단어는 기억장치 조직의 기본 단위로, 하나의 연산을 통해 저장장치(주로 주기억장치)로부터 프로세서의 레지스터에 옮겨놓을 수 있는 데이터를 표현하기 위해 사용되는 비트의 수이며, 명령어와 길이가 같고, 단어 하나의 길이는 8비트, 16비트, 32비트, 64비트이다.

- 액세스 시간access time은 기억장치에 있는 데이터 판독 요청이 있는 시간으로부터 요구한 데이터가 사용 가능할 때까지의 시간으로 내부기억장치와 외부기억장치에서의 액세스 시간의 구성에 차이가 있다. 우선 내부기억장치에서 액세스 시간은 중앙처리장치가 기억장치 등에서 데이터나 프로그램을 읽어 들일 경우, 그 어드레스를 지정하고 나서 데이터의 전송이 개시될 때까지, 혹은 실제로 데이터가 얻어질 때까지 걸리

는 시간을 말하며, 업체에 따라 액세스 타임 또는 사이클 타임이라는 용어를 사용한다. 즉, RAM과 ROM 임의의 주소 번지에 대해 데이터를 읽거나 쓰기 명령을 내린 다음 그 데이터가 실제로 출력될 때까지 걸리는 시간을 내부기억장치의 액세스 시간이 된다. 외부기억장치에서의 액세스 시간은 통상 읽기/쓰기 헤드가 지정된 장소에 도달하는 탐색 시간과 데이터를 전송하는 데 요구되는 전송시간으로 구성된다. 이 때, 탐색 시간은 물리적인 헤더 이동 동작이 필요하여, 전송시간보다 길어지는데, 이를 단축하기 위해 외부기억장치는 데이터 저장을 단어보다 큰 레코드나 블록 단위로 저장하여, 헤더 이동 횟수를 단축하는 것이 일반적이다. 내부기억장치인 램은 액세스 시간이 나노 초 단위로 측정되며, 외부기억장치인 하드디스크나 CD-ROM은 액세스 시간이 초 단위로 측정된다.

• 사이클 시간cycle time은 기억장치에 읽기 신호를 보낸 후 다시 읽기 신호를 보낼 수 있을 때까지의 시간을 의미하며, 동일 기억장소에 대해서 읽기, 쓰기가 시작되고 나서 다시 읽고 쓸 수 있도록 되기까지의 최소 시간 간격이라고 정의된다. 일반적으로 다이내믹 RAM이나 자기 코어의 경우 한 번 읽어 들인 정보를 또 한 번 더 계속해서 읽기 위해서는 다시 쓰기에 필요한 시간만큼 대기시켜야 하는데, 그 이유는 다이내믹 RAM의 경우 정보를 읽을 때, 기억장소의 내용이 리프레시refresh 되며, 자기 코어의 경우 리스토레이션restoration가 발생하는데, 이는 기존 기억을 파괴하면서 리드read하는 메커니즘을 수행하므로, DRAM이나 자기 코어의 사이클 시간은 액세스 시간의 2배 이상이 된다. DRAM을 제외한 반도체 소자는 대부분 비파괴 읽기를 하는 장치이므로, 사이클 시간과 액세스 시간이 동일하다.

• 대역폭bandwidth은 기억장치로부터 또는 기억장치까지 초당 전송 가능한 최대한 정보량으로, 기억장치가 한 번에 전송할 수 있는 비트 수 또는 저장할 수 있는 비트 수이다. 워드의 길이에 반비례하여 대역폭이 높아지는데, 대역폭이 높으면 더 많은 사용자를 수용할 수 있고, 사용자는 더 많은 데이터를 송수신할 수 있다. 정보의 전송 속도는 bpsbit per second라는 단위로 나타내는데, 예를 들어 초당 100bps라면 1초에 100 비트의 데이터를 전송하는 것이다.

- 데이터 전송률 data transportation 은 기억장치에서 레코드의 시작점에 위치한 후 초당 또는 분당 전송 가능한 기억용량 즉 비트 수 또는 워드의 수를 의미한다.

참고자료

신종홍. 2013. 『컴퓨터 구조와 원리 2.0』. 한빛미디어.
윤승은. 2008. 『정보통신용어사전』. 일진사.
최승묵. 2014. 『컴퓨터 구조론』. 삼진출판사.
삼성SDS 기술사회. 2014. 『핵심 정보통신기술 총서』. 한올아카데미.
John L. Hennessy, David A. Patterson. 2011. *Computer Architecture: A Quantitative Approach*(4th). Elsevier.
Burks, Arthur W, Goldstine Herman Heine, Von Neumann, John. 1946. *Preliminary discussion of the logical design of an electronic computer instrument*.

D-2

기억장치의 유형

정보를 저장하고, 이용할 수 있는 기억장치는 데이터를 저장하는 성질에 따라 RAM과 ROM으로 분류한다.

1 기억장치의 유형

주기억장치로 사용되는 대표적인 반도체 기억장치에는 RAM Random Access Memory 과 ROM Read Only Memory 이 있다.

기억장치 유형	구분	삭제 기능 여부	쓰기 기법	전원 제거 후 소멸 여부
RAM	읽기/쓰기	전기적	전기적	소멸
ROM	읽기	불가	마스크	보존
PROM	읽기	불가	전기적	보존
EPROM	주로 읽기	자외선 삭제	전기적	보존
EEPROM	주로 읽기	전기적 삭제	전기적	보존

임의 접근 기억장치인 RAM은 휘발성volatile 기억장치로, 일정 시간 또는 전원이 차단되면 기억장치에서 모든 데이터가 지워지며 읽기와 쓰기가 가능하고 성능이 우수하다. 읽기 전용 기억장치인 ROM은 비휘발성nonvolatile 기억장치로 전원이 차단되더라도 기억장치에 데이터가 보존되나, ROM의

종류에 따라 데이터를 제거하거나 갱신 또는 쓰는 동작은 불가능하거나 복잡한 방법으로 동작하게 된다.

2 RAM random access memory

반도체 기억장치 중 가장 일반적인 유형이 RAM이며, RAM의 가장 큰 특징은 전원을 제거할 경우, 저장된 모든 정보를 잃어버리는 휘발성 메모리이지만, 선택된 주소에 데이터의 쓰기와 읽기가 자유롭다는 것이며, 데이터 저장 시, 이전에 저장된 데이터를 지우고 새로운 데이터를 저장한다는 것이다. 또한 임의 접근방식이므로 모든 데이터에 접근하는 시간이 항상 일정하다는 특징이 있다.

이러한 특성을 가진 RAM은 앞서 설명한 기억 계층구조 관점에서 데이터 처리 속도가 빠른 중앙처리장치와 처리 속도가 느린 보조기억장치의 사이에서 두 장치 간 속도 차이를 극복하기 위한 주기억장치에 주로 사용된다.

RAM은 메모리 셀을 구성하는 반도체 소자 종류의 특성으로 기인하는 기억을 유지하는 처리 방식에 따라서 회생refresh 처리가 필요한 동적 RAM DRAM과 회생refresh 처리가 불필요한 정적 RAM SRAM으로 구분한다.

정적 램SRAM 이란 MOSFET Metal Oxide Semiconductor Field-Effect Transistor 플립플롭의 조합으로 구성된 임의 접근 기억장치로서, 전원 공급이 계속되는 한, 복잡한 회생 클록refresh clock 이 없어도 저장된 내용이 메모리 셀에 유지할 수 있어, 동적 램보다 처리 속도가 5배 빠르지만(보통 400ns), 소비 전력도 높고, 메모리당 단가도 비싸고, 작은 크기에 데이터를 대용량화하는 직접화가 쉽지 않아, 작은 용량의 메모리나 캐시기억장치cache memory 에 주로 사용한다.

정적 램을 구성하는 기억소자인 플립플롭을 컴퓨터의 주기억장치에서 주로 사용되는 동적 램의 기억소자인 충전기capacitor(또는 콘덴서)와 비교했을 때, 동적 램의 충전기처럼 방전 현상으로 인한 기억 손실이 없기 때문에 정기적인 재충전을 통한 기억 보존 동작은 필요하지 않으므로 처리 속도는 빠르지만, 하나의 비트를 저장하는 회로를 구성하기 위해서는 충전기를 이용한 방식과 비교해서 그 구조가 복잡하기 때문에 비트 단위당 기억소자 구성의 비용이 높아지는 경향이 있다. 따라서 플립플롭을 이용한 정적 램은 CPU 캐시나 중앙처리장치의 레지스터 같은 고속성이 요구되는 곳에 사용하되, 고가이므로 비교적 작은 용량으로 만들어서 사용하고, 주기억장치에는 비교적 비트 단위당 가격이 저렴하고, 대용량을 생산이 용이한 동적 램을 이용하는 방식으로 기억장치 계층을 구성한다.

동적 램DRAM은 2비트를 집적회로IC 안에 있는 각기 분리된 충전기에서 전하를 충전시켜서 데이터를 기록한다. 동적 램은 전원을 끄면 램의 내용이 당연히 소멸됨은 물론, 일정 시간이 경과하면 충전지에 충전된 전하가 방전되기 때문에 기억된 정보를 잃게 된다. 따라서 기억을 유지하기 위해서는 충전지 방전으로 인해 기억이 소멸되기 전에 기억장치의 내용을 주기적으로 재생시켜야 하며, 이런 동작을 회생 또는 리프레시refresh라고 하고 이를 위한 제어회로가 컴퓨터 시스템에 탑재되어야 한다. 그러나 동적 램의 기억소자 구조는 정적 램의 기억소자 구조보다 구조가 간단하다.

정적 램의 경우, 하나의 비트를 구성하기 위해 여섯 개의 트랜지스터가 필요한 반면, 동적 램의 경우, 1개의 트랜지스터와 1개의 충전기만 필요하다. 따라서 동적 램이 정적 램에 비해 기억용량 단위당 비용이 저렴하고, 고밀도 집적에 유리하며 전력 소모가 적어서 주기억장치 등의 대용량 기억장치에 주로 사용된다.

동적 램의 종류는 다양하며 최근 개발된 동적 램 중에는 충전기 방전을 대비한 리프레시refresh의 수행 주기를 시스템 클록 주기에 맞추어 수행하는 SDRAMSynchronous DRAM, 즉 동기식 동적 램 있다. 동적 램에서 리프레시refresh의 수행 주기를 클록 펄스clock pulse에 동기화하여 진행하므로 동기식 동적 램이라고 한다.

초기의 동기식 동적 램은 클록 펄스의 상승/하강 에지 중 하나에 동기화하여 리프레시를 수행하였는데, 이후 DDR-SDRAMDouble Data Rate SDRAM이 출시되었는데 클록은 그대로 유지하고 클록펄스의 상승/하강 에지 모두에 동기화를 진행하는 방식으로 Data Rate를 2배로 늘려, 전송량이 2배가 되었다. DDR2-SDRAM, DDR3-SDRAM 등이 클록은 유지한 상태에서 버스 시그널링을 개선하는 방향으로 출시되었다.

3 ROM read only memory

ROM은 가장 큰 특징은 전원이 차단되어도 기억이 소실되지 않는다는 것이다. ROM은 주로 데이터를 하드웨어적으로 저장하기 때문에 전원 차단에도 기억이 보관되며, 읽어내기는 자유롭지만 일단 저장된 데이터를 쓰기가 불가능하거나, 종류에 따라 변경이 가능한 ROM이라고 하더라도 RAM에 비해 다소 복잡한 방법으로 쓰기가 가능하기 때문에 일반적으로 한번 저장된 데이터는 쓰기가 불가능하고 읽기만 가능한 기억장치로 설명된다.

ROM에 저장된 데이터는 논리 게이트의 고정된 연결로 표현되며, ROM은 한번 제조되면 정보 입력이 불가능한 것도 있지만, 종류에 따라 제조 이후에도 정보 입력이 가능한 ROM도 있는데, ROM에 정보를 입력하는 동작을 프로그래밍을 한다고 표현하며, 제조된 이후에도 ROM에 프로그래밍하는 대표적인 방법 중 하나는 반도체 메이커가 ROM을 제조할 때, ROM의 내부를 논리 게이트를 배열 형태로 구성하고, 배열 내에 모든 논리 게이트를 서로 물리적인 연결선으로 이어놓은 상태로 제조하여, 사용자에게 전달하면 사용자는 구현하려는 기능에 따라 일부 연결선을 끊는 방법이 있고, 또는 자외선을 이용하거나 전기적인 방법을 이용하여 ROM 내에 논리 게이트 간의 연결점을 잇거나 끊는 방식으로 데이터를 기록 및 변경, 즉 ROM을 프로그래밍할 수 있다. ROM의 유형은 마스크 ROM, PROM, EPROM으로 분류할 수 있고, EPROM은 프로그램된 ROM을 초기화하는 방식에 따라, UVEROM, EEPROM, EAROM 등으로 나누어볼 수 있다.

우선, 마스크 프로그래머블 ROM mask programmable ROM은 줄여서 마스크 ROM이라고 부르는데 사용자 요구에 따라 반도체 메이커가 제조 시 한 번 프로그래밍을 하면, 이때 저장된 내용은 바꿀 수가 없어서 융통성 flexibility는 떨어지지만, 대량 생산에 적합하다.

그러나 PROM programmable ROM은 마스크 ROM과는 달리 사용자가 데이터를 입력할 수 있는, 프로그램이 가능한 롬으로 PROM 라이터 writer라는 전용 기구를 이용하여 프로그램을 입력하는데, 일반적으로 PROM도 사용자가 한 번 프로그램을 기록하면, 이후에는 읽기만 가능하다. PROM의 내부 구조 개념과 프로그래밍 개념을 좀 더 자세히 살펴보면, 우선, PROM의 내부 구조는 여러 논리 게이트가 배열 형태로 배치되어 있고, 이때 논리 게이트 배열은 AND 게이트 배열과 OR 게이트 배열로 나누어 그 조합으로 구성하며, 반도체 메이커가 AND 게이트 배열을 고정된 형태로 프로그램을 한 후, OR 게이트 배열 내에 모든 OR 게이트는 모두 연결된 상태로 구성하고, PROM 프로그래밍은 OR 게이트 배열 내에 게이트가 모두 연결된 초기 상태에서 사용자가 필요에 따라 고압의 전류를 이용하여 OR 게이트 배열 내 퓨즈로 구성된 연결선을 녹여서 특정한 로직이 수행되도록 프로그래밍 할 수 있다. 그러나 논리 게이트 간의 연결점인 퓨즈를 녹여서 프로그래밍을 하는 방식은 일단 프로그래밍이 완료되면 다시 복원하기 어려운 점이 있어, 논리 게이트 간의 연결점을 복원 가능한 특수한 반도체 물질을 사용하여 ROM의 재사용성을 개선한 EPROM이 고안되었다.

EPROM Erasable Programmable ROM 은 프로그램을 입력할 때, FAMOS Floating Gate Avalanche Metal Oxide Semiconductor 에 강한 전압을 걸어 플로팅 게이트에 전하 charge 를 저장하는 형태로 프로그램을 입력하고, 자외선을 비추어주면 플로팅 게이트에 저장된 전하가 소거되면서 해당 EPROM을 프로그램하기 전의 초기 상태로 복원하여 다시 프로그램의 입력이 가능한 상태로 만들 수 있다. 이처럼 플로팅 게이트에 저장된 전하를 소거시키는 과정은 사실상 기존에 ROM에 저장된 프로그램을 삭제 erase 하는 과정이므로 이러한 PROM을 Erasable PROM이라고 한다. 이처럼 자외선을 이용하여 PROM을 초기화하는 ROM을 특별히 UVEPROM Ultra Violate EPROM 이라고 하고, 일반적으로 EPROM이라고 하면 UVEPROM을 의미하며, 프로그램을 입력할 때마다 높은 전압을 이용하므로 실리콘 내구성이 점차 떨어지기 때문에 다시 입력할 수 있는 횟수가 제한이 있고, 자외선을 이용하여 초기화하는 방식이 복잡하므로 이를 개선하기 위해 전기적으로 프로그램을 초기화하는 EEPROM이 개발되었다.

EEPROM Electrically Erasable Programmable ROM 은 입력된 프로그램을 초기화하기 위해 MNOS Metal-Nitride Oxide Semiconductor 등을 이용하여 플로팅 게이트의 전하를 전기적인 방식으로 소거하는 초기화 방식을 제공하여, UVEPROM의 불편함을 개선하였으며, 프로그램 초기화 시 전체가 아닌 일부만 제거 가능한 EAROM Electrically Alterable ROM 도 개발되었다.

PROM과 EPROM은 사용자가 회로를 직접 프로그램할 수 있다는 점에서 PLD Programmable Logic Device, SPLD Simple Programmable Logic Device, CPLD Complex

PLD 등의 기술과 연관이 있으며, 나아가 FPGA Field Programmable Gate Array 은 FPGA 자체의 본질적인 개념에서는 전원이 제거되면 정보가 소거되는 특징이 있어서 ROM을 기반으로 하는 기술이라고 보기는 어렵지만, 최근 실제 적용되는 FPGA 제품들은 내부적으로 비휘발성인 기억장소를 내장하고 있기도 해서 사용자에게 직접적으로 회로 프로그래밍을 할 수 있도록 제공하는 기술을 정리하는 관점에서 함께 비교하면서 살펴볼 만한 주제라고 생각되어, 이들 기술을 간략하게 살펴보자면 다음과 같다.

PLD는 사용자가 회로를 자유롭게 구성할 수 있도록 다수의 논리 게이트로 이루어진 게이트 배열을 하나의 IC 칩에 포함시키고, 필요에 따라 서로 연결하여 회로를 자유롭게 구성할 수 있도록 해주는 부품으로 구성되는 게이트 배열을 AND 게이트 배열과 OR 게이트 배열로 구분할 수 있는데, 앞서 언급했듯 반도체 메이커에서 AND 게이트 배열을 프로그래밍해서 고정시키고, 사용자는 OR 게이트 배열을 프로그래밍할 수 있도록 제공해주는 유형은 PROM, 거꾸로 사용자가 AND 게이트 배열을 프로그래밍 할 수 있고, OR 게이트 배열은 반도체 메이커에서 프로그래밍해서 주는 유형을 PAL Programmable Array Logic이라고 하고, 끝으로 사용자가 AND 게이트 배열과 OR 게이트 배열을 모두 프로그래밍이 할 수 있도록 제공해주는 유형을 PLA Programmable Logic Array라고 한다.

PROM에서 설명한 바와 같이 프로그램은 게이트 간의 연결점인 퓨즈를 끊음으로서 수행이 되는데, EPROM처럼 게이트 간의 연결점이 퓨즈가 아닌 복구 가능한 반도체를 사용하는 형태로 제공되어 프로그램 초기화가 가능한 PAL을 GAL Generic Array Logic 이라고 한다.

이처럼 PLD에 다양한 기술들이 있는데, 이 기술들의 특성과 용도를 간략하게 정리하자면, 앞서 살펴본 내용처럼 퓨즈들이 물리적으로 연결된 기술인 PROM, PAL, PLA 등이 일단 회로 프로그램을 작성한 후에 이를 다시 초기화하기는 어렵지만, 전기적 특성이 좋아서 물리적 성능이 우수한 것으로 알려져 있다.

GAL처럼 초기화가 상대적으로 용이하지만 물리적 성능이 상대적으로 낮은 기술도 있다. 이런 기술은 자체적으로도 용도가 있겠으나, 특히 회로 설계 단계에서 적용할 때, 그 장점이 두드러진다. 단순하게 현실적인 상황을 생각해보면, 사용자가 만들고자 하는 회로가 처음부터 최종적인 모습이 확정되는 것은 고사하고 요구사항조차 명확하게 정의되지 않은 경우가 많기 때문에 한 번에 완벽한 제품을 얻기는 어렵고, 그러다보니 회로 설계 초기의 설계 검증이나 파일럿 단계에서 수정이 용이한 GAL 등을 사용해서 프로그램을 작성하고 초기화하는 시행착오를 거치면서 회로 설계를 점차 정제해서 최종적으로 양산 수준의 회로 설계를 얻게 되면, 이러한 최종적인 회로 설계를 반도체 메이커에 맡겨서 마스크 ROM을 양산한다거나, 또는 PROM, PAL, PLA 등으로 초기화는 어렵지만 전기적 특성이 좋은 ROM 기술을 이용해서 제품을 만들어서 현장에 적용하는 절차가 일반적 접근 방법 중 하나이다.

이처럼 사용자가 회로 프로그램을 직접 작성할 수 있도록 지원하는 기술 중 비교적 적은 수의 게이트로 이루어지는 PROM, PAL이나 PLA를 통칭해서, SPLD라고 하며, 더욱 복잡한 회로를 구성하기 위해 여러 개의 SPLD를 하나에 포함시킨 IC 칩을 CPLD라고 한다.

CPLD에 포함된 각 SPLD는 일반적으로 LAB Logic Array Block 또는 기능 블록 function block 이나 논리 블록 logic block 이라고 부르며, 이러한 LAB들은 CPLD의 중심부에는 있는 PIA Programmable Interconnection Array 라는 상호 연결망을 통해 연결되어 있다. CPLD는 규모가 매우 크고, 복잡하기 때문에 컴퓨터 소프트웨어를 이용하여 프로그래밍을 수행한다.

또한, CPLD와 비교가 되는 FPGA는 본질적으로 휘발성 특징이 있어 ROM 기반 기술로 보기는 어렵지만, CPLD처럼 많은 수의 게이트를 포함하는 IC 칩이고 기능도 유사하며, 실제 제품은 내부적으로 비휘발성 기억장소를 내장하고 있어서 최근에는 CPLD와 현실적으로 유사한 기술로 보는 의견이 많다.

CPLD와 비교해서 구조적으로도 기본 블럭을 PAL이나 PLA 기반인 LAB보다 더 단순한 구조인 CLB Configurable Logic Block 을 사용하고 있고 CLB 간의 연결도 CPLD와 달리, 매트릭스 형태의 상호 연결망으로 연결하고 있으며, CPLD보다 규모가 더욱 크고 기억장치와 같은 다른 요소도 포함하고 있기 때문에 프로그래밍도 매우 복잡하여, 이를 위해 HDL Hardware Description Language 라고 하는 컴퓨터를 이용하여 회로 구현을 도와주는 프로그램 언어들을 개발되어 있으며, 대표적인 것들로 VHDL, Verilog, AHDL 등이 있다.

CPLD나 FPGA 제조회사로는 Altera, Xilinx, Cypress 및 Lattice 등이 있

고, 각 회사는 기본적으로 표준 HDL에 해당하는 VHDL과 Verilog를 지원하는 소프트웨어 패키지를 제공한다.

참고자료
신종홍. 2013. 『컴퓨터구조와 원리2.0』. 한빛아카데미.
윤승은. 2008. 『정보통신용어사전』. 일진사.

기출문제
55회 응용 RAM의 종류를 설명하고 종류별 특징을 비교분석하여 설명하시오. (25점)
93회 관리 SSD의 구조와 각 기능에 대하여 기술하고 SSD에서 DRAM이 수행하는 역할에 대해 설명하시오. (25점)

D-3

주기억장치의 구조와 동작

주기억장치는 실행할 프로그램과 데이터를 저장하며, 중앙처리장치에 전달하는 역할을
수행하여 데이터 전달 지연으로 성능이 저하되는 것을 최소화하기 위한 구조를 가지고
있다.

1 주기억장치의 특징과 인식 원리

주기억장치는 중앙처리장치에서 직접 접근이 가능한 기억장치로 실행할 프
로그램과 데이터를 저장하는 기억장치이다. 중앙처리장치에 있는 기억장치
보다는 용량이 크고 보조기억장치보다 속도가 빠르며, 워드 단위로 저장되
고 검색하도록 설계되어 있는 것이 특징이다.

워드는 통상 16비트 데이터를 의미하나, 컴퓨터 구조에서 워드란 중앙처
리장치와 주기억장치 간에 한 번에 통신이 가능한 데이터의 크기를 의미하
며, 이러한 워드의 길이로 컴퓨터를 구분할 수 있다. 예를 들어 8비트 컴퓨
터의 경우에는 한 번에 송수신 가능한 워드의 길이가 8비트, 즉 1바이트라
는 의미이며, 16비트 컴퓨터의 경우 한 번에 송수신 가능한 워드의 길이가
2바이트라는 의미이고, 32비트 컴퓨터의 경우는 한 번에 송수신 가능한 워
드의 길이가 4바이트라는 의미가 된다.

중앙처리장치에서 인식 가능한 주기억장치의 크기는 워드 주소를 처리하
는 비트 수와 워드 길이의 곱으로 계산이 가능한데, 이는 중앙처리장치에

있는 주소 레지스터의 비트 수와 데이터 레지스터의 비트 수에 비례하여 산정할 수 있다.

예를 들어 주소 레지스터의 비트 수가 16비트이고 데이터 레지스터의 비트 수가 16비트인 중앙처리장치에서 인식 가능한 주기억장치의 크기를 산정해보자면, 표현 가능한 워드 주소 즉 워드 용량은 총 2^{16}개, 즉 65,536개를 가질 수 있다. 각 워드는 16비트, 즉 2^4비트로 구성되기 때문에, 인식 가능한 전체 기억 공간의 크기를 표현 가능한 워드 용량과 한 워드의 길이를 곱하여 산정해보면, 65,536×16비트이다. 이를 2의 지수승으로 표현하면 $2^{16} \times 2^4$, 총 2^{20}비트가 되고, 이를 다시 바이트로 환산하면, 1바이트는 8비트, 즉 2^3비트이므로 인식 가능한 주기억장치의 크기가 2^{20}비트라면, $2^{17} \times 2^3$비트로 표현할 수 있다. 따라서 인식 가능한 주기억장치의 바이트는 2^{17}바이트가 되고, 이를 다시 킬로바이트, 즉 KB로 환산하면 2^7KB, 즉 128KB이다.

이렇듯 중앙처리장치에서 인식이 가능한 주기억장치의 크기를 구하기 위해서는 컴퓨터의 워드 길이와 인식 가능한 주소의 개수인 워드 용량이 중요하다. 주기억장치에 할당 가능한 주소를 살펴보면 크게 두 가지 주소가 있는데, 첫 번째는 앞서 설명한 중앙처리장치와 주기억장치 간에 한 번에 송수신 가능한 데이터를 의미하는 워드에 할당하는 워드 주소가 있고, 두 번째는 비트의 집합인 바이트에 할당하는 바이트 주소가 있다. 바이트 단위로도 주소를 관리하지만, 워드에 대한 주소도 관리하고 있다. 참고로 중앙처리장치와 주기억장치 간에 정보를 교환할 때 한 바이트의 정보만 교환이 필요하다면, 일단 워드 단위로 교환 후 필요한 바이트만 남기고 나머지는 버리는 형태로 수행된다.

2 주기억장치의 구조와 동작

주기억장치는 하나의 이진 데이터를 저장할 수 있는 기억소자BC: Binary Cell 8개를 연결하여, 하나의 바이트 정보를 저장하며, 8비트, 16비트, 32비트, 64비트 등의 컴퓨터 유형에 따라 여러 바이트를 연결하여 하나의 워드를 표현할 수 있게 구성한다. 주기억장치의 구성 중 최소 단위인 기억소자의 구조를 SRAM을 예를 들어 상세하게 살펴보자. SRAM은 데이터 저장을 제어하기 위한 몇 개의 논리 게이트와 데이터를 저장하는 플립플롭으로 구성된다. 기억소자는 데이터 입력과 출력, 클록clock 신호와 기록 제어 신호와 판독 제어 신호 및 선택선select line 신호를 수신하여, 이진 정보를 저장하거나 출력하는 방식으로 동작한다. 이진 정보에 대한 저장 또는 출력 동작이 수행될 때는 같은 워드를 처리하는 기억소자 집합은 같은 워드 주소를 가지고 있으므로 같은 워드 주소 선택선select line 신호를 받는다.

주기억장치의 구조와 동작

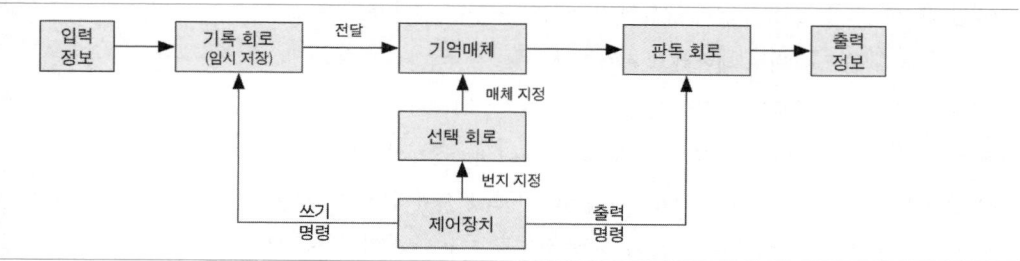

주기억장치와 중앙처리장치의 작용 관점에서 주기억장치의 전반적인 동작을 살펴보자면, 중앙처리장치의 기록 제어 신호와 판독 제어 신호를 이용하여 주기억장치에 데이터의 쓰기 동작 또는 읽기 동작을 수행한다. 각 동작은 중앙처리장치 내의 제어장치의 신호를 통해 기억소자의 집합체인 기억매체를 중심으로 기록 회로, 번지 선택 회로, 판독 회로를 제어하여 외부에서 발생한 입력정보를 기록하고, 외부에서 요청한 출력정보를 판독하여 출력한다. 쓰기 동작이 수행될 때, 제어장치가 데이터가 적재될 워드 주소를 번지 선택 회로에 전송하여, 번지 선택 회로가 선택된 선택선select line을 통해 워드 단위로 그룹화된 기억소자들을 선택한다. 기록 제어 신호에 1, 판독 제어 신호에 0을 지정한 다음, 입력장치나 보조기억장치에서 입력된 프로그램 명령과 프로그램에서 사용할 데이터를 버퍼 기능을 수행하는 기록 회로에 임시로 저장한다. 끝으로 지정된 기억소자들로 워드를 전달하여 쓰기 동작을 완료한다. 읽기 동작이 수행될 때도 같은 방식으로 제어장치가 데이터가 적재될 워드 주소를 번지 선택 회로에 전송하여, 번지 선택 회로가 선택된 선택선select line을 통해 워드 단위로 기억소자들을 선택한 다음, 이번에는 기록 제어 신호에 0, 판독 제어 신호에는 1을 지정하고, 인출될 정보가 저장된 주소에 워드의 내용을 판독 회로에서 판독하여 외부 출력의 수행을 완료한다.

3 명령어 사이클에서 주기억장치의 동작

주기억장치는 중앙처리장치에서 머신 사이클이라 불리는 인출 - 해독 - 실행
- 저장의 4단계를 통해 명령어를 시스템 클록system clock 에 의해 동기화하여
처리할 때, 요구되는 프로그램과 필요한 데이터와 수행된 결과를 한 시스템
클록당 하나의 워드 단위로 제공하고 저장한다.

　이때 중앙처리장치에서는 기억장치 주소 레지스터MAR: Memory Address
Register 와 기억장치 버퍼 레지스터MBR: Memory Buffer Register 를 사용하고 버스
제어장치에서는 제어 버스, 주소 버스나 데이터 버스에 사용하며, 주기억장
치에서는 주소 선택 회로, 기록 회로나 판독 회로를 사용하여 명령어나 데
이터의 전달을 수행한다.

　읽기 쓰기 명령을 수행할 때, 우선 대상이 되는 주기억장치의 주소 번지
가 중앙처리장치의 기억장치 주소 레지스터MAR 에 저장되어 있는 상태에서
버스 제어장치가 주소 버스를 통해 MAR에 적재된 주소 데이터를 주기억장
치의 주소 선택 회로에 전달한다. 주기억장치의 주소 선택 회로는 받은 주
소 데이터에 대응되는 워드 주소에 속한 기억소자에 선택 신호를 전달해 명
령 수행의 대상이 되는 기억소자들을 지정한다. 중앙처리장치에서 발생한
읽기 또는 쓰기 제어 신호가 제어 버스를 통해 주기억장치의 판독 회로에
전송된다. 끝으로 중앙처리장치와 주기억장치 간에 교환해야 할 데이터를
데이터 버스와 기록 회로를 통해 중앙처리장치의 기억장치 버퍼 레지스터
MBR와 지정된 워드 주소에 대응되는 기억소자들 사이에 제어 신호에 따라
읽거나 쓴다.

　명령어 사이클 상에서의 인출 과정에서는 중앙처리장치의 MAR에 적재
된 주기억장치의 주소 번지를 버스 제어장치가 주소 버스를 통해 주기억장
치에 있는 주소 선택 회로에 전송하면, 주소 선택 회로가 이를 해석하여 대
상이 되는 워드에 속한 기억소자들에 선택 신호를 보내어 필요한 기억소
자들을 지정하고, 중앙처리장치에서 발생하는 읽기 신호가 제어 버스를 통
해 주기억장치의 판독 회로에 전송되며, 지정된 기억소자들이 기록 회로에

필요한 데이터를 적재하면, 다시 버스 제어장치가 주기억장치의 기록 회로에 적재된 데이터를 데이터 버스를 통해 MBR에 전송하여 인출 과정을 완료한다.

저장 과정에서는 중앙처리장치의 MAR과 MBR에는 각각 대상 워드 주소와 저장할 데이터가 적재되어 있고, 앞서 인출 시, 자세하게 설명한 과정처럼 중앙처리장치의 MAR과 버스 제어장치에서 제어되는 주소 버스와 기억장치의 주소 선택 회로가 연동하여 처리 대상이 되는 워드에 속한 기억소자들을 지정하고, 중앙처리장치에서 쓰기 제어 신호가 제어 버스를 통해 주기억장치의 판독 회로에 전송되면, 중앙처리장치의 MBR에 적재된 데이터가 데이터 버스를 통해 주기억장치 내에 기록 회로에 저장된 후, 지정된 기억소자들에 저장된다.

4 컴퓨터 프로그램 유형과 기억장치의 분할

주기억장치에 저장되는 프로그램은 크게 두 가지로 나누어볼 수 있다. 첫 번째는 컴퓨터를 사용하기 위해 일반적으로 필요한 기능인 컴퓨터 시스템을 운영하고, 컴퓨터 시스템의 개별 하드웨어 요소를 제어, 통합, 관리하기 위한 기능을 제공하는 시스템 프로그램이다. 두 번째는 특수한 목적의 작업을 수행하고 그 결과를 얻기 위해 사용자가 작성하는 응용프로그램이다(여기서 사용자란 컴퓨터를 이용하는 최종 사용자는 물론, 시스템 프로그램을 제외한 기타 목적의 응용프로그램을 작성하는 사람도 포함한다). 이러한 컴퓨터 프로그램을 중앙처리장치에서 실행시키기 위해서는 당연히 해당 프로그램을 주기억장치에 적재해야 하는데, 주기억장치는 보조기억장치에 비해 상대적으로 고가의 장비이며, 용량이 제한적이므로, 주기억장치를 효율적으로 사용하기 위해서는 컴퓨터 프로그램의 종류별 특성에 따라 차별화된 적재 정책을 적용하여 주기억장치를 분할할 필요가 있다.

우선, 컴퓨터 프로그램별 특징을 살펴보면, 시스템 프로그램의 경우, 컴퓨터를 사용하기 위해 일반적인 기능을 제공하므로, 컴퓨터에 전원을 인가하여 구동시키는 순간부터 컴퓨터의 전원을 내리는 순간까지 반드시 동작되어야 하는 특징이 있는 반면, 응용프로그램은 모든 사용자에게 반드시 필요한 기능은 아닐 수 있기 때문에, 실행될 때만 주기억장치에 저장되고, 수행이 종료되면 다른 프로그램으로 대체되거나 삭제해도 무방한 특징이 있다. 그런데 응용프로그램을 주기억장치에 적재할 때는 당연히 주기억장치의 비어 있는 공간을 탐색해서 적재해야 하는데, 주기억장치의 일부 영역에는 이미 시스템 프로그램이 적재되어 있고, 그 영역은 컴퓨터가 종료될 때까지 계속 점유되어 있을 것이므로 응용프로그램을 적재할 때 필요한 빈 공간을 탐색할 때는 시스템 프로그램이 적재된 공간을 제외하고 탐색하는 것이 효율적이다. 결과적으로 주기억장치에 시스템 프로그램 영역과 응용프로그램 영역을 분할하여 저장하는 것이 효율적이기 때문에 주기억장치는 통상 시스템 프로그램과 응용프로그램 저장 영역을 분할하여 사용한다.

5 주기억장치 할당 방법

주기억장치의 할당 방법은 물리적으로 주소가 연속되는 연속 할당과 논리적으로 주소가 연속되지만 물리적으로는 연속되지 않는 비연속 할당으로 나누어진다.

주기억장치 할당 방법 분류도

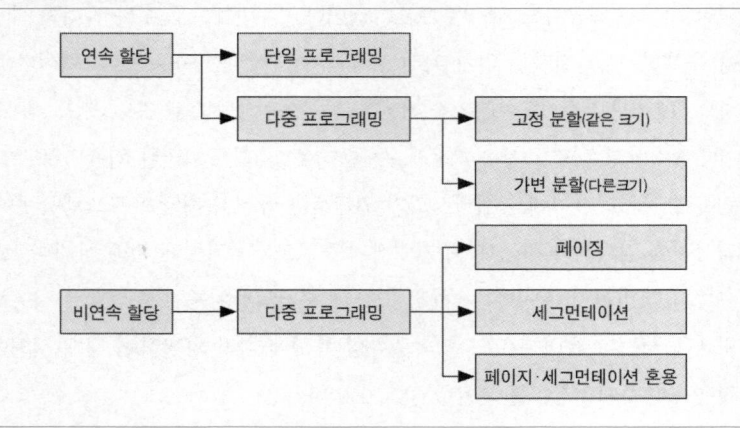

비연속 할당의 경우 가상기억장치에서 다루는 기술이므로 가상기억장치에서 자세하게 설명하고 이번 장에서는 물리적 주소를 연속하여 할당하는

기법에 대해 살펴본다.

5.1 단일 메모리/단일 프로그래밍 uni-programming

가장 간단한 메모리 관리 방법으로 항상 오직 한 사용자 프로그램만이 메모리에 존재하며 메모리는 운영체제를 위한 부분과 사용자 프로그램과 데이터를 위한 부분으로 나누어진다. 주로 소형 컴퓨터나 개인용 컴퓨터의 메모리 관리 방법으로 사용된다.

단일 메모리 관리

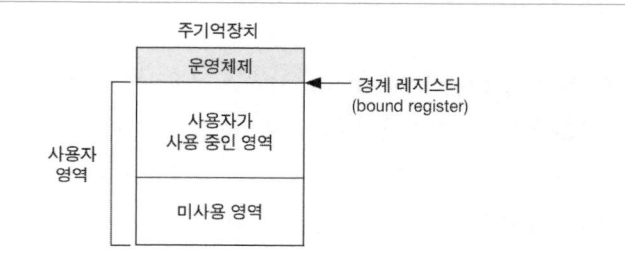

5.2 다중 프로그래밍/고정 분할 fixed partition

운영체제가 초기화될 때 메모리 분할 크기를 고정하여 실행 시에 변경할 수 없게 한 방법이다.

분할 크기 선택이 시스템 성능에 큰 영향을 미치며, 잘못된 분할 크기 선택은 주기억장치와 다른 자원들의 이용률을 급격히 감소시킨다.

구현이 쉽고 단순하나, 시스템에서 실행될 수 있는 프로그램의 최대 크기에 제한이 있으며 분할 크기와 프로그램 크기의 차이에 따른 메모리 낭비가 항상 발생한다(내부 단편화internal fragmentation).

각 분할 메모리를 위해 분리된 프로세스 큐를 사용하는 방법과 각 분할 메모리가 하나의 큐를 공통으로 사용하여 프로세스를 담는 방법이 있다.

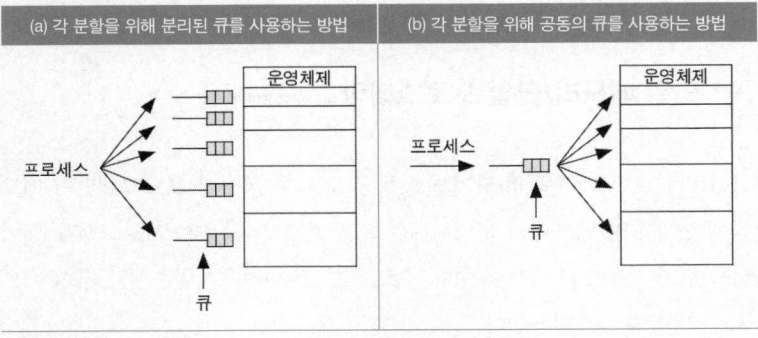

| (a) 각 분할을 위해 분리된 큐를 사용하는 방법 | (b) 각 분할을 위해 공동의 큐를 사용하는 방법 |

5.3 다중 프로그래밍/가변 분할 variable partition

시스템의 초기화 단계에서 분할 크기를 결정하는 대신에 메모리 관리자는
상주해야 하는 프로그램의 실제 크기를 알 수 있는 실행 시점까지 결정을
미루는 방법으로, 새로운 프로세스들이 도착하면 운영체제는 각 응용시스
템에서 요구하는 공간을 할당한다.

프로세스는 종료되거나 입출력 완료 대기 등으로 메모리에서 해제될 때
사용 가능한 메모리 공간인 홀hole을 만들게 되고 시간이 지나면서 메모리는
활성화된 프로세스들이 차지한 블록과 사용 가능한 블록인 홀이 반복해 나
타난다. 해제된 인접한 홀들은 더 큰 블록으로 병합하는데, 병합이 없으면
홀들은 점점 작아져서 결국은 사용할 수 없게 되므로, 효과적인 메모리 관
리를 위해 병합은 매우 중요하다.

메모리 해제 시의 홀 병합

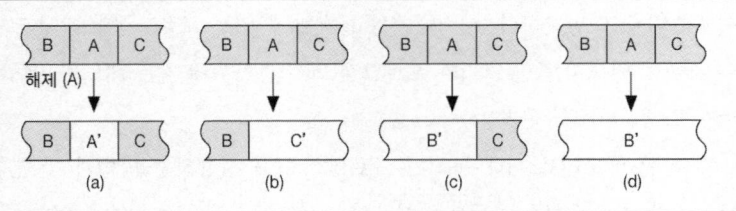

참고자료
삼성SDS 기술사회. 2010. 『핵심 정보통신기술 총서』. 도서출판 한울.
윤승은. 2008. 『정보통신용어사전』. 일진사.

D-4

주기억장치 확장

여러 개의 기억장치 칩을 가지고 더 큰 용량의 기억장치를 설계하는 것이다. 워드의 수는 그대로 유지하고 워드의 길이를 확장하는 방법과 워드의 길이는 그대로 유지하면서 워드의 수를 증가시켜서 워드 용량을 확장하는 방법이 있다.

1 워드 길이의 확장

워드 길이를 확장하기 위해서는 우선 중앙처리장치에서의 MBR의 크기나 데이터 버스의 크기가 확장되어야 한다. 순차적으로 기억장치 칩들을 연결하고 각 칩의 주소 선택 회로는 주소 버스 정보를 공유하고, 각 칩의 판독 회로는 제어 버스의 공통 신호를 공유한다. MBR로부터 발생되는 워드는 각 기억장치 칩에 분할하여 전송하고, 각 칩에서 발생되는 여러 워드를 순차적으로 연결하여 MBR에 전송함으로서 워드 길이를 확장할 수 있다.

다음은 256 × 4bit ROM 2개를 이용하여 256 × 8bit의 기억장치를 만드는 과정이다.

우선, 주소 버스를 통해 중앙처리장치의 MAR에 적재된 주소 정보를 두 개의 256 × 4bit ROM 칩이 동일한 시스템 클록에 동일한 워드 주소를 공유하도록 함으로써 각각의 256 × 4bit ROM 칩이 동일한 워드 주소의 기억소자를 선정할 수 있도록 동작하며, 제어 신호 역시 제어 버스를 통해 두 개의 256 × 4bit ROM 칩이 동일한 시스템 클록에 동일한 제어 신호를 공유함으로서 각각의 256 × 4bit ROM 칩의 4비트 워드에 대해, 읽기 또는 쓰기 중에 선정된 동일한 작업을 수행하여, 각각의 256 × 4bit ROM 칩이 전반부 4비트와 후반부 4비트에 대한 작업 결과를 합하여 8비트의 워드에 대한 데이터 교환을 담당함으로서 워드 길이를 8비트로 확장하여 제공하게 된다.

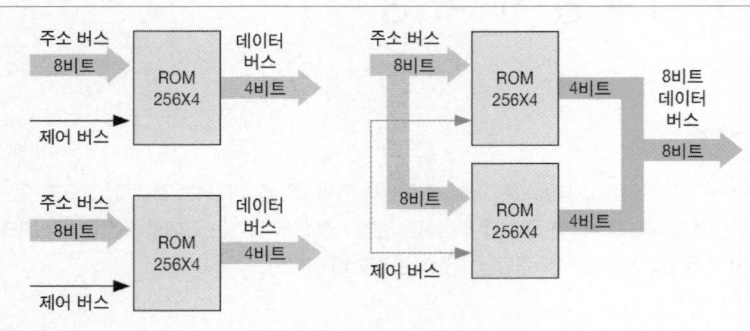

2 워드 용량의 확장

워드 용량을 확장하기 위해서는 우선 중앙처리장치에서의 MAR에 기억 칩을 선택하는 비트를 추가해야 한다. 연결하는 칩의 개수가 x이고 필요한 비트 수가 n이라고 할 때, 천정함수ceiling function인 ⌈ ⌉ 기호를 이용하면, 필요한 비트 수 $n = \lceil \log_x \rceil$ 식으로 정리할 수 있다. 즉, $2_n \geq x$ 식을 만족하는 n 중 가장 작은 정수를 취하면 x개의 기억장치 칩을 추가할 때, 필요한 추가 비트 수가 된다. 복수의 기억장치 칩 중에서 한 시스템 클록에 하나의 칩만 선택하여 제어 버스를 통해 신호를 전송받고, 기존 주소 비트를 통해 선택된 칩의 특정 워드의 기억소자들이 선정되므로, 복수의 기억장치 칩의 여러 워드가 각각 다른 주소로 식별되는 효과를 얻을 수 있어서, 결과적으로 워드의 용량을 확장할 수 있다.

다음은 256 × 4bit ROM 2개를 이용하여 512 × 4bit의 기억장치를 만드는 과정이다.

우선 추가되는 비트는 x가 2이므로, n은 1이 되며, 공통 제어 버스의 칩 선택 신호가 0인 경우, 첫 번째 ROM을 선택하여, 기존의 주소 비트로 주소 0~255번지 내에 저장된 데이터에 접근할 수 있고 칩 선택 신호가 1인 경우,

두 번째 ROM이 선택되어, 기존 주소 비트로 256개의 주소 중 하나를 선택하지만, 이는 두 번째 ROM이므로 265를 더한 주소로 처리하여 주소 256~511번지 내에 저장된 데이터에 접근할 수 있다.

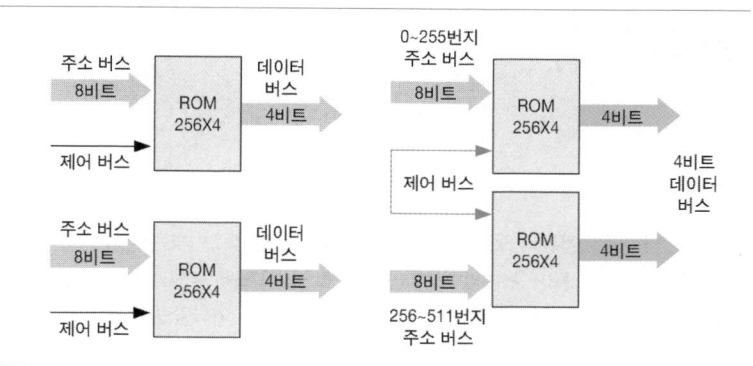

참고자료
삼성SDS 기술사회. 2010. 『핵심 정보통신기술 총서』. 도서출판 한울.

D-5

인터리빙

메모리 인터리빙은 컴퓨터 프로그램이 순차적으로 주소를 참조한다는 사실을 이용한 것으로, 순차적인 주소들이 순차적 메모리 보드에 할당됨으로써 CPU가 한 워드를 가져와서 조작하는 동안에 그 보드의 메모리 사이클이 끝날 때까지 기다릴 필요 없이 다음 워드를 가져올 수 있게 하여 성능을 향상시키는 방법이다.

1 인터리빙 interleaving 개요

인터리빙은 메모리의 대역폭을 개선하기 위한 방법으로 메모리를 구성하는 각 뱅크bank에 연속된 공간을 지정하고, 이를 순차적으로 읽어내는 파이프 라인 개념으로 접근한 방법이다. 즉, 데이터에 접근할 때 순차적으로 주소를 참조한다는 사실을 이용한 것으로, 순차적인 주소들이 순차적 메모리 보드에 할당됨으로써 CPU가 한 워드를 가져와서 조작하는 동안에 그 보드의 메모리 사이클이 끝날 때까지 기다릴 필요 없이 다음 워드를 가져올 수 있게 하여 메모리 대역폭을 향상시키는 방법이다.

인터리빙의 구현 기법은 메모리를 물리적으로 여러 모듈로 나누고 각 모듈에 연속적 주소를 번갈아 부여하여 한 번의 접근시간으로 여러 모듈에 연속적 주소의 정보를 동시에 접근하도록 한다.

인터리빙을 사용함에 따라 제한적인 접근시간을 줄이는 것이 아닌 대역폭을 증가시켜 CPU와 메모리 간의 속도 차이에 의한 대기시간을 줄일 수 있는 장점이 있고, 메모리의 주소가 각 모듈에 번갈아 부여되므로 새로운 모듈

164   D · 주기억장치

이 추가되면 주소 연결이 완전히 변경되어야 하는 단점이 있다.

인터리빙을 구현하지 않은 경우no-interleaving에는 CPU 명령에 의해 D1에 접근하여 데이터를 가져와 CPU가 연산을 수행하고 다시 D2에 접근하는 순차적인 접근을 수행하여 성능이 저하되나, 복수의 인터리빙을 적용할 경우 뱅크 0의 데이터에 접근하여 처리하는 동안 인접한 뱅크 1에 접근하여 데이터를 호출함으로써 대기하는 시간을 최소화시킨다. 또한 인터리빙의 성능을 향상시키기 위해 모듈 수를 늘리거나 메모리의 버스 폭을 늘리는 것도 가능하지만, 이와 같은 방법은 일정한 한계가 넘어서면 배선 수나 부품이 증가해 소형화와 저가격 구현이 어려워지기 때문에 메모리 칩 내에 독립적으로 동작하는 메모리 모듈을 복수 개 설치하고 이들의 뱅크를 칩 내에서 인터리빙하는 방법을 사용하기도 한다.

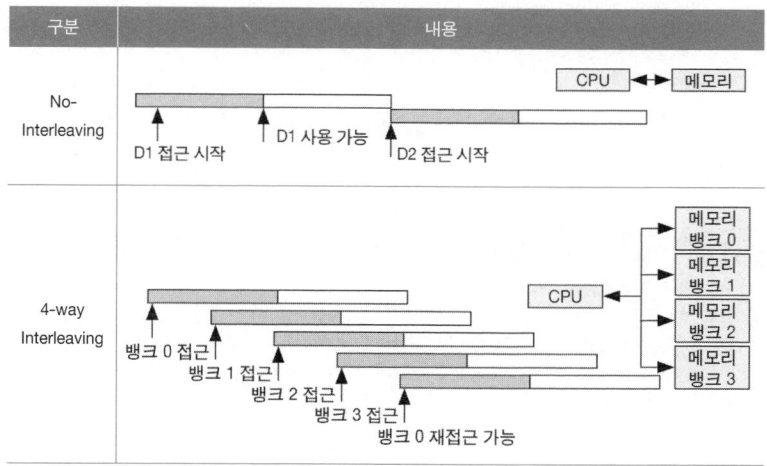

구분	내용
No-Interleaving	CPU ↔ 메모리, D1 접근 시작, D1 사용 가능, D2 접근 시작
4-way Interleaving	메모리 뱅크 0, 메모리 뱅크 1, 메모리 뱅크 2, 메모리 뱅크 3, CPU, 뱅크 0 접근, 뱅크 1 접근, 뱅크 2 접근, 뱅크 3 접근, 뱅크 0 재접근 가능

복수 개의 뱅크를 적용한 인터리빙이라 해도 최대의 속도로 동작시킬 수 없으며 연속적으로 접근해야 하는 주소가 각각 다른 모듈에 있을 때 효율이 높고 완전한 인터리빙이 구현된다.

2 인터리빙의 종류

인터리빙은 상위 인터리빙, 하위 인터리빙, 혼합 인터리빙이 있다.

첫째로 상위 인터리빙high-order interleaving은 주소의 상위 비트들에 의해 모듈이 선택되고, 하위 비트들은 각 모듈 내의 기억장소의 주소를 나타낸다. 1번 기억 모듈 내의 기억 장소에 순서대로 주소를 지정하고 모든 기억장소가 찬 후에 2번을 할당하는 방법이다.

둘째로 하위 인터리빙low-order interleaving은 주소의 하위 비트들에 의해 모듈이 선택되고, 상위 비트들은 각 모듈 내의 기억장소의 주소를 나타낸다. 1번 모듈의 첫 번째 기억장소가 0번지가 되고 다음으로 2번 모듈의 첫 번째 기억장소가 1번지가 되는 방식으로, 모든 모듈의 첫 번째 기억 장소들에 순서대로 연속된 주소가 지정된 다음 다시 1번 모듈로 돌아가 기억장소에 데이터를 할당한다.

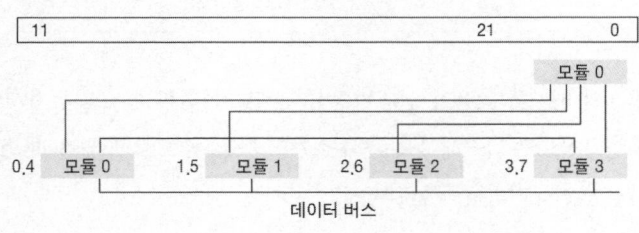

마지막 혼합 인터리빙high-low-order interleaving은 몇 개의 그룹으로 나누어 각 그룹 내에서는 모듈 간에 인터리빙을 한다.

각 모듈은 뱅크 선택, 주소 저장, 모듈 선택 영역으로 나누어진다.

D • 주기억장치

- 기억장치 모듈을 뱅크로 그룹화
- 각 그룹 내에서 하위 인터리빙 하는 방식
- 뱅크의 선택 비트는 상위 비트로, 모듈 선택 비트는 하위 비트로 구성

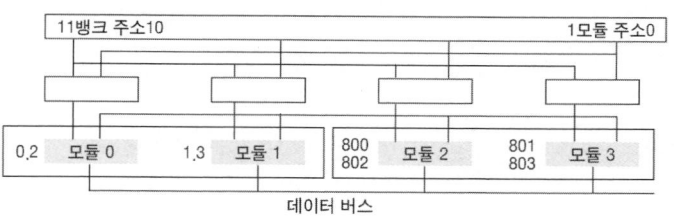

데이터 버스

참고자료

삼성SDS 기술사회. 2010. 『핵심 정보통신기술 총서』. 도서출판 한울.

기출문제

50회 관리　메모리 인터리빙(Memory Interleaving)에 대하여 다음 물음에 답하시오. (25점)

가. 메모리 인터리빙의 사용목적

나. 활용방식

다. 데이터를 가져오는 액세스 방식

96회 응용　메모리 인터리빙(Memory Interleaving)의 개념과 활용방식에 대하여 설명하시오. (10점)

Computer

Architecture

E

가상기억장치

—

E-1

가상기억장치 개념과 구성

가상기억이란 실제적인 기억 공간보다 훨씬 큰 논리공간을 주소화하는 것을 통해 보다 큰 프로그램을 작성할 수 있도록 지원하는 개념으로, 가상기억장치를 이용함에 따라 가상 주소를 획득하기 위해 고정된 블록 단위를 사용하는 페이징 방법과 가변적인 블록 단위를 사용하는 세그먼테이션 방법을 이용하여 관리한다.

1 가상기억장치의 개념

가상기억장치는 중앙처리장치에 가상 주소를 제공함으로서 제한된 주기억장치를 마치 큰 용량을 가진 기억장치처럼 사용할 수 있게 하는 운영체제의 메모리 운영 기법으로 확장된 기억용량이 하드웨어적으로 실제 반도체 기억장치로 존재하는 것은 아니고 소프트웨어적인 방법으로 보조기억장치를 주기억장치처럼 사용하여 확장된 기억 공간을 가지는 기법이다.

여기서 가상기억virtual memory이란 사용자가 주기억장치의 크기에 구애받지 않고 더 큰 용량이 필요한 프로그램을 작성할 수 있도록 하는 개념이고, 그 크기는 거의 보조기억장치의 용량만큼 가능하다. 가상기억장치를 이해하기 위해 기억장치를 주기억장치와 보조기억장치로 크게 두 가지 관점에서 살펴보는 것이 좋다. 주기억장치를 물리적 기억장치라 하고, 주기억장치와 연결된 보조기억장치를 가상기억장치라 부르며, 주기억장치의 실제 기억 주소인 물리적 기억 주소와 보조기억장치의 가상 주소인 논리 주소를 연결하는 역할은 하드웨어와 운영체제에 의해 수행되며, 보조기억장치의 가상 주소인 논리 주소는 사용자가 작성한 프로그램에서 정의된 주소를 기반으로 정해진다.

간단한 예를 들어, 8비트 컴퓨터에서 주기억장치는 1KB인데, 우리가 작성한 프로그램이 2KB라고 하면, 물리적인 실기억 주소 영역은 0~1023번지이고 가상 주소 영역은 0~2047번지이다. 프로그램을 중앙처리장치에서 실행하기 위해서는 2KB를 전부 주기억장치에 적재할 수 없으므로 프로그램의 일부를 주기억장치에 적재한다. 예를 들어 가상 주소 0~1023번지를 주기억장치에 적재한 경우, 프로그램을 수행하다가 만약 1024번지의 데이터가 필요하게 되면, 실기억 주소에는 1024라는 주소는 없으니, 중앙처리장치에서 가상 주소를 이용해 주기억장치의 물리적인 실기억 주소로 변환하는 작업이 필요하다. 이러한 변환 작업을 기억장치 사상 또는 동적 주소 변환 DAT: Dynamic Address Translation 이라고 한다.

가상기억장치

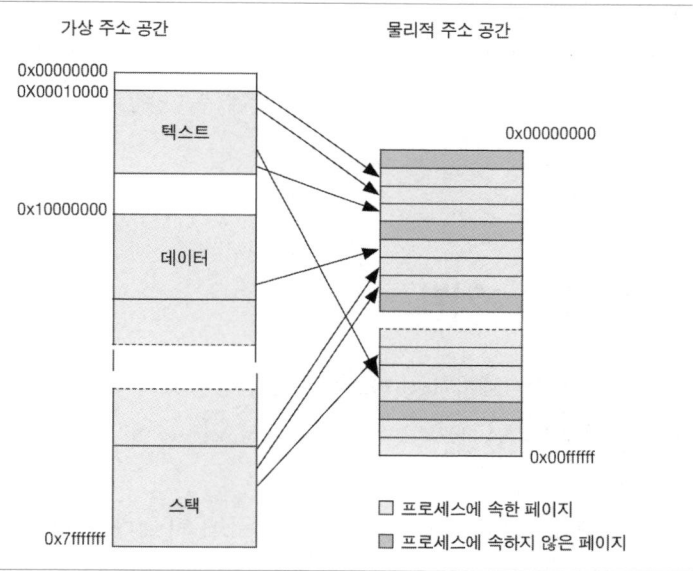

가상기억장치를 이용하여 물리적 주소를 불연속 할당하는 방법은 직접 주기억장치에 물리적 주소를 연속 할당하는 경우보다 실질적으로 많이 사용되는 기술이며, 그 핵심은 보조기억장치에 있는 정보를 블록으로 나누고, 해당 블록에 대한 주소를 주기억장치 주소와는 별도의 주소로 표현하여 구

성하는 것이며, 이를 블록 사상block mapping이라고 한다. 이때 동일한 크기의 블록 단위를 사용하는 페이징 방법과 크기가 서로 다른 크기의 블록 단위를 사용하는 세그먼테이션 방법이 있다.

가상기억장치 관리 기법은 실제 동작 중인 주기억장치에서 보조기억장치에 있는 정보를 적재하기 위한 방법으로 반입 기법, 배치 기법, 교체 기법 등이 있다.

반입fetch 기법에는 요구 반입 기법과 예상 반입 기법이 있는데, 요구 반입 기법은 실행 프로그램이 요구할 때 보조기억장치에 있는 정보를 주기억장치로 적재하는 기법이고, 예상 반입 기법은 운영체제가 지역성을 고려하여 실행 프로그램이 참조될 것으로 예상되는 정보를 보조기억장치에서 주기억장치로 미리 적재하는 기법이다.

배치placement 기법에는 최초 적합, 최적 적합, 최악 적합 등의 기법이 있으며, 새로 적재해야 할 정보를 주기억장치의 어느 위치에 배치할 것인지 결정하는 기법이다.

교체replacement 기법은 주기억장치가 모두 할당되어 있는 경우 적재되어야 할 페이지나 세그먼트 중 어느 하나를 선택해 주기억장치로부터 제거하는 기법이다.

2 페이징paging 기법

가상 주소 공간은 페이지page라고 불리는 균등한 크기의 연속된 블록들로 나뉘고, 실제 물리적 메모리는 페이지 프레임page frame이라는 균등한 크기의 연속 블록들로 나누어진다.

프로그램의 주소와 실제 주기억장치의 주소가 서로 다름에 따라 프로그램 주소를 실제 주기억장치의 주소로 변환하는 과정이 필요한데, 이를 가상 주소와 실제 주소 간의 사상mapping을 유지하는 방법이라 하며, 프레임 테이블 방법과 페이지 테이블 방법이 있다.

프레임 테이블 방법은 각 프레임에 대응하는 항목이 그 프레임에 현재 상주하는 페이지 번호를 담은 테이블을 가지는 방법으로 모든 프로세스에 대해 하나의 프레임 테이블만 유지하는 장점이 있고, 물리적 메모리 크기의 증가로 인해 프레임 테이블이 커지며, 둘 이상의 프로세스들이 주메모리에 있는 한 페이지의 사본을 사용할 수 있도록 각 프레임 항목이 다중 프로세스를 유지하게끔 확장하는 데 비용이 증가하는 단점이 존재한다.

페이징 기법에서의 논리적 주소 양식

p: 페이지 번호
d: 페이지 p 내의 변위

| 페이지 번호 p | 변위 d | 논리적 주소 V=(p,d) |

페이지 테이블 방법은 주어진 프로세스에 속한 모든 페이지들이 현재 위치를 유지하며, 페이지 테이블의 p번째 항목은 그 페이지를 가지고 있는 페이지 프레임을 나타낸다.

가상기억장치에서는 메모리의 사용을 위해 첫 번째는 페이지 테이블을 읽고, 두 번째는 실제 페이지에 접근하는 두 번의 메모리 접근이 필요하다. 대부분 첫 번째 주기억장치의 접근을 피하기 위해 페이지 테이블에서 가장 최근에 사용한 부분을 저장하는 고속 메모리인 변환 색인 버퍼TLB: Translation Lookaside Buffer를 사용한다.

페이지 테이블 방법은 연속 할당의 단점인 외부 단편화 현상이 없다는 장점이 있으나, 관리에 과부하가 발생하는 단점이 있다. 즉, 페이지 테이블을 보관할 장소가 요구되며, 주소 변환을 위해 추가 하드웨어가 필요하고 프로그램에 할당된 마지막 페이지에서 내부 단편화가 생길 수 있다.

〈페이지 사상을 통한 논리적 주소 변환〉에 대한 그림을 정확하게 이해하는 데 도움이 되는 몇 가지 전제가 있다.

첫째 현재 요구되는 가상기억장치의 페이지들이 전부 주기억장치에 적재되었다고 가정한다.

둘째는 여기서 논리적 주소인 가상 주소는 중앙처리장치에서 프로그램을 읽어서 다음 작업을 수행하기 위해 주기억장치에 요청하는 프로그램에서 작성되어 있는 주소이다.

마지막으로 꼭 전제할 필요는 없지만, 페이지 폴트가 이미 수차례 발생해서, 실주소 r에 대한 내용은 이미 수차례 가상기억장치에서 페이지를 교체

한 상태이다. 이런 전제로 생각해보면, 페이지 기반의 가상 주소 메커니즘
에 대한 이해가 용이할 것이다.

페이지 사상을 통한 논리적 주소 변환

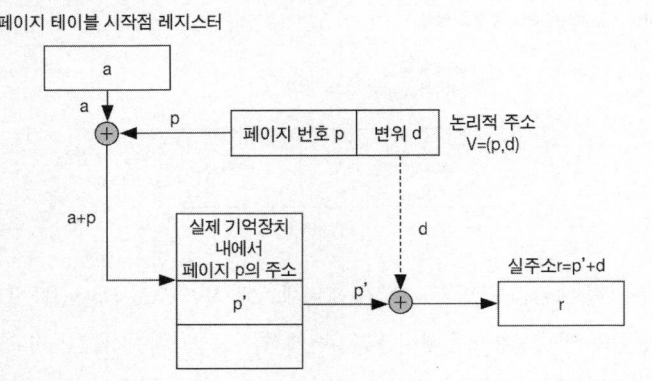

그림 설명을 시작해보면, 페이지 기법에서 동적 주소는 우선 페이지 테이
블 시작점 레지스터에서 블록 사상 테이블의 시작 주소를 가져온다(그림에
서는 좌측 상단 박스에 있는 "a"가 블록 사상 테이블의 시작 주소가 된다).

그리고 논리적 주소 V에서 블록 번호 p를 가져온다(그림에서는 우측의 "논
리적 주소 V=(p, d)"가 사용자가 접근하려는 데이터의 논리적 주소 V가 되고, 그림
의 가운데에 있는 두 칸 박스의 첫 번째 칸에 있는 "페이지 번호 p"가 블록 번호 p가
된다).

그러면, 블록 사상 테이블의 시작 위치는 a가 되고, 찾고자 하는 가상 주
소 V에 해당하는 블록 번호는 p가 되는데, 즉 a라는 시작점에서 p번째 위치
에 가면 p'라는 실제 블록의 시작 주소가 나오며, 여기서 p'라고 하는 실제
블록의 시작점에서 변위 d만큼 떨어진 위치에 가면, 물리적으로 할당된 주
소인 r을 찾을 수 있게 된다.

좀 더 확실한 이해를 위해 4개의 값을 가질 수 있는 페이지를 2개 가지고
있는 물리 메모리에 대한 논리적 주소 변환 예제를 〈페이지 사상을 통한 논
리적 주소 변환에 대한 사례〉 그림을 통해 설명하면 아래와 같다.

페이지 사상을 통한 논리적 주소 변환에 대한 사례

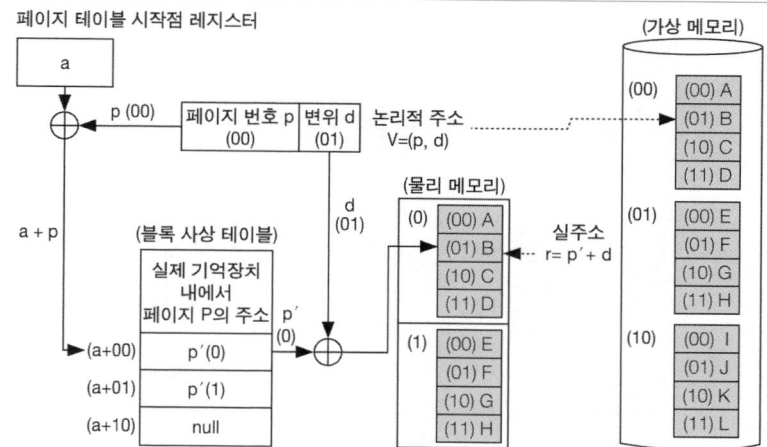

(예시의 경우 B값이 저장된 가상메모리 주소는 0001이지만, 중앙처리장치 접근 물리 메모리 주소는 001임)

프로그램에서 사용하는 가상 메모리상에서 4개의 값을 가질 수 있는 페이지는 총 3개를 쓰고 있고, 각 페이지에는 A~L까지 총 12개의 알파벳이 순차적으로 저장되어 있는 상황에서 가상기억장치 내에 3개의 페이지 중 '00' 페이지와 '01' 페이지는 물리 메모리에 적재되어 있으나, '10' 페이지는 적재되어 있지 않은 상황이다.

이때, 중앙처리장치에서 가상 주소 '0001' 주소에 저장된 'B'라는 값에 접근해야 하다면, 앞서 설명한 바와 같이 페이지 테이블 시작점 레지스터에서 블록 사상 테이블의 시작 주소와 가상 주소의 페이지 부분 p에 있는 '00'을 조합하여 'a + 00' 번지에 저장된 p' 값인 '0'을 얻고, 이를 페이지 부분 d에 있는 '01' 값과 다시 조합하여 물리 메모리의 주소인 '001'을 얻게 되어, 물리 메모리에 저장된 'B'값에 접근할 수 있게 된다.

그런데 물리 메모리에 적재되어 있지 않은 '10' 페이지에 저장된 'J'라는 값을 중앙처리장치에서 접근하기 위해서는 'J' 값이 저장된 페이지를 물리 메모리로 적재하고, 이를 중앙처리장치에서 가상 주소로 접근할 수 있도록 사상 정보 갱신 과정을 수행해야 한다.

사상 정보 갱신 과정 그림을 참조하면, 이미 물리 메모리에 적재된 페이지의 데이터에 접근하는 방법에 비해 다소 복잡하지만, 동작되는 순서 중 첫 부분은 적재된 페이지의 데이터에 접근하는 방법과 유사하다.

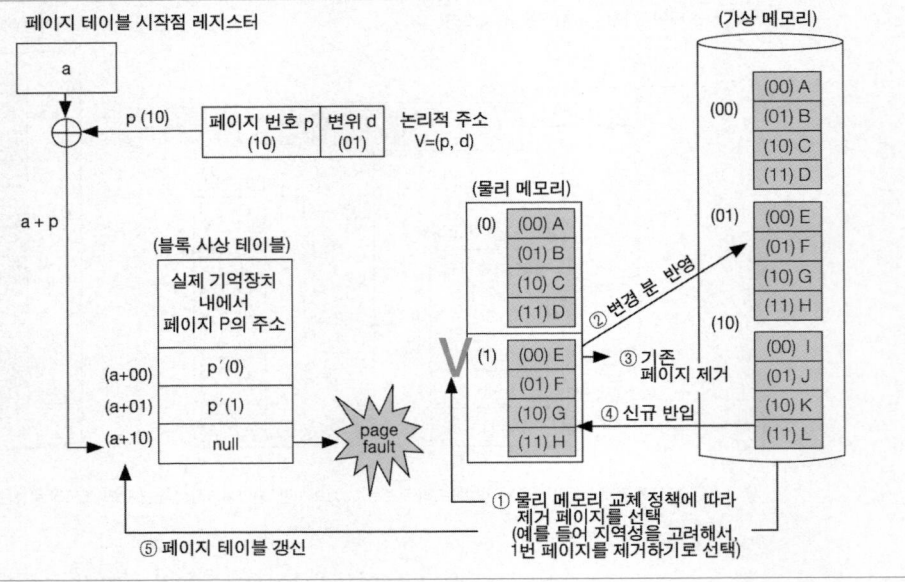

중앙처리장치에서 가상 주소 '1001' 주소에 저장된 'J'라는 값에 접근해야 한다면, 적재된 페이지의 데이터에 접근하는 방법에서 설명한 바와 같이 페이지 테이블 시작점 레지스터에서 블록 사상 테이블의 시작 주소와 가상 주소의 페이지 부분 p에 있는 '10'을 조합하여 'a + 10' 번지에 저장된 값을 확인하는 것까지는 동일하나, 'a + 10' 번지에는 페이지 정보가 없어서 페이지 폴트page fault가 발생되며, 이때 예제의 경우, 물리 메모리에 빈 공간이 없으므로, ①에서 설명한 바와 같이 기존 페이지 중 제거할 페이지를 하나를 선택한다.

그 다음, ②과 ③ 과정을 통해 물리 메모리에서 제거할 페이지의 정보를 가상 메모리에 갱신하고, 물리 메모리에서는 해당 페이지 정보를 삭제하여 공간을 확보하고, ④ 과정을 통해 가상 주소 '1001' 주소를 가진 페이지를 반입한 후, ⑤ 과정을 통해 블록 사상 테이블에서 제거된 페이지의 사상 값에 할당이 해제된 물리 페이지 값을 제거하고, 새로 반입된 페이지의 사상 값에는 반입한 물리 페이지 값을 할당하여 페이지 사상 정보 갱신 과정을 완료한다.

정상적으로 완료되면 [갱신 이후 페이지 사상을 통한 논리적 주소 변환]

그림의 내용처럼 블록 사상 테이블 정보와 물리 메모리 내용이 갱신되어 있음을 알 수 있다.

갱신 이후 페이지 사상을 통한 논리적 주소 변환

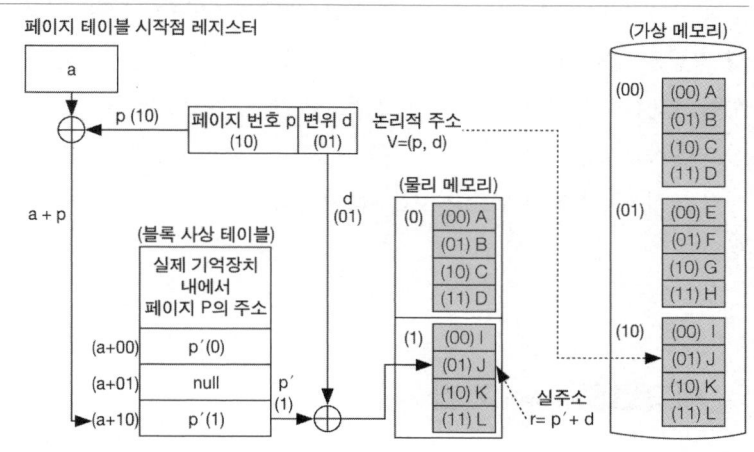

이후, 중앙처리장치에서 가상 주소 '1001' 주소에 저장된 'J'라는 값에 접근하는 것을 다시 한 번 설명하자면, 블록 사상 테이블의 시작 주소인 'a'와 가상 주소의 페이지 부분 p에 있는 '10'을 조합하여 'a + 10' 번지에 갱신된 값인 p' 값인 '1'을 얻고, 이를 페이지 부분 d에 있는 '01'값과 다시 조합하여 물리 메모리의 주소인 '101'을 얻게 되어, 물리 메모리에 저장된 'J' 값에 접근할 수 있음을 확인할 수 있다.

[페이지 폴트 및 페이지 사상 정보 갱신 과정] 그림에서 보면, ②, ③, ④ 과정에서 주기억장치와 가상기억장치 간에 데이터 전송이 발생하는데, 이러한 작업을 스와핑swapping이라고 한다.

스와핑 작업은 크게 두 가지가 있는데, 롤아웃과 롤인이다.

첫 번째는 ②, ③ 과정처럼 기존에 주기억장치에 적재된 페이지 블록을 가상기억장치에 갱신하는 작업으로, 이는 롤아웃roll-out이라고 한다.

또한, ④ 과정과 같이 주기억장치에 적재되어 있지 않아서 가상기억장치의 페이지 블록을 주기억장치로 올리는 작업은 롤인roll-in이라고 한다.

스와핑 기법 중에 롤인과 롤아웃은 기본적으로 주기억장치와 가상기억장치(보조기억장치) 간 데이터 교환을 의미한다.

특히 프로세서에서 수행 하는 작업job 단위로 교환이 발생하는 경우에 있어 롤인, 롤아웃 같은 용어를 사용하며, 작업을 세분화하여 주소 공간의 일부분을 스와핑하는 방법을 오버레이overlay 방식이라고 한다.

페이지 매핑 테이블을 구성하는 방법에는 앞서 설명한 직접 사상 방법과 연관 사상 방법, 이 두 방법을 혼합한 연관/직접 사상 방법이 있다. 직접 사상 방법은 매핑 테이블도 주기억장치 내에 유지하는 방법이고, 연관 사상 방법은 연관 기억장치를 이용하는 방법으로 값을 기반으로 키가 생성되어 속도가 빠르지만, 고가의 기억장치를 이용해야 하는 방법이고, 연관/직접 사상은 적정한 크기의 연관 기억장치를 이용하여 성능과 경제성을 절충한 방법이다.

3 세그먼트segment 기법

세그먼트segment는 각각 다른 크기를 지닌 주소 공간들의 모임으로, 페이지와의 주된 차이점은 페이지 번호는 프로그램 구조와 연관성이 없지만, 세그먼트 번호는 프로그램의 논리적 구성 요소에 대응한다는 데에 있으며, 세그먼트를 메모리 할당을 위한 기본 단위로 사용하고, 주기억장치는 각 세그먼트가 적재될 때마다 동적으로 할당되거나 재배치된다. 프로그램의 주소와 실제 주기억장치의 주소가 다르므로 주소 사상mapping을 위해 세그먼트 테이블을 사용한다.

세그먼트 테이블은 각 활성화된 프로세스의 현재 세그먼트를 기억하고, 세그먼트 사용 시스템은 임의의 프로세스가 제한 없이 세그먼트에 접근하는 것을 방지하기 위해 R/W/E/A의 네 가지 조합으로 접근을 제어한다.

접근 유형	약자	설명
읽기(read)	R	세그먼트에 포함된 정보를 얻을 수 있음
쓰기(write)	W	세그먼트에 있는 정보를 수정·첨가할 수 있음
실행(execute)	E	세그먼트에 있는 프로그램을 실행할 수 있음
첨가(append)	A	세그먼트에 있는 정보를 수정할 수는 없으나, 끝에 정보를 추가할 수 있음

4 세그먼트를 이용한 페이징 기법

페이지와 세그먼테이션의 원리를 결합한 방법으로 세그먼트 테이블 레지스터STR: Segment Table Register 는 현재 프로세스의 세그먼트 테이블을 가리키고, 각 세그먼트 테이블의 항목은 해당 세그먼트에 대한 페이지 테이블을 가리킨다. 각 페이지 테이블은 그 세그먼트에 속한 페이지들을 유지한다.

테이블을 위한 추가 메모리와 메모리 관리의 과부하가 발생하고, 각 메모리 사상 테이블(세그먼트 테이블, 페이지 테이블)에 대한 두 번의 추가 메모리 참조의 비효율성이 발생하는 단점이 있다.

 키포인트
가상기억장치 구현 기법 간의 비교

항목	페이징 기법	세그먼테이션 기법
구현 방법	가상 주소 공간은 페이지라 불리는 균등한 크기의 연속된 블록들로 나뉘고, 실제 물리적 메모리는 페이지 프레임이라는 균등한 크기의 연속 블록들로 나누는 방법	세그먼트라는 각각 다른 크기의 주소 공간들의 모임으로 가상메모리를 구현하는 방법
장점	외부 단편화가 발생하지 않음	내부 단편화가 발생하지 않아 기억공간을 절약할 수 있음
단점	• 내부 단편화가 발생할 수 있음 • 페이지 맵 테이블 사용으로 비용이 증가하고, 처리 속도가 감소함	주기억장치에 적재 시 다른 세그먼트에 할당된 영역의 침범을 막기 위한 기억장치 보호키(Storage Protection Key)가 필요함

5 연관기억장치 content addressable memory

연관기억장치는 기억된 데이터의 일부분을 이용해서 원하는 정보가 기록된 주소를 찾아 전체 데이터에 접속할 수 있는 기억장치이다.

연상기억장치associative memory 또는 내용 지정 메모리라고도 하며, 주소만 이용해서 접근 가능한 기억장치보다 정보 검색이 신속하기 때문에 캐시메모리나 가상 메모리 관리기법에서 사용하는 매핑 테이블mapping table 에 사용된다.

6 기타 기법

그 외에 시스템 테이블의 페이징 기법과 변환 색인 버퍼TLB: Translation Look-aside Buffer 기법이 있다.

시스템 테이블의 페이징 기법은 가상메모리 시스템의 세그먼트와 페이지 테이블의 크기가 커질 경우, 주기억장치에 영구히 상주하기 어려워짐에 따라 세그먼트 테이블을 구성하는 페이지들을 관리하기 위한 새로운 페이지 테이블이 필요해지는데, 이때 세그먼트 디렉터리를 사용하는 방법이다. 변환 색인 버퍼TLB 기법은 가상메모리 참조에 필요한 물리적 메모리 참조 횟수의 증가를 막기 위해 주소 변환을 돕는 고속 메모리를 사용하여 사용 가능성이 많은 가장 최근의 가상 주소에서 물리적 주소로의 변환을 유지하는 방식을 이용한 기법이다.

참고자료
윤승은. 2008. 『정보통신용어사전』. 일진사.

기출문제
72회 응용　Virtual Memory (10점)
80회 응용　기억장치 관리 기법 중 요구 페이징에서 발생하는 페이지 대체 알고리즘의 개념 및 종류(세 가지 이상)에 대하여 기술하시오. (25점)
86회 응용　임베디드 시스템에서 응용 프로그램은 메모리 크기 최소화가 핵심 설계 요소이다. 이에 따라 프로그램 코드를 줄이는 방법과 효율적인 공간 메모리 관리 기법을 기술하시오. (25점)
87회 응용　가상메모리의 세그먼테이션 기법과 페이징 기법의 장단점에 관하여 설명하시오. (25점)
99회 관리　가상기억장치(Virtual Memory System) 관리 기법 중 페이징(Paging) 주소 변환에 대하여 설명하시오. (10점)
102회 관리　가상메모리 동작에 대한 다음의 질문에 대하여 설명하시오.
가. 가상메모리 관리 기법의 기본 동작 원리
나. 페이징 기법과 세그먼트 기법
다. 구역성(Locality)의 페이징 기법에서 가지는 중요한 의미 (25점)

　　　　　　　　　　　　　　　　　　　　　　E · 가상기억장치

E-2

가상기억장치 관리 전략

가상기억장치 관리 전략은 보조기억장치에 저장되어 있는 정보를 주기억장치에 적재하기 위한 방법이다.

1 반입 fetch 전략

주기억장치에 넣을 프로세스나 데이터를 언제 가져올 것인지를 결정하는 전략이다. 요구 반입 전략demand fetch 은 실행 중인 프로세스에 의해 호출된 페이지나 세그먼트만을 반입하는 방법이다. 예상 반입 전략anticipatory fetch 은 프로세스에 의해 어떤 페이지나 세그먼트들이 호출될지를 예상해 호출 가능성이 높은 블록을 미리 주기억장치에 반입하는 방법이다. 예를 들면 요구된 페이지의 다음 페이지, 자주 사용되는 함수 등이다.

2 배치 placement 전략

새로 반입된 프로세스를 메모리의 어디에 배치할지를 결정하기 위한 전략이다.

구분	내용
최초 적합 (first fit)	• 항상 리스트의 시작 부분부터 검색해 요청한 메모리 크기를 수용할 수 있는 첫 번째 홀에 프로세스를 배치하는 방법 • 배치 가능한 최초의 공간에 배치함 • 가장 간단하고 수행시간이 빠른 방법임
최적 적합 (best fit)	• 요청된 메모리 크기와 가장 근접한 크기의 홀을 찾아 배치하는 방법 • 배치 가능한 공간 중 가장 작은 곳에 배치함 • 가장 효율이 높을 것 같으나 단편화(fragmentation)가 많음
최악 적합 (worst fit)	• 현재 사용 가능한 가장 큰 홀에 배치하는 방법 • 빈 공간 중 가장 큰 곳에 배치함 • 메모리 단편화를 최소화함

3 교체 replacement 전략

주기억장치에 프로그램 블록을 적재할 공간이 없을 경우 어느 페이지를 교체할 것인가를 결정하는데, 교체 전략을 통해 효과적으로 교체를 수행할 때 성능을 보장받을 수 있다. 교체 전략에는 전역 페이지 교체와 지역 페이지 교체 방법이 있다.

3.1 전역 페이지 교체 방법

3.1.1 최적 교체 MIN
교체를 위해 앞으로 가장 긴 시간 동안 참조되지 않을 페이지를 선택한다. 이론적으로는 최적이나 실제로는 사용될 수 없는 방법이다.

시간(t)	0	1	2	3	4	5	6	7	8	9	10
RS		c	a	d	b	e	b	a	b	c	d
프레임 0	a	a	a	a	a	a	a	a	a	a	d
프레임 1	b	b	b	b	b	b	b	b	b	b	b
프레임 2	c	c	c	c	c	c	c	c	c	c	c
프레임 3	d	d	d	d	d	d	d	d	d	d	e
INt				e							d
OUTt				d							e

  예를 들면 참조 문자열(RS) = cadbebabcd이고, 페이지 프레임 개수는 4

개로 가정하고, 시간 0에 메모리는 페이지 {a, b, c, d}를 가지고 있다고 가정할 때, 가장 오랜 시간 동안 참조되지 않은 {e}값이 교체된다.

3.1.2 FIFO First In First Out 교체

항상 가장 긴 시간 동안 메모리에 상주했던 페이지를 교체 페이지로 선택하는 방법으로 새로운 페이지는 큐의 뒤에 추가하고, 페이지 부재 시 큐의 헤드에 있는 페이지가 교체 대상으로 선택된다.

아래 사례에서는 가장 오랜 시간 동안 적재되었던 {e}값이 교체된다.

메모리에 가장 오래 상주한 페이지들이 미래에 사용될 가능성이 가장 낮다는 가정하에 운용되나, 실제 지역성의 원리를 자주 위배하는 벨라디의 예외 상황Belady's anomaly 이 발생한다.

시간(t)	0	1	2	3	4	5	6	7	8	9	10
RS		c	a	d	b	e	b	a	b	c	d
프레임 0	→a	→a	→a	→a	→a	e	e	a	e	→e	d
프레임 1	b	b	b	b	b	→b	→b	b	a	a	→a
프레임 2	c	c	c	c	c	c	c	→c	b	b	b
프레임 3	d	d	d	d	d	d	d	d	→d	c	c
INt						e		a	b	c	d
OUTt						a		b	c	d	e

'→'는 큐의 헤드이며, '→'가 가리키는 페이지가 교체 대상으로 선택됨

3.1.3 LRU Least Recently Used 교체

가장 오랫동안 참조되지 않았던 페이지를 제거하는 방법으로 지역성의 원리를 완전히 만족시키도록 설계되어 벨라디의 예외 현상이 발생하지 않는다. 구현은 상주하는 페이지들을 링크된 리스트linked list를 사용해 참조된 순서대로 유지한다.

LRU 구현 기법은 타임 스탬핑, 페이지 프레임 축전기, 에이징 레지스터 기법이 있다.

- 타임 스탬핑time stamping은 페이지 참조 시 프로세서에 의해 유지되는 내부 클록의 현재 값을 저장하고, 페이지 부재 시 가장 낮은 타임 스탬프를 가진 페이지를 교체 대상으로 선택하는 기법이다.
- 페이지 프레임 축전기는 페이지 참조 시마다 충전하고 충전된 값을 기

하급수적으로 떨어뜨리는 방법으로, 페이지 부재 시 충전 값이 제일 작은 페이지를 교체하는 기법이다.

- 에이징 레지스터aging register 페이지 참조 시 레지스터의 첫 번째 비트는 1이 되고, 모든 에이징 레지스터의 값은 주기적으로 오른쪽으로 1비트씩 이동한다. 따라서 레지스터의 값을 이진수로 보면 참조되지 않은 페이지의 레지스터 값은 주기적으로 감소한다. 페이지 부재 시 레지스터의 값이 가장 작은 페이지를 교체한다.

시간(t)	0	1	2	3	4	5	6	7	8	9	10
RS		c	a	d	b	e	b	a	b	c	d
프레임 0	a	a	a	a	a	a	a	a	a	a	a
프레임 1	b	b	b	b	b	b	b	b	b	b	b
프레임 2	c	c	c	c	c	c	c	c	c	c	c
프레임 3	d	d	d	d	d	d	d	d	d	d	d
INt										c	d
OUTt										d	e
큐 끝	d	c	a	d	b	e	b	a	b	c	d
	c	d	c	a	d	b	e	b	a	b	c
	b	b	d	c	a	d	d	e	e	a	b
큐 헤드	a	a	b	b	c	a	a	d	d	e	a

참조된 페이지는 큐의 끝으로 이동하고(→), 페이지 부재 시
큐 헤드에 위치한 페이지를 교체 페이지(⇨)로 선택함

3.1.4 2차 기회 교체

시간(t)	0	1	2	3	4	5	6	7	8	9	10
RS		c	a	d	b	e	b	a	b	c	d
프레임 0	→a/1	→a/1	→a/1	→a/1	→a/1	e/1	e/1	e/1	e/1	→e/1	d/1
프레임 1	b/1	b/1	b/1	b/1	b/1	→b/0	→b/1	b/1	b/1	b/1	→b/0
프레임 2	c/1	c/1	c/1	c/1	c/1	c/0	c/0	a/1	a/1	c/1	a/0
프레임 3	d/1	d/1	d/1	d/1	d/1	d/0	d/0	→d/0	→d/0	d/1	c/0
INt						e		a		c	d
OUTt						a		c		d	e

'→'는 현재 페이지 포인터이고, 뒤의 숫자는 사용 비트를 의미함

2차 기회 교체 알고리즘은 LRU 알고리즘을 적은 비용으로 구현하기 위해 FIFO 기법을 가미한 방법으로, 모든 페이지가 포함되는 원형 리스트와 현

재 페이지에 대한 포인터를 사용하여 페이지에 사용 비트를 두고 페이지 참조 시 비트를 1로 설정하며, 사용 비트가 1인 페이지는 바로 교체하지 않고 사용 비트가 0인 다음 페이지를 교체 페이지로 선택한다. 사용 비트가 0인 페이지를 발견할 때까지 페이지를 시곗바늘이 돌 듯 순환한다고 하여 클록 교체 알고리즘이라고도 한다.

3.1.5 3차 기회 교체

2차 기회 교체 기법과 같이 모든 페이지가 포함되는 원형 리스트와 현재 페이지에 대한 포인터를 사용하며, 사용 비트 외에 쓰기 비트를 추가했다. 페이지 부재 시에는 사용 비트와 쓰기 비트가 모두 0인 페이지를 찾아 교체하고, 쓰기 비트가 1인 페이지는 포인터가 리스트를 두 번 순환할 때까지 교체 대상에서 제외된다고 하여 3차 기회라는 이름을 사용한다.

시간 t	0	1	2	3	4	5	6	7	8	9	10
RS		c	$\overset{w}{a}$	d	$\overset{w}{b}$	e	b	$\overset{w}{a}$	b	c	d
프레임 0	→a/10	→a/10	→a/11	→a/11	→a/11	a/0˚	a/0˚	a/11	a/11	→a/11	a/0˚
프레임 1	b/10	b/10	b/10	b/10	b/11	b/0˚	b/1˚	b/1˚	b/1˚	b/1˚	d/10
프레임 2	c/10	c/10	c/10	c/10	c/10	e/10	e/10	e/10	e/10	e/10	→e/10
프레임 3	d/10	d/10	d/10	d/10	d/10	→d/00	→d/00	→d/00	→d/00	c/10	c/10
INt						e				c	d
OUTt						c				d	b

'→'는 현재 페이지 포인터이고, 뒤의 숫자는 사용 비트와 쓰기 비트를 의미하며, '˚는 페이지 교체 시 쓰기로 인해 변경된 내용이 있어 보조기억장치에 기록되어야 하는 더티 페이지를 의미함

3.2 지역 페이지 교체 replacement algorithm

3.2.1 최적 페이지 교체 VMIN

전역 페이지 교체 전략인 최적 교체 MIN과 동일한 방식으로, 참조 문자열에 대한 사전 지식이 필요하기 때문에 구현은 불가능하다. 시간 t에서 페이지 부재 발생 시 사용 가능한 프레임들 중 하나로 페이지를 교체하는데, 참조 문자열을 살펴보고 페이지가 시스템 상수 T만큼의 시간 안에 참조되지 않는다면 교체 대상으로 선택한다(시간 t에서 시간 t+T 사이의 구간을 슬라이딩 윈도라고 한다).

시간	0	1	2	3	4	5	6	7	8	9	10
RS	d	c	c	d	b	c	e	c	e	a	d
페이지 a	-	-	-	-	-	-	-	-	-		-
페이지 b	-	-	-	-	√						
페이지 c	-	√	√	√	√	√	√	√	-	-	-
페이지 d	√	√	√	√	-	-	-	-			√
페이지 e	-	-	-	-	-	-	√	√			
INt		c		e	b		e			a	d
OUTt				d	d	d			c	e	a

T 값에 따라 페이지 부재 횟수는 달라질 수 있음

3.2.2 작업 집합 모델

피터 데닝(Peter J. Denning)의 작업집합이론을 바탕으로 한 지나간 참조 문자열RS을 바탕으로 시간구간(t-T, t) 사이에 참조된 페이지만을 메모리에 남겨두는 방법으로 지역성locality의 원리에 크게 의존하며, 참조 시마다 상주 페이지 집합page set을 조정해 과부하가 크다.

구현 시에 발생하는 큰 과부하를 줄이기 위해 참조 비트, 타임 스탬핑, 에이징 레지스터를 이용한다.

시간	0	1	2	3	4	5	6	7	8	9	10
RS	a	c	c	d	b	c	e	c	e	a	d
페이지 a	√	√	√	√	-	-	-	-	-	√	√
페이지 b	-	-	-	-	√	√	√	√	-	-	-
페이지 c	-	√	√	√	√	√	√	√	√	√	√
페이지 d	√	√	√	√	√	√	√	-	-	-	-
페이지 e	√	√	-	-	-	-	√	√	√	√	√
INt		c			b		e			a	d
OUTt			e		a			d	b		

3.2.3 페이지 부재 빈도 교체 PFF: Page Fault Frequently

페이지 부재page fault 발생주기를 점검check해 메모리를 가감하는 방법으로, 현재와 이전의 페이지 부재 사이의 시간이 T값을 넘는다면 이 기간에 참조되지 않았던 모든 페이지를 메모리에서 제거한다.

페이지 부재 시에만 상주 페이지 집합을 조정하므로 과부하가 작다.

E · 가상기억장치

시간	0	1	2	3	4	5	6	7	8	9	10
RS	a	c	c	d	b	c	e	c	e	a	d
페이지 a	V	V	V	V	-	-	-	-	-	V	V
페이지 b	-	-	-	-	V	V	V	V	V	-	-
페이지 c	-	V	V	V	V	V	V	V	V	V	V
페이지 d	V	V	V	V	V	V	V	V	V	-	V
페이지 e	V	V	V	V	-	-	V	V	V	V	V
INt		c			b		e			a	d
OUTt					a, e					b, d	

참고자료

삼성SDS 기술사회. 2010. 『핵심 정보통신기술 총서』. 도서출판 한울.
윤승은. 2008. 『정보통신용어사전』. 일진사.

기출문제

48회 응용 가상기억장치(Virtual Memory)를 효율적으로 관리하기 위한 다음의
세 가지 전략에 대하여 설명하시오.

가. 반입(Fetch) 전략
나. 배치(Placement) 전략
다. 교체(Replacement) 전략 (25점)

Computer

Architecture

F

캐시기억장치

—

F-1

캐시기억장치의 개념과
동작 원리

캐시기억장치는 주기억장치의 데이터 일부를 복사해두고 처리하는 고속 메모리로서 CPU의 레지스터와 메모리 사이의 속도 차이를 극복하기 위해 필요한 컴퓨터 구성 요소이다. 또한, 캐시기억장치는 자주 접근하는 데이터에 대한 접근성을 높이고 데이터 일관성을 제공한다.

1 캐시기억장치 cache memory 의 개념

캐시는 워드 단위로 접근하는 CPU를 위해 워드로 구성된 블록들로 구성된 메모리를 사용한다.

특정 메모리 워드가 참조되면 CPU는 캐시를 참조해 존재하면 적중hit이 발생하고, 존재하지 않으면 실패가 발생하여 참조하는 워드를 포함한 블록을 주기억장치로부터 읽어온다. 이렇게 블록 단위로 읽어온 데이터가 지역성으로 활용되게 된다.

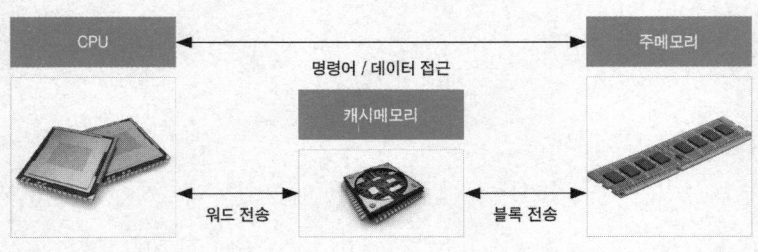

캐시기억장치와 주기억장치 간의 블록은 레코드의 집합으로 의미하는 블록과 구별하기 위해 캐시 블록이나 캐시 라인 또는 줄여서 라인이라고 표현하며, 주기억장치에서 데이터의 식별 단위인 워드에 2의 지수승으로 캐시 블록이 구성된다.

만약, 2의 0승으로 블록이 구성되는 경우, 캐시 라인의 워드 개수는 1개이며, 이때는 지역성을 고려하지 않은 캐시 읽기 방식이 된다.

2 • 캐시의 동작 원리

캐시에 적중되는 정도를 나타내는 적중률H: Hit ratio은 다음과 같이 정의된다.

$$H = \text{캐시 적중 횟수} / \text{전체 기억장치의 액세스 횟수}$$

여기서, 전체 기억장치의 액세스 횟수는 캐시 적중 횟수 + 캐시 실패 횟수이며, 적중률이 95~99% 정도면 우수한 것으로 간주된다.

실패율은 (1 - H)이며 전체 메모리에 대한 평균 액세스 시간(T_a)은 다음과 같다.

$$T_a = H * T_c + (1 - H) * T_m$$

T_c: 캐시 액세스 시간

T_m: 주기억장치 액세스 시간

만약 캐시가 풀full 상태에서 실패가 발생하면 대체 알고리즘을 수행하게 되는데 새로운 블록의 공간 확보를 위해 어떤 블록을 대체해야 하는지 결정한다.

대상 블록은 가장 오랜 시간동안 사용하지 않았거나 가장 먼저 캐시 영역에 적재된 블록이 대상이 된다.

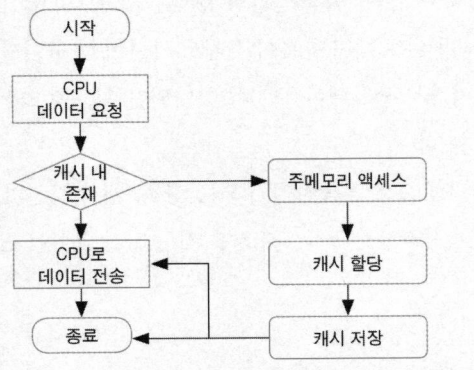

참고자료

김경복. 2012. 『핵심 컴퓨터구조』. 한올출판사.
삼성SDS 기술사회. 2010. 『핵심 정보통신기술 총서』. 도서출판 한울.

기출문제
53회 응용   Cache Memory. (10점)

F-2

캐시기억장치 설계

___

캐시기억장치 설계의 목표는 캐시의 적중률을 극대화하여 CPU가 필요로 하는 명령이나 데이터가 캐시기억장치에 있을 확률을 높여주는 것이며, 이를 달성하기 위해 크기size, 인출 방식fetch algorithm, 사상 함수mapping function, 교체 알고리즘, 쓰기 정책, 블록 크기, 캐시기억장치의 수 등을 고려해야 한다.

1 크기

캐시기억장치의 용량이 커질수록 적중률은 높아지지만, 이에 따른 비용 또한 증가한다. 그러므로 용량과 비용 간의 조정을 통해 적절하게 결정되어야 한다. 용량이 커질수록 주소 해독 및 정보 인출을 위한 주변기기가 복잡해지기 때문에 액세스 시간이 더 길어진다.

2 인출 방식

주기억장치로부터 캐시기억장치로 명령이나 데이터를 인출해오는 방식도 캐시의 적중률에 많은 영향을 준다. 인출방식에는 요구 인출demand fetch 방식과 선인출prefetch 방식이 있다.

　요구 인출 방식은 현재 필요한 정보만 주기억장치로부터 인출해오는 방식이며, 선인출 방식은 현재 필요한 정보 외에도 앞으로 필요할 것으로 예상되는 정보도 미리 인출하는 방식이다. 동시에 인출되는 정보들을 블록block 또는 선line이라고 하며, 블록이 커지면 한 번에 많은 정보들을 읽어올 수 있지만 인출 시간이 길어진다.

선인출 방식은 지역성이 높은 경우에 효과가 높지만 적중률이 낮을 경우 블록들이 빈번하게 교체되어 성능 저하를 초래한다.

3 사상 함수mapping function

캐시기억장치에 적재된 명령어의 수행이 모두 끝났거나, 저장되지 않은 명령어를 수행하고자 하는 경우에 캐시기억장치의 일부를 주기억장치로 옮기고 다시 적재를 하게 되는데 실제 기억장치와 논리 기억장치를 사상mapping하는 프로세스가 발생하게 된다.

사상mapping 방법은 직접 사상direct mapping, 연관 사상associative mapping, 집합 연관 사상set-associative mapping이 있다.

3.1 직접 사상

주기억장치의 블록이 특정 라인에만 적재되고 적재될 수 있는 라인이 하나밖에 없으며 적재될 수 있는지 여부의 검사도 한 개의 라인만 수행한다.

직접 사상의 특징은 하나의 라인만 적재하고 검사함에 따라 간단하고 비용이 저렴한 장점이 있으나 프로그램이 동일한 라인에 적재되는 두 블록들을 반복적으로 액세스하는 경우 캐시 실패율이 매우 높아진다.

캐시는 3비트 주소, 2비트 태그, 데이터의 구조를 가지며, 주기억장치는 5비트 주소, 데이터의 구조를 가짐에 따라 매핑이 필요하게 된다.

직접 사상을 이용한 방법은 다음과 같다.

우선 중앙처리장치에서 캐시에 10001 주소의 워드를 요청하게 되면, 처음 2비트인 10은 태그를 나타내고, 다음 3비트는 캐시의 주소를 나타내는데, 다음 그림의 (2) 화살표에서 보이는 것처럼 캐시의 001 주소의 태그는 요청된 10이 아니고 00이므로 캐시 미스가 발생하고, 캐시는 주기억장치에서 블록 단위, 즉 라인 단위로 정보를 읽어 캐시에 적재하는데, 라인의 크기가 2_0 = 1이므로 10001 주소의 '차'라는 데이터를 캐시에 적재하고, 태그도 10으로 갱신 후 중앙처리장치에 해당 데이터를 워드 단위로 전달하여 캐시 조회 작업을 완료한다.

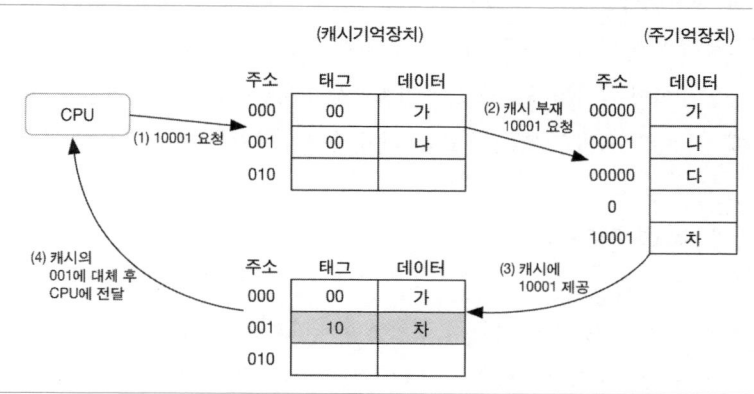

3.2 연관 사상

주기억장치의 블록이 캐시의 특정 라인에 적재되는 것이 아니라, 상황에 따라 모든 라인에 어디에든 적재될 수 있어 직접 사상에서 동일한 캐시 라인을 공유하는 데이터 간의 요청이 빈번한 경우, 캐시 미스가 자주 발생하는 단점을 보완하고 적중 검사가 모든 라인에 대해서 이루어진다. 이로 인해 적중률은 높아지나 직접 사상의 방식으로 적중 검사를 하는 경우 시간이 길어지기 때문에 캐시 슬롯의 태그를 병렬로 검사하기 위해서는 연관기억장치를 기반으로 하는 비용이 높은 회로가 필요하다.

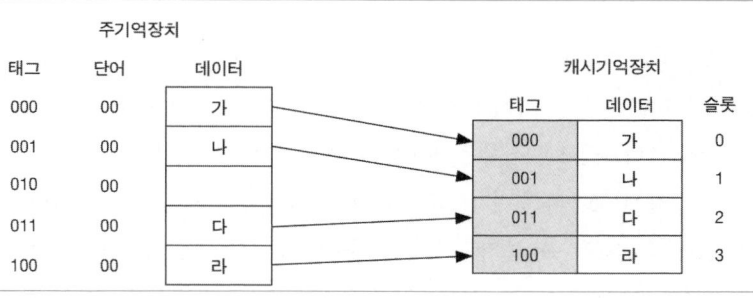

예를 들어 중앙처리장치에서 011 주소의 워드를 요청하는 경우 캐시기억

장치의 모든 슬롯에 있는 태그에 대해 적중 검사를 수행하는데, 요청된 주소인 011이 2번 슬롯에 있으므로 '다'라는 값을 중앙처리장치에 전달하게 되고, 만약 010 주소의 워드를 요청하는 경우, 캐시기억장치의 모든 슬롯에 대해 적중 검사를 해도 미스가 발생하므로, 캐시가 풀full인 경우, 정해진 교체 정책에 따라 캐시 슬롯 중 하나를 선택해서, 주기억장치의 태그가 010인 블록을 찾아서 캐시를 갱신하고, 중앙처리장치에 갱신된 값을 전달한다. 예시에서 단어가 00인 것은 캐시 블록, 캐시 라인의 크기가 1이란 의미이다.

3.3 집합 연관 사상

직접 사상과 연관 사상 방식을 조합하여 하나의 주소 영역이 서로 다른 태그를 갖는 여러 개의 집합으로 이루어지는 방식이다.

다음 그림은 집합 0과 집합 1, 두 개의 집합으로 같은 집합 0번지에 서로 다른 태그 00, 01로 구분되는 두 개의 데이터를 동시에 저장하는 방법이다.

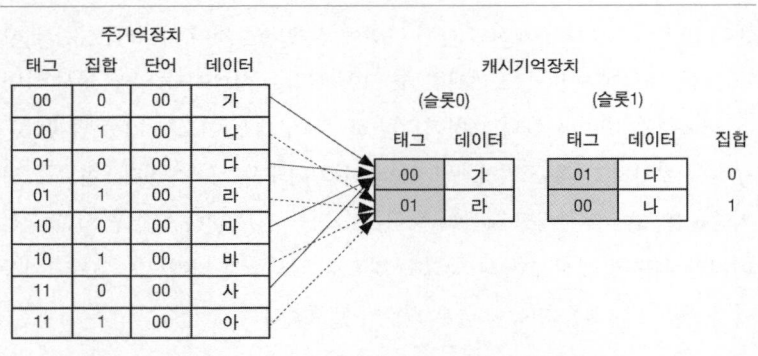

그림의 예를 보면, 중앙처리장치에서 캐시에 대해 01100 주소에 대한 데이터를 요청하는 경우, 전체 5비트 주소에서 처음 2비트인 01은 태그 값이고, 다음 1비트인 1은 집합을 의미하며, 마지막 2비트인 00은 단어를 의미하는데, 캐시 블록의 길이가 1이므로, 캐시 상에서 마지막 2비트는 의미가 없고, 우선 가운데 1비트의 값인 1을 기준으로 직접 사상 방식으로 집합을 찾아서, 집합 내에는 연관 사상 방식으로 태그가 01 경우를 탐색하여 최종적으로는 01100 주소에 대한 값인 '라'를 중앙처리장치에 전달하는 것으로

캐시 조회 작업이 완료된다. 그런데, 예를 들어 중앙처리장치가 캐시에 대해 11100 주소에 대한 데이터를 요청하는 경우는 동일한 방법으로 주어진 주소에서 세 번째 비트 값이 1이므로 집합 1에 있는 모든 슬롯에 대해 연관 사상 방식으로 검색을 했으나, 주어진 주소에서 처음 2비트 값인 11인 태그가 없어서, 캐시 미스가 발생했고, 집합 1에 속한 슬롯 중 하나를 선택해서 주기억장치의 주소가 11100인 블록을 캐시에 적재하고 해당 슬롯의 태그를 11로 갱신한 후, 중앙처리장치에 '아'라는 값을 전달한다. 개념 설명의 용이성을 위해 캐시 블록이 1인 경우를 설명한 것이다. 단어 비트 00인데, 캐시 블록이 1보다 큰 경우는 데이터 자리에 값이 하나만 들어가는 것이 아니고, 블록이 들어가는 것으로 생각하면 쉽게 이해할 수 있다. 앞서 설명했듯이, 캐시 블록, 블록, 캐시 라인, 라인 등은 다 같은 의미로 쓰이는 용어이다.

4 쓰기 정책 write policy

캐시에서 쓰기 정책이란 중앙처리장치가 프로그램의 수행 결과를 캐시에 기록할 수 있는데, 이때 캐시와 주기억장치 간에 데이터 불일치가 발생하므로, 캐시에 변경된 데이터를 주기억장치에 갱신하는 작업을 의미한다. 쓰기 정책은 갱신하는 시기에 따라 즉시 쓰기 write-through와 나중 쓰기 write-back로 구분된다.

즉시 쓰기 정책은 의미 그대로 캐시가 갱신되는 시점에 주기억장치도 바로 갱신하는 방식을 의미하며, 나중 쓰기 정책은 즉시 쓰기 정책이 너무 빈번하게 수행되면, 성능이 저하가 발생되는 단점을 보완하기 위해, 캐시에 갱신이 발생하더라도 주기억장치에 즉시 반영하지 않고, 나중에 반영하는 방법이다. 성능 문제는 개선되지만, 캐시가 여러 개 있는 멀티프로세서나 멀티 캐시 환경에서는 복수의 캐시 간의 데이터가 불일치되는 문제를 해결하기 위해 다소 복잡한 기술이 필요하다.

5 교체 알고리즘 replacement algorithm

캐시에 프로그램 블록을 적재할 공간이 없을 경우 어느 페이지를 교체할 것인가를 결정하는데, 교체 알고리즘을 통해 효과적으로 교체를 수행할 때 성능을 보장받을 수 있다.

일반적으로 가상기억장치 등에서 사용하는 교체 알고리즘인 FIFO, LRU, LFU 등의 알고리즘을 동일하게 사용한다.

참고자료

김경복. 2012. 『핵심 컴퓨터구조』. 한올출판사.
삼성SDS 기술사회. 2010. 『핵심 정보통신기술 총서』. 도서출판 한울.

기출문제

53회 응용   Cache Memory (10점)
63회 응용   Cache Memory의 Mapping방법을 기술하시오. (25점)
101회 응용   캐시메모리의 쓰기정책(Write Policy)에 설명하시오. (25점)

F-3

캐시기억장치의 구조와
캐시 일관성

———

캐시기억장치를 CPU의 내부에 포함시킨 것을 온-칩(On-Chip), CPU 외부에 둔 것을 오프-칩(Off-Chip)이라고 한다. 오프-칩장치는 외부 버스로 CPU에 접근하지만, 온-칩장치는 내부 동작으로만 CPU에 접근하여 CPU의 외부 활동을 줄이고 실행 시간을 가속시켜 성능을 높여준다.

1 단일 프로세서의 캐시기억장치 구조

초기에는 시스템별로 하나의 캐시기억장치를 가지고 있었으나, 기술이 발전할수록 캐시기억장치도 계층구조로 구성되거나, 기능별로 분리되어 다수의 캐시를 사용하는 것이 보편적인 방식이 되었다. 또한 최신 고성능 컴퓨터의 단일프로세서에서는 발전된 집적회로 기술을 활용해서 캐시기억장치를 중앙처리장치 내부에 포함시킨 온-칩 캐시기억장치와 중앙처리장치 외부에 위치한 캐시기억장치를 동시에 포함한 계층적 캐시기억장치 구조를 가지고 있으며 이러한 캐시기억장치는 기능별 또는 용도별로 분리되어 사용된다.

1.1 계층적 캐시기억장치

계층적 캐시기억장치hierarchical cache 는 중앙처리장치에서부터 주기억장치에 이르는 경로에 복수의 캐시를 다단계로 구성하는 캐시기억장치이다. 예를 들어 중앙처리장치에 있는 온-칩 캐시기억장치를 1차 캐시기억장치로 사용하고 중앙처리장치의 외부에 더 큰 용량의 오프-칩 캐시기억장치를 2차 캐시기억장치로 설치하는 경우는 두 개의 수준level으로 구성된 계층적 캐시기억장치를 구성한 사례이다. 이보다 더 많은 수준으로 계층적 캐시기억장치를 구성할 수도 있다. 계층적 캐시기억장치는 이와 같이 여러 수준으로 캐시를 구성하므로 멀티 레벨 캐시mulit-level cache라고도 한다.

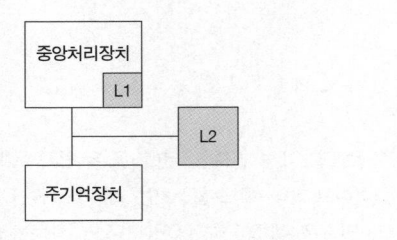

멀티 레벨 캐시의 예를 하나 더 들어보자. 인텔 아이테니엄itanium 프로세서의 캐시기억장치는 세 개의 수준으로 계층적 캐시기억장치를 구성한다. 중앙처리장치 내부에 1차, 2차 캐시기억장치를 구성하고, 중앙처리장치 외부에 3차 캐시기억장치를 구성하며, 이때, 1차 캐시기억장치를 1레벨 캐시1st-level cache, 2차 캐시기억장치를 2레벨 캐시2nd-level cache, 3차 캐시기억장치를 3레벨 캐시3rd-level cache라고 하고, 이를 줄여서 L1 캐시, L2 캐시, L3 캐시라고 한다.

예로 든 계층적 캐시기억장치의 구성에서 볼 수 있듯이 L1 캐시만 중앙처리장치 내부의 온-칩 캐시로 구성하고, 반드시 L2 캐시는 중앙처리장치 외부의 오프-칩 캐시로 구성해야 하는 규칙이 있는 것은 아니다. 중앙처리장치의 메모리 아키텍처에서 캐시 수준을 정의한 것에 따라 L2 캐시를 온-칩으로 구성할지 오프-칩으로 구성할지에 따라 달라질 수 있다. 다만, 통상적으로 중앙처리장치에 근접한 캐시일수록, 저수준의 레벨 값을 갖고, 중앙처리장치에서 멀어지고, 주기억장치에서 근접한 캐시일수록 고수준의 레벨 값을 가진다.

이렇듯 한 시스템에 하나의 캐시를 두어도 되지만, 군이 여러 캐시를 이용해서 캐시에 수준을 부여하고 캐시의 물리적 위치를 달리하여 구성하는 계층적 캐시기억장치의 원리나 필요성, 효용 등을 살펴보기 위해 L1 캐시와

F · 캐시기억장치

L2 캐시로 두 개의 수준으로 구성된 간단한 형태의 계층적 캐시기억장치 기준으로 간략하게 설명하자면 아래와 같다(참고로, 상용 프로세서 중 시스템 클록은 거의 같은데 상대적으로 저렴한 CPU는 L2 캐시 등을 제외하여 생산 원가를 절감한 제품들인 경우가 있다. 즉 L2 캐시가 없으면 경우에 따라 성능 저하가 있을 수도 있지만, 기능상 하자는 없는 것으로 볼 수 있다).

계층형 캐시기억장치의 효용으로 부각되는 내용 중 하나는 캐시 쓰기 정책과 관련되어 생각해볼 수 있는데, 그 내용을 살펴보자면 캐시 쓰기 정책에는 즉시 쓰기와 나중 쓰기가 있고, 이 정책들 중에서 즉시 쓰기 정책은 캐시 불일치 문제를 다루는 것이 좀 수월하지만 빈번하게 발생하면 성능 저하의 우려가 있고, 나중 쓰기 정책은 성능 저하 문제를 해결하지만, 캐시 불일치 문제를 다루는 것이 좀 복잡한 정책이다. 이 두 가지 방식의 장점을 혼합한 예로 앞에서 소개한 인텔 아이테니엄 프로세서의 캐시기억장치에서는 L1 캐시는 즉시 쓰기 정책을 적용하고, L2 캐시는 나중 쓰기 정책을 적용하여 캐시 불일치 문제와 캐시 성능 저하를 효율적으로 해결하였다.

여기서 L1 캐시에 즉시 쓰기 정책을 적용하기 위해서 L1 캐시와 중앙처리장치의 레지스터와 정보 교환이 고속으로 이루어져야 하므로 L1 캐시를 온-칩으로 구성해야 하는데, 중앙처리장치의 한정된 공간에 수많은 부품들이 포함되므로 온-칩 캐시기억장치 L1 캐시의 크기는 제한된다. 대신 중앙처리장치 외부에 위치하는 L2 캐시는 더 많은 용량을 가질 수 있어, 주기억장치의 내용 일부가 저장되고, L1은 L2의 일부를 저장하게 한다.

계층적 캐시기억장치에서는 L1을 검사해 원하는 정보가 없으면 L2를 검사하고, L2에도 원하는 정보가 없으면 주기억장치를 조사한다.

L1 캐시기억장치의 속도는 빠르지만 용량이 작기 때문에 적중률이 L2에 비해 낮다. 계층적 캐시기억장치의 구조에서 평균 기억장치의 접근시간은 각각의 캐시기억장치에 캐시 적중률을 곱하여 구한다.

1.2 캐시기억장치의 통합과 분리

초창기 온-칩 캐시기억장치는 데이터와 명령어를 모두 저장하는 통합 캐시 형태였다. 통합 캐시는 명령어와 데이터 간의 균형을 자동으로 유지해주기 때문에 분리 캐시보다 적중률이 더 높은 장점이 있다. 하지만 최신 캐시기억장치의 설계는 용도별, 기능별로 분리된 캐시기억장치를 사용하는 경향으로 흐른다.

　분리 캐시기억장치는 명령어만 저장하는 명령어 캐시기억장치와 데이터만 저장하는 데이터 캐시기억장치로 분리하여 2개의 온-칩 캐시기억장치를 두는 형태이다. 특히 여러 개의 명령어들이 동시에 실행되는 고성능 프로세서에서는 이러한 경향이 뚜렷하다. 분리 캐시기억장치의 장점은 명령어 인출과 명령어 실행 간 캐시기억장치의 충돌이 발생하지 않는다는 것이다.

2 멀티프로세서의 캐시기억장치 구조

컴퓨터 시스템에 여러 개의 CPU를 장착하여 처리 성능을 향상시키는 시스템을 멀티프로세서 시스템이라고 한다. 이로 인해 주기억장치, CPU 내의 캐시기억장치들 사이에서 데이터의 불일치 현상이 발생하게 된다. 이러한 데이터의 불일치 현상은 프로그램이 올바르게 동작하지 않는 원인이 된다. 이러한 현상과 해결 방법에 집중해서 알아보기 위해 캐시기억장치가 CPU당 하나씩 있는 단순한 경우를 가정하여 각각의 내용을 간략하게 살펴본다.

2.1 불일치 현상

불일치 현상은 멀티프로세서 시스템에서 캐시가 여러 개 존재하는 경우 각 캐시 간에 데이터가 서로 다른 현상으로 즉시 쓰기 방식, 나중 쓰기 방식에서 발생할 수 있다.

　우선 즉시 쓰기 방식에서 불일치가 발생하는 경우를 살펴보자. 멀티프로세서 시스템에서 즉시 쓰기 정책을 적용하는 경우 여러 개의 CPU와 주기억장치가 동일한 데이터를 가지고 있다가, 1개의 CPU에서 즉시 쓰기가 발생하면 해당 CPU와 주기억장치에만 변경이 반영되고 나머지 CPU에는 변경이 반영되지 않는 불일치가 발생한다.

　CPU 1과 CPU 2는 주기억장치에서 D라는 데이터를 읽어오면 CPU 1, CPU 2, 주기억장치는 D라는 동일한 데이터를 갖게 된다. CPU 1이 프로그램을 실행하여 D라는 데이터를 X로 수정하게 되면 CPU 1에 속한 캐시기억장치는 데이터를 X로 변경하고 즉시 쓰기 정책에 따라 주기억장치에도 수정된 데이터인 X를 저장하게 된다. 이 경우 CPU 1에 속한 캐시기억장치와 주기억장치의 데이터는 X로 수정이 되지만 CPU 2에 속한 캐시기억장치는 D라는 유효하지 않은 데이터를 가진 상태로 남아 있게 되기 때문에 데이터의 불일치가 발생하게 된다.

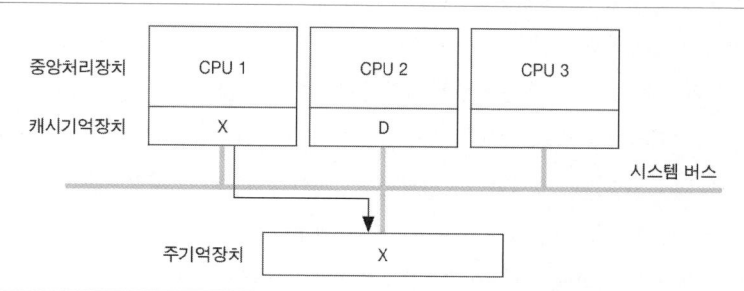

나중 쓰기 방식은 CPU 1이 프로그램을 실행하여 D라는 데이터를 X로 수정하면 나중 쓰기 정책에 의해 CPU 1에 속한 캐시기억장치에는 수정된 데이터 X가 저장된다. 주기억장치와 CPU 2에 속한 캐시기억장치는 CPU 1에 속한 캐시기억장치에서 갱신된 X라는 데이터를 공유하지 못한 채, 유효하지 못한 D라는 데이터를 가진 상태로 남아 있게 되기 때문에 데이터의 불일치가 발생한다.

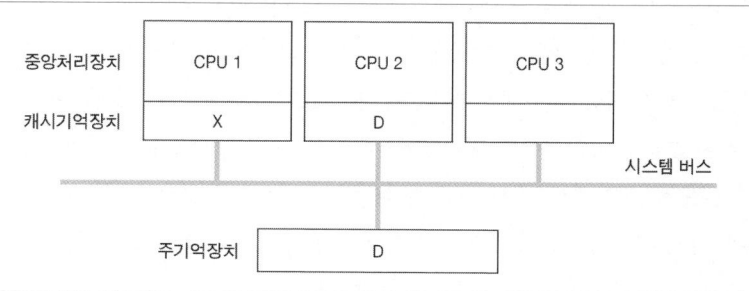

2.2 캐시기억장치의 데이터 일관성 유지 방법

캐시기억장치의 데이터 일관성을 유지하는 방법은 공유 캐시기억장치 사용, 공유 변수를 캐시기억장치에 저장하지 않는 방법, 버스 감시 시스템을 사용하는 방법이 있다.

공유 캐시기억장치를 사용하는 방법은 가장 간단한 방법으로 다수의 프로세서가 하나의 캐시기억장치만을 공유하는 것이다. 캐시의 데이터들을 항상 일관성 있게 유지하는 장점이 있으나 다중 프로세서가 동시에 캐시에 접근하면 프로세서 간의 충돌이 발생한다. 또한 온-칩 캐시기억장치의 CPU의 외부 활동을 줄여 실행 시간을 가속시키고 전체 시스템 성능을 높인다는 원칙에 위배되는 단점을 가지게 된다.

공유 변수를 캐시기억장치에 저장하지 않는 방법은 수정 가능한 데이터는 캐시기억장치에 저장하지 않는 방법이다. 수정될 데이터는 캐시에 저장하지 않고 주기억장치에 바로 저장한다. 캐시기억장치에 저장 가능한지 저장 불가능한지를 사용자가 선택하여 선언해주어야 하는 단점이 있다.

버스 감시 시스템을 사용하는 방법은 감시 기능을 가진 장비를 시스템 버스 상에 추가로 설치하는 방법이다. 한 캐시가 데이터를 수정하면 그 정보를 다른 캐시와 주기억장치에 전달한다. 시스템 버스에 통신량이 증가하는 단점이 있다.

따라서 각 방법의 단점을 해결하기 위해서 CPU마다 하나씩 두는 캐시기억장치로는 한계점이 있으므로 현실적으로 계층적 캐시기억장치를 구성하여 복합적인 방법으로 캐시 불일치 문제를 해결하고 있다. 예를 들어 인텔 아이테니엄의 캐시기억장치는 L1 캐시는 CPU 프로세서마다 하나씩 온-칩으로 구성하고, 같은 칩 내부에 공유 캐시로 한 개의 L2 캐시를 온-칩으로 구성하며, L1 캐시의 쓰기 정책으로 직접 쓰기 정책을 적용함으로서, CPU 프로세서가 직접 공유 캐시에 접근하지는 않고, L1 캐시를 통해서 접근하므로 프로세서 간의 충돌은 회피하면서도 직접 쓰기 정책을 통해 결과적으로 프로세스 간의 갱신 내용이 L2 캐시를 통해 공유되는 효과를 얻을 수 있어서, 캐시 불일치 문제를 해결하기 위해 공유 캐시 방법을 적용할 때, 계층적 캐시기억장치를 통해 성능 저하 없이 해결하는 사례로 볼 수 있다.

3 캐시 일관성 cache coherence

캐시기억장치의 일관성은 다중 프로세서 시스템에서 공유 데이터가 여러 프로세서의 캐시에 복사본으로 존재하는 상황에서 여러 캐시와 주기억장치에 저장된 데이터 간에 일관성을 유지해주는 기술이다. 일반적으로 데이터 불일치는 변경 가능한 데이터의 공유sharing of writable data, 입출력 동작I/O activity, 프로세스 이주process migration 등이 원인이 될 수 있다.

캐시기억장치의 일관성을 유지하는 방법은 다음과 같다.

3.1 공유 캐시 사용 방법

공유 캐시를 사용하는 방법이다. 모든 프로세서들이 하나의 캐시를 공유하게 하는 방법으로, 동시에 접근할 수 있도록 여러 개의 모듈들로 구성하여 일관성을 유지한다. 하지만 프로세서 간의 캐시 접근 충돌이 빈번하게 발생하여 성능이 저하될 수 있고, 모든 입출력 명령이 공유 캐시를 경유해야 하는 단점이 있다.

3.2 공유 변수 주기억장치 사용 방법

공유 변수를 캐시에 저장하지 않는 방법이다. 변경 가능한 공유 데이터는 주기억장치에만 저장하여 잠금lock 변수처리, 프로세스 큐와 같은 공유 데이터 구조를 제공하여 데이터를 보호한다. 이 방법은 사용자와 컴파일러에게 투명하지 않으며, 컴파일러가 각 데이터에 태그tag를 붙여야 하고 검색할 수 있는 하드웨어가 필요하며, 블록에 있는 일반 데이터를 캐시에 저장하는 것이 불가능한 단점이 있다.

3.3 잠금 변수 주기억장치 사용 방법

잠금 변수들을 캐시에 저장하지 않는 방법이다. 잠금 변수는 주기억장치에만 저장하고, 캐시 플러시flush를 적용하여, 임계 영역에서 변경한 공유 데이터는 주기억장치도 갱신하고, 다른 캐시에 있는 복사본을 무효화시킨다. 이 방법도 전체 캐시의 플러시가 필요하고, 임계 영역 내에서 접근된 데이터의 변경 여부를 표현하는 태그를 붙여주어야 하며, I/O 동작의 수행 전에 캐시 플러시를 시켜야 함에 따라 적은 용량의 캐시 시스템에 적용해야 하는 단점이 있다.

3.4 디렉터리 프로토콜 사용 방법

디렉터리 기반 캐시 일관성 유지 프로토콜을 적용하는 방법이다. 캐시의 전역 정보 상태를 디렉터리에 저장해 데이터 일관성을 유지한다.

　일반적인 다중 프로세서에서 디렉터리를 메모리나 캐시에 적용할 수 있다. 전체 사상 디렉터리full map directory는 데이터에 대한 디렉터리를 주기억장치에 저장하여 데이터 블록에 대한 복사본을 지닌 캐시를 가리키는 포인터와 상태를 관리한다.

　전체 사상 디렉터리에 적용하며 기억장치에 부담을 줌에 따라 캐시의 수나 포인터를 작게 유지하는 리미티드 디렉터리 limited directory 방법을 적용하기도 한다. 캐시 디렉터리cache directory는 디렉터리 포인터를 링크된 리스트 linked list로 연결하는 방법으로 캐시에는 디렉터리 정보를 저장하고 주기억장치에는 리스트 헤더를 저장한다.

일반 다중 프로세서(multiprocessor)

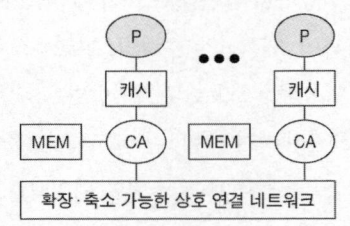

디렉터리 기반 다중 프로세서

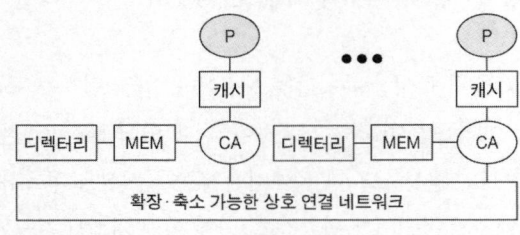

3.5 버스 감시 프로토콜 사용 방법

버스 감시 프로토콜snoopy bus protocol을 이용하는 방법이다. 데이터 일관성을
유지하기 위해 버스 감시 기능을 가진 하드웨어를 추가하여 다른 프로세서
에 의한 버스 상의 기억장치 접근 주소를 검사하고 그 결과에 따라 자신의
캐시 블록 상태를 조정하는 하드웨어 모듈로, 각 캐시 블록들은 상태 비트
를 가지며 상태의 수와 종류는 쓰기 방식 및 일관성 유지 프로토콜에 따라
달라진다.

3.5.1 멀티프로세서 환경에서 즉시 쓰기 일관성 유지 프로토콜
스누프snoop 제어기가 시스템 버스 상의 쓰기 동작만 감시하며 주기억장치
에 대한 쓰기 동작의 주소가 자신의 캐시에 있는지 검사하고, 존재하면 그
블록을 무효화시킨다. 캐시 상태는 유효상태V: Valid (캐시 내용과 주기억장치의
내용이 같음), 무효상태I: Invalid (캐시 내용과 주기억장치의 내용이 다름)가 있다.

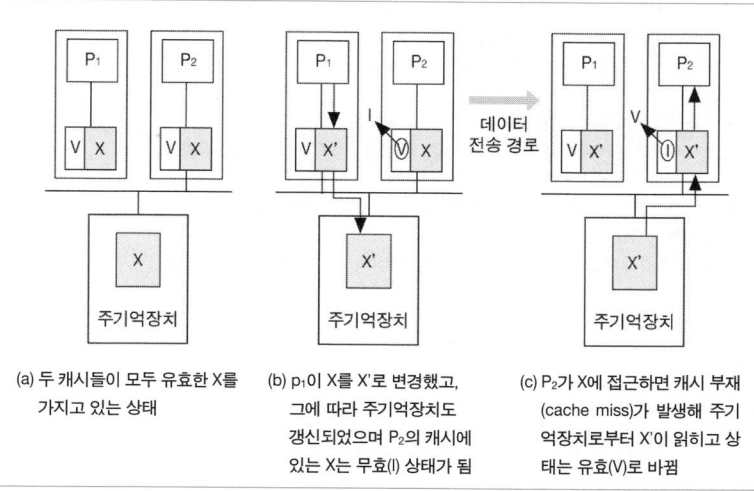

(a) 두 캐시들이 모두 유효한 X를 가지고 있는 상태

(b) p₁이 X를 X'로 변경했고, 그에 따라 주기억장치도 갱신되었으며 P₂의 캐시에 있는 X는 무효(I) 상태가 됨

(c) P₂가 X에 접근하면 캐시 부재(cache miss)가 발생해 주기억장치로부터 X'이 읽히고 상태는 유효(V)로 바뀜

3.5.2 멀티프로세서 환경에서 나중 쓰기 일관성 유지 프로토콜
나중 쓰기 일관성 유지 프로토콜은 프로세서가 캐시의 데이터를 변경했을
때 주기억장치 내용은 갱신되지 않는다. 즉, 변경된 캐시의 스누프 제어기
가 다른 스누프 제어기들에 변경 사실의 통보만 수행한다.

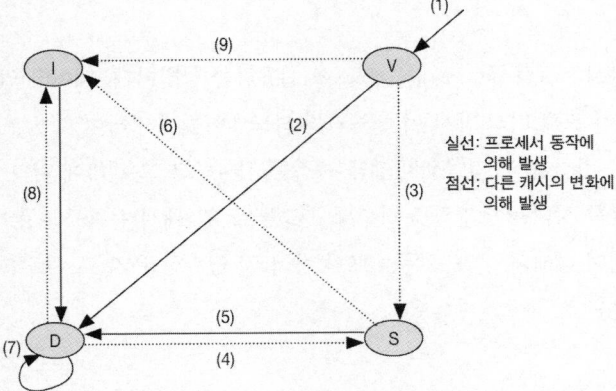

실선: 프로세서 동작에
        의해 발생
점선: 다른 캐시의 변화에
        의해 발생

수정(D: Deviation) 상태: 프로세서 동작에 의해 데이터가 수정된 상태
배타(V: Valid) 상태: 유일한 복사본이고, 주기억장치의 내용과 동일한 상태
공유(S: Shared) 상태: 데이터가 두 개 이상의 프로세서 캐시에 적재되어 있는 상태
무효(I: Invalid) 상태: 데이터가 다른 프로세서에 의해 수정되어 무효가 된 상태

(1) 읽기 부재(read miss): 캐시에 없어 주기억장치에서 읽어옴.
(2) 데이터가 변경될 때: 프로세서가 자신의 캐시 데이터를 변경.
(3) 데이터가 공유될 때 1: 캐시 데이터를 다른 캐시에 전달(주기억장치 변경되지 않음).
(4) 데이터가 공유될 때 2: 변경된 데이터 다른 캐시에 전달(주기억장치 변경).
(5) 공유 상태의 데이터가 변경될 때: 공유에서 변경 데이터로 상태 변경.
(6) 공유 상태의 데이터가 변경될 때: 다른 캐시의 데이터를 무효화.
(7) 변경 데이터가 다시 변경될 때.
(8) I 상태의 데이터를 변경할 때: I → D, D → I 상태가 됨.
(9) 쓰기 부재: 캐시 데이터를 다른 캐시에 전달하려 하는데 프로세서 변경에 의해 변경되어 있음.

※ 많은 캐시 일관성 프로토콜이 존재하며, 어떤 프로토콜을 사용할 것인가는 다중 프로세서 시스템 환경
   에 따라 결정해야 함.
※ 프로토콜은 교착 상태(deadlock), 라이브 록(livelock), 기아 상태(starvation)가 발생하지 않도록 구현.

3.5.3 즉시 캐시 상태(일리노이 프로토콜의 경우)

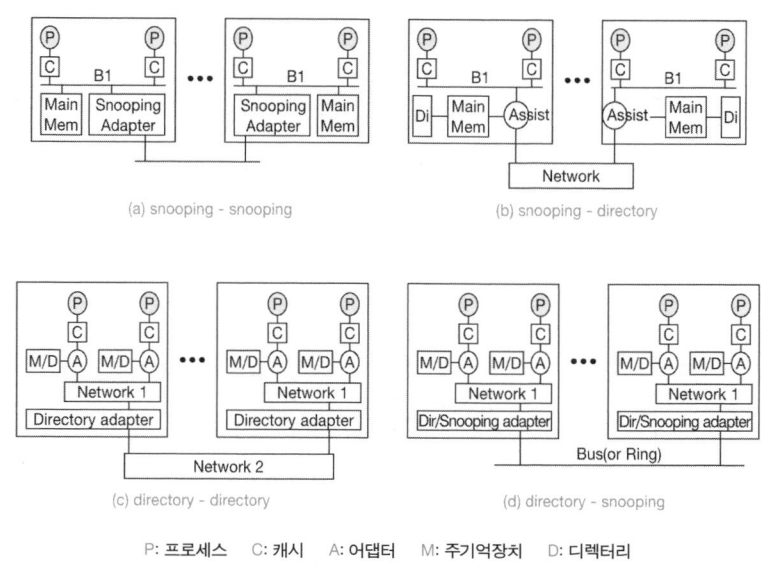

(a) snooping - snooping

(b) snooping - directory

(c) directory - directory

(d) directory - snooping

P: 프로세스   C: 캐시   A: 어댑터   M: 주기억장치   D: 디렉터리

📄 참고자료

삼성SDS 기술사회. 2010. 『핵심 정보통신기술 총서』. 도서출판 한울.

윤승은. 2008. 『정보통신용어사전』. 일진사.

Computer

Architecture

G

보조기억장치

—

G-1

보조기억장치

보조기억장치는 저속으로 동작하지만 대용량의 데이터를 저장할 수 있다. 따라서 주기억장치의 저장 용량 부족을 보완하며, 비휘발성 특징을 이용해 데이터를 반영구적으로 저장하는 기억장치이다. 대표적인 보조기억장치는 하드디스크, 플로피디스크, CD, DVD, 플래시 기억장치 등이 있다.

1 보조기억장치

보조기억장치란 주기억장치의 기억용량을 보조하는 기억장치로 주로 현재 중앙처리장치에서 사용하지 않는 자료를 저장하기 때문에 2차 기억장치라고도 한다. 기억장치의 계층적 구조에서 가장 하위 단계에 위치하며 동작 속도는 저속이고 저장 단위당 가격이 저렴하고, 외장형으로 연결이 가능하여 물리적 크기 제약이 거의 없어서, 많은 양의 데이터를 저장하기에 적합하다. 보조기억장치는 별도의 버스 케이블이나 입출력장치를 통해서 주 회로기판에 연결된다.

보조기억장치는 접근 방법(순차적 접근, 직접 접근), 컴퓨터 규모(중대형, 개인용)에 따라 분류할 수 있다.

순차적 접근 방법은 데이터가 저장되는 순서에 따라 접근 순서가 결정되며, 접근시간은 데이터의 저장 위치에 따라 다르다. 대표적인 장치로는 자기테이프와 카세트테이프가 있다.

직접 접근 방법은 원하는 데이터가 저장된 기억 장소 근처로 이동한 다음, 순차적 검색을 통해서 원하는 데이터에 접근하는 방법이다. 접근시간은 원하는 데이터의 위치와 이전 접근 위치에 따라 결정된다. 하드디스크, 플로피디스크, CD-ROM, DVD 등이 있다.

중대형 컴퓨터 보조기억장치에는 자기테이프 장치, 자기디스크 장치, 자기드럼 장치, 자기카드 장치 등이 있다. 개인용 컴퓨터 보조기억장치에는 플로피디스크, 하드디스크, CD-ROM, CD-RW, DVD가 있다.

2 보조기억장치의 평가 기준

보조기억장치의 성능을 평가하는 요소들은 저장 용량, 접근 속도, 전송률, 크기, 분리 여부, 비용 등이 있다. 저장 용량은 보조기억장치의 가장 중요한 성능 평가 요소이다. 고용량 저장장치는 복잡한 프로그램과 거대한 데이터베이스를 저장할 수 있지만, 용량이 커지면 가격도 상승한다. 접근 속도는 기억장치에서 데이터를 판독/기록하는 데 걸리는 시간이다. 접근 속도는 밀리초로 측정되며, 기억장치 계층구조에서와 같이 하드디스크는 플로피디스크보다 빠르고 자기디스크는 자기테이프보다 빠르다. 전송률은 데이터가 인출되어 주기억장치로 전송되는 데 걸리는 시간을 나타낸다. 크기에 따라 저장 용량에 영향을 받을 수 있어 너무 작은 크기에서는 많은 데이터를 저장할 수 없다(최근 다양한 휴대용 디지털기기에서 소형의 보조기억장치가 필요하다). 분리 여부는 이동성과 여러 컴퓨터에 장착할 수 있는지 여부이다. 마지막으로 비용 면에서 저장 용량에 비해 비용이 저렴한 편이다. 접근 속도가 빠를수록 가격도 높아진다.

참고자료

삼성SDS 기술사회. 2010. 『핵심 정보통신기술 총서』. 도서출판 한울.

윤승은. 2008. 『정보통신용어사전』. 일진사.

기출문제

51회 응용 최근 다양한 분야에서 기존의 HDD를 대체하여 SSD가 빠르게 보급되고 있다. SSD의 핵심 기술 요소인 다음을 설명하시오. (25점)

가. FTL(Flash Translation Layer)

나. Wear Leveling

다. Garbage Collection

84회 응용 차세대 저장장치인

가. SSD(Solid State Disk)

나. MEMS(Micro Electro Mechanical System)

다. H-HDD(Hybrid Hard Disk Drive)에 대해 기술하시오. (25점)

92회 응용 SSD(Solid-State Drive)와 HDD(Hard-Disk Drive)의 차이점을 비교 설명하시오. (25점)

보조기억장치 유형

대용량 시스템은 막대한 양의 데이터를 안전하게 저장할 수 있도록 오류 제어장치와 백업 기능을 갖는 것이 일반적이다. 최근에는 이동성이 좋고 고속의 소용량 기억장치가 사용된다. RAID와 급속하게 보급되고 있는 플래시 기억장치를 알아본다.

1 RAID Redundant Array of Independent Disks

RAID는 보조기억장치의 저장 용량도 늘리고 성능과 기능을 향상하기 위해 여러 개의 보조기억장치를 병렬로 연결하여 사용하는 기술로 다수의 작은 디스크를 배열로 결합해 하나의 패키지로 밀봉한 디스크 유닛disk unit으로 장애 발생 요인을 최대로 제거한 고성능의 무정지 저장장치이며 접근 속도 향상 및 결함 허용도를 향상시킨 저장장치이다.

RAID의 주요 특징은 첫째, 디스크 장애 시에도 시스템 정지 없이 새로운 디스크로 교체해hot-swap 원래의 데이터를 복구하여 온라인 서비스on-line service를 지속할 수 있다. 둘째, 여러 개의 디스크를 하나의 커다란 가상 디스크virtual disk로 구성해 대용량 저장장치로 사용한다. 셋째, 다수의 하드디스크에 데이터를 분할 Read/Write하여 병렬 전송함으로써 전체적인 데이터 전송 속도를 향상시킨다. 마지막으로 이중 호스트 인터페이스dual host interface로 1대 이상의 호스트를 접속해 경제적 데이터 관리와 장애 발생 요인을 최대로 줄일 수 있는 특징이 있다.

RAID 구현 방식에는 RAID-0, RAID-1, RAID-2, RAID-3, RAID-4, RAID-5, RAID 10(1+0 또는 0+1) 등이 있다.

1.1 RAID-0

RAID-0 스트라이핑striping은 디스크 스트라이핑disk striping을 이용하는 디스크 배열로 가용성 향상을 위한 여유도 또는 중복성redundancy이 없다. 배열 내의 모든 디스크들에 데이터를 분산 저장하고 디스크가 스트라이프stripe 단위로 나누어진다. 스트라이프 크기stripe size는 스트라이프 깊이stripe depth 와 스트라이프 너비stripe width를 곱한 결과 값이며 하나의 스트라이프에 저장될 수 있는 데이터 크기를 의미한다. 빠른 입출력 속도가 요구되나 장애 복구 능력은 필요 없는 경우에 적합하며, 배열 관리 소프트웨어array management software 필요가 필요하다.

RAID-0의 장점은 원하는 블록들이 서로 다른 디스크에 저장되어 있는 경우 입출력 요구들의 병렬처리가 가능해 입출력 큐잉 시간I/O queuing time을 감소시킬 수 있고, 논리적으로 연속되어 있는 스트라이프들에 입출력 요구들이 동시에 발생한 경우 N개의 스트라이프를 병렬로 접근할 수 있어 입출력 전송 시간이 감소된다.

단점은 빠른 입출력이 가능하도록 여러 드라이브에 데이터가 분산되고 패리티 정보를 기록하지 않기 때문에 성능은 매우 뛰어나지만, 어느 한 드라이브에서 장애가 발생하게 되면 데이터는 손실되므로 데이터 안정성이 요구되는 대부분의 시스템에서는 단독적으로 적용하기 어려운 RAID 레벨이다.

1.2 RAID-1

RAID-1 미러mirror는 디스크 미러링disk mirroring 원리를 이용하며 데이터를 2개의 디스크에 중복 저장하는 방법이다.

데이터가 중복 저장되어 있으므로 디스크 1개에 장애가 발생해도 데이터를 읽고 쓰는 데 지장 없이 서비스 가능하고, RAID-1은 한 드라이브에 기록되는 모든 데이터를 다른 드라이브에 복사copy하는 방법을 통해 데이터 복구 능력을 제공한다.

블록	디스크 0	디스크 1	디스크 2	디스크 3
0	D0	D0	D1	D1
1	D2	D2	D3	D3
2	D4	D4	D5	D5
3	D6	D6	D7	D7
4	D8	D8	D9	D9

하나의 드라이브를 사용하는 것에 비해 읽을read 때에는 좀 더 빠르며 쓸 write 때에는 약간 느리다. 읽을read 때에는 2개의 볼륨volume 중에서 입출력이 적은 볼륨volume에서 읽기read 작업을 수행한다.

RAID-1의 장점은 RAID 레벨 중 최고의 안정성을 제공하는 높은 신뢰성 과 단순한 미러링 제공 방식으로 구축이 용이하다는 것이다. 단점은 용량의 절반만 사용할 수 있으므로 디스크 구매 비용이 높다. 다른 RAID 레벨이 비용 효율성에 초점을 맞춘 것과는 달리 안정성을 중시한 방식이다.

1.3 RAID-2

레벨 0의 병렬 접속 기술을 사용하며, 여분의 디스크를 추가하여 오류 검사 를 통해 신뢰성을 높인 방법이다.

볼륨 1	볼륨 2	볼륨 3	볼륨 4	볼륨 1	볼륨 2	볼륨 3
디스크 스크립 0	디스크 스크립 1	디스크 스크립 2	디스크 스크립 3			
디스크 스크립 4	디스크 스크립 5	디스크 스크립 6	디스크 스크립 7			
디스크 스크립 8	디스크 스크립 9	디스크 스크립 10	디스크 스크립 11	P1	P2	P3
디스크 스크립 12	디스크 스크립 13	디스크 스크립 14	디스크 스크립 15			
디스크 스크립 16	디스크 스크립 17	디스크 스크립 18	디스크 스크립 19			

| 데이터 디스크 | 검사 디스크(패리티 비트) |

4개의 볼륨 구성에 3개의 볼륨을 추가한 구조이다. 3개의 볼륨이 추가된 이유는 패리티 정보가 각 데이터 볼륨에 대응되는 비트에 대해 계산되기 때문이다. 패리티 정보는 해밍 코드를 사용하기 때문에 단일 비트 오류에

대해 검출과 수정이 가능하고, 2비트의 오류에 대해서는 검출만 가능하다. 레벨 1에 비해 적은 수의 볼륨을 사용하지만 볼륨에 대한 비용이 많이 들어간다. 추가로 필요한 볼륨의 수는 데이터가 저장되는 볼륨 수보다 1만큼 작다.

1.4 RAID-3

RAID-2에서 오류 검출에 사용할 패리티 정보를 저장하기 위해 필요한 볼륨의 개수는 일반 데이터가 저장되는 볼륨의 개수에서 -1이다. RAID-3에서는 추가 볼륨의 단점을 조금 더 개선하여, 오직 1개의 볼륨만으로 패리티 정보를 저장할 수 있어 볼륨 추가 비용이 적게 든다. 만약 각 볼륨의 동일한 위치에서 동시에 오류가 발생하거나 고장이 날 경우 복구하기가 어렵다는 단점이 있지만, 최근 출시되는 디스크의 성능이 우수해서 동시의 오류나 고장이 나는 경우는 아주 드물다

　매 쓰기 동작마다 패리티 비트parity bit를 갱신해야 하므로 병목 현상 발생하고, 해밍 코드 대신 패리티 체크parity check 방식을 사용하므로 Raid-2 레벨에 비해 과부하가 낮지만, 전용으로 설계된 하드웨어를 필요로 하므로 실무에 거의 사용되지 않는다.

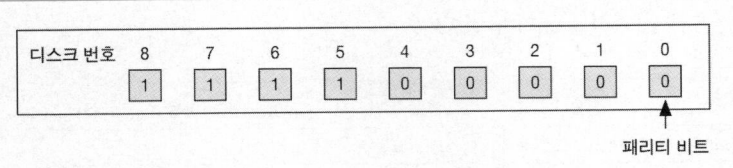

1.5 RAID-4

RAID-3은 바이트 단위로 데이터를 분할하고 패리티 정보를 계산하지만, RAID-4는 미리 정해진 블록 단위로 데이터를 분할하고 패리티를 계산한다. 블록 단위로 데이터를 처리하기 때문에 RAID-3보다 좀 더 향상된 성능을 가진다. 독립적인 입출력 요구들을 병렬로 처리할 수 있다. 이 접근 방식은 RAID-4부터 RAID-6까지 적용된다. 그러나 RAID-4는 데이터 볼륨들에만

독립 접근이 가능하고 패리티 디스크에 대해서는 병목현상이 발생한다.

블록	디스크 0	디스크 1	디스크 2	디스크 3
0	D0	D1	D2	P0-2
1	D3	D4	D5	P3-5
2	D6	D7	D8	P6-8
3	D9	D10	D11	P9-11

RAID-4 배열은 읽기read 수행 중일 때 동시 접근을 통해 레벨 0에 필적하는 매우 우수한 성능을 보이나, 쓰기write 때는 매번 패리티 정보를 갱신하기 때문에 추가 시간 필요하다. 장애 복구 능력이 요구되거나 빠른 판독 속도가 필요한 경우에 사용되며 다량의 데이터 전송이 요구되는 CAD나 이미지 작업에 적합하고, 쓰기write 입출력이 집중되는 데이터 입력, 과학 계산, 엔지니어링 응용 프로그램application 에 부적합하다.

1.6 RAID-5

RAID-4에서는 패리티 디스크들이 동일 볼륨에 속해 있기 때문에 데이터의 변화가 빈번한 경우 패리티 디스크 볼륨은 큰 부하를 받게 된다. 레벨 5에서는 패리티 비트를 저장하는 볼륨은 별도로 설치하지 않고 데이터를 저장하는 볼륨에 패리티 비트를 분산하여 저장한다. 레벨 4와 동일한 볼륨의 수가 필요하다. 따라서 N개의 데이터 볼륨을 필요로 하는 경우 RAID-5는 N+1개의 볼륨을 필요로 한다. 결과적으로 RAID-5 방식은 모든 패리티 비트들을 볼륨에 라운드 로빈round robin 형식으로 분산 저장함으로써 패리티 볼륨에 대한 병목현상을 방지한다. 레벨 5는 용량과 비용을 중요시하는 응용 환경에서 적합하다. 따라서 가격과 성능 측면으로 보면 RAID-5가 더 우수하다.

패리티를 담당하는 디스크가 병목현상을 일으키지 않기 때문에 레벨 5는 다중 프로세스 시스템에서와 같이 작고 잦은 데이터 기록이 있을 경우 더 빠르고, 읽기read 만 할 경우 각 드라이브에서 패리티 정보를 건너뛰어야 하기 때문에 레벨 4 시스템보다 느릴 수 있으나 전반적으로 읽기read 성능 우수하며, 쓰기write 시 패리티 데이터parity data 생성으로 인해 다소 성능 저하될 수 있다. 장애 발생 시 패리티에 의한 데이터 재생성으로 입출력 처리를 하므로 성능 저하가 발생한다.

블록	디스크 0	디스크 1	디스크 2	디스크 3
0	D0	D1	D2	P0-2
1	D3	D4	P3-5	D5
2	D6	P6-8	D7	D8
3	P9-11	D9	D10	D11

1.7 RAID-10(1+0 또는 0+1)

최소 4개의 디스크가 필요하고 고성능의 입출력 및 데이터 안정성이 제공된다. RAID-0 레벨에서 데이터를 보호하지 못하는 문제점과 RAID-1 레벨에서 용량을 확장하는 데 제약이 있는 문제점을 극복한 방식으로 읽기 및 쓰기 작업이 우수하다.

RAID 1+0은 미러된 디스크를 스트라이프로 재구성해 향상된 가용성 제공하며, RAID 0+1는 스트라이프된 디스크를 미러링으로 재구성한 방식이다.

2 플래시 기억장치

최근에는 플래시 기억장치가 다양한 용도로 사용되고 있는데 저장 용량은 작지만 휴대성이 좋고 튼튼하며 속도가 비교적 빠른 기억장치이다. EEPROM의 한 종류지만 그와는 다르게 빠른 동작을 위해서 블록 단위로 접근할 수 있으며, RAM과 ROM의 중간적인 위치이다. 하드디스크보다 접근 속도가 빠를 뿐만 아니라 반도체 메모리이기 때문에 충격에 매우 강하다. 또한 전력 소모도 매우 적어서 노트북 컴퓨터에 사용할 수 있다. 가격이 고가인 것이 단점이기는 하지만, 계속해서 저렴해지고 있다. 데이터를 읽는 과정은 일반 RAM과 비슷하지만, 데이터를 기록하는 방법은 RAM과 달라서 상당히 오래 걸린다. 그리고 십만에서 백만 번 이상의 쓰기를 한 후에는 데이터를 더 이상 쓸 수 없기 때문에 주기억장치로 사용할 수 없다.

2.1 USB 기억장치

플래시 기억장치와 USB 포트가 결합한 휴대용 기억장치로 비교적 대용량의 데이터 저장이 가능한 저가의 기억장치이다. 그리고 단순 기억장치 기능 이외에 MP3 플레이어 기능을 제공할 수 있다. 최근에는 바이러스 등을 유포하는 매개체로 사용되고 있어 보안 측면에서 보완이 요구되고 있다.

2.2 기억장치 카드

흔히 메모리 카드라고 부르며 디지털 카메라, 캠코더 등의 디지털 장치에서 사용되는 저장장치를 말한다. 카드 형태로 제작된 기억장치로 디지털 장치에 탈부착이 쉽다는 장점을 갖는다. 대표적으로 SD 메모리 카드, 메모리 스틱, 그리고 CF 메모리가 있다.

SD 카드secure digital card는 휴대용 장치에 사용하기 위해 개발한 우표 크기의 플래시 메모리 카드이다. 매우 안정적이고 높은 저장 능력을 갖고 있어 디지털 제품에 사용한다. 동영상 재생 시 데이터 처리가 빠르고, 데이터 보안을 위한 암호 설정이 가능하다.

메모리 스틱은 소니sony가 자사 제품에 적용하기 위해서 개발한 소형 메모리 카드이다. 디지털 카메라, 디지털 오디오 플레이어, 휴대전화, 플레이스테이션, 휴대용 기기의 기록 미디어로 주로 사용되며, 작은 막대 모양이어서 휴대하기 간편하다.

CFCompact Flash 메모리는 작은 카드 모양의 물리 인터페이스 규격, 또는 그 규격에 따라 만든 확장 카드를 의미한다. CF 카드 또는 CF로 부르며, 2005년 기준으로 당시에 사용되던 플래시 메모리 카드 중에서 가장 크다.

참고자료

삼성SDS 기술사회. 2010.『핵심 정보통신기술 총서』. 도서출판 한울.

윤승은. 2008.『정보통신용어사전』. 일진사.

기출문제

50회 관리 데이터의 안전한 보관 및 스토리지 성능 향상을 위해 RAID 기술이 보편적으로 활용되고 있다. 600G 하드디스크 4개로 RAID-0, RAID-10, RAID-5, RAID-6를 구성했을 때 각 구성 별 디스크에 Data를 쓰는 순서를 도식화하여 표현하고 각 구성별 특징과 실제 사용 가능한 Usable Data 공간을 구하시오. (25점)

50회 응용 데이터의 가용성 확보를 위해 RAID의 사용이 일반화되어 있다. RAID 중 Parity를 이용하는 유형별 구성을 설명하고 RAID 1+0과 RAID 0+1의 구성 및 가용성의 차이를 설명하시오. (25점)

53회 응용 RAID에 대해 단계별 특성을 설명하시오. (10점)

57회 응용 RAID 도입 시 고려사항에 대해 설명하시오. (10점)

58회 응용 RAID 시스템의 종류와 특징 및 FAULT TOLERANT SYSTEM과의 차이점을 설명하시오. (25점)

59회 응용 USB(Universal Serial Bus). (10점)

62회 응용 RAID. (10점)

66회 응용 RAID의 Full Name. (10점)

66회 응용 RAID의 level별 구성 및 특징을 서술하시오. (25점)

69회 응용 RAID(Redundant Arrays of Inexpensive Disks)의 종류와 구성방식 및 고려사항에 대하여 기술하시오. (25점)

72회 응용 USB(Universal Serial Bus). (10점)

86회 관리 USB(Universal Serial Bus) 3.0에 대해 설명하시오. (10점)

86회 응용 플래시 메모리의 구조를 설명하고, NOR 플래시 메모리와 NAND 플래시 메모리의 특징을 비교하시오. (25점)

92회 응용 Flash Memory. (10점)

93회 응용 USB 보안기술 중 데이터 암복호화 처리기술, 처리방식 및 USB 관리 시스템에 대하여 설명하시오. (25점)

99회 관리 RAID 0(RAID: Redundant Array of Independent Disks)의 활용 분야와 장애율(Failure rate), 성능(Performance)에 대하여 설명하시오. (25점)

디스크 스케줄링

디스크 입출력을 대기하는 요청(디스크 큐에 대기 중인 작업)들 중에서 어느 요청을 먼저 처리하느냐에 따라 시스템 성능이 크게 좌우될 수 있다. 디스크 스케줄링은 다수의 사용자가 서로 다른 작업을 처리하기 위해 디스크 입출력을 요구할 때 좀 더 효율적으로 요청을 처리하기 위한 기법이다. 이는 저장되어 있는 공간을 읽는 디스크 헤더 장치의 기계적 이동의 효율화를 통해 데이터 검색 시간 최소화를 위한 목적으로 활용되고 있다.

1 디스크 스케줄링 disk scheduling

사용할 데이터가 디스크 상의 여러 곳에 저장되어 있을 경우 데이터에 접근하기 위해 디스크 헤드가 움직이는 경로를 결정하는 기법으로, 스케줄링하는 목적은 다음과 같다.

- 일정 시간에 디스크 입출력 요구를 서비스해주는 수를 최대화
- 단위 시간당 처리량 throughput 극대화
- 평균 응답시간 mean response time 최소화
- 어떤 요청이 있은 후 결과가 나올 때까지 걸리는 시간을 최소화
- 각 요청의 응답시간과 평균 응답시간의 편차를 최소화

2 디스크 접근시간 및 입출력 과정

디스크의 접근시간은 임의의 위치에 있는 데이터를 읽거나 쓰는 데 걸리는

시간으로 아래와 같이 표현한다.

접근시간access time = 탐색 시간seek time + 회전 지연 시간rotational delay time

+ 데이터 전송 시간data transfer time

디스크 접근시간

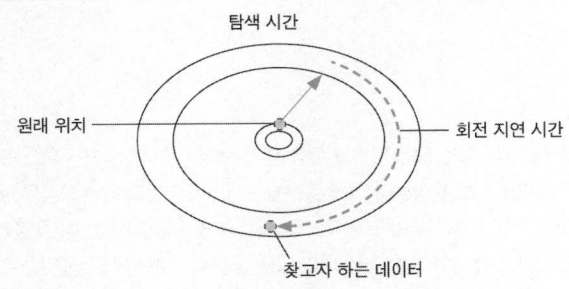

탐색 시간

원래 위치

회전 지연 시간

찾고자 하는 데이터

탐색 시간은 디스크 상의 해당 트랙으로 헤드를 이동시키는 데 걸리는 시간, 즉 디스크 헤드 장치가 해당 실린더로 이동하는 데 걸리는 시간이며, 회전 지연 시간은 해당 실린더에 헤드가 옮겨진 후 원판이 회전하면서 처리할 데이터가 있는 위치까지 오는 시간, 즉 해당 섹터가 헤드 아래로 회전해오는 데 걸리는 시간으로, 최근에는 이 시간을 줄이기 위해 한 트랙을 다 저장할 수 있는 내부 버퍼를 사용한다. 전송시간은 읽은 데이터를 주기억장치에 전송하는 데 걸리는 시간으로 디스크마다 고정된 전송 속도를 가지고 있으므로 디스크 스케줄링으로 개선할 여지가 없다.

디스크로부터의 데이터 입출력 과정은 완료될 때까지 다음 단계를 반복한다. 입출력 인터럽트가 발생할 때 수행하던 프로세스는 중단되고, 제어가 사용자 방식에서 커널kernel 방식으로 전환된다. 디스크 장치 구동기는 첫 번째 블록을 커널 버퍼에 읽어 오도록 디스크 제어기에 입출력을 요청한다. 디스크 제어기는 디스크에서 해당 블록을 읽어 온 후 커널 버퍼로 전달하고, 디스크 장치 구동기는 커널 버퍼에서 디스크 읽기를 요청한 사용자 프로세스의 기억 공간으로 데이터를 복사한다.

3 디스크 스케줄링 종류

3.1 FCFS First Come First Service

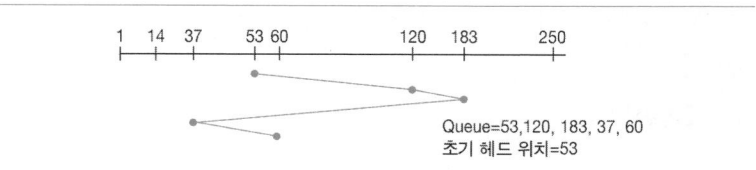

Queue=53,120, 183, 37, 60
초기 헤드 위치=53

- 디스크 대기 큐queue에 가장 먼저 들어온 트랙에 대한 요청을 먼저 서비스한다.
- 프로그래밍이 용이하며 간단하고 공평한 서비스이다.
- 트랙 탐색 패턴의 최적화 시도가 없는 단순한 스케줄링이다.
- 헤드 움직임이 비효율적일 수 있고 응답시간이 길어지는 경향이 있다.
- 입출력 요청이 많은 경우 평균 응답시간이 감소한다.
- 디스크 입출력 요청 큐를 재배열하지 않는다.
- 높은 우선순위를 가진 요청이 도착해도 실행 순서가 변하지 않는다.

3.2 SSTF Shortest Seek Time First

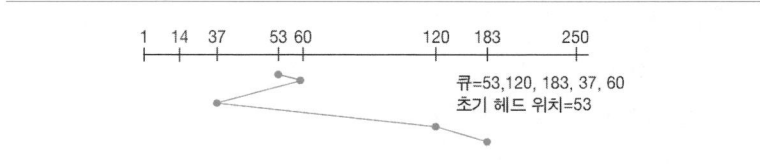

큐=53,120, 183, 37, 60
초기 헤드 위치=53

- 헤드가 이동하기 전에 가장 가까운 거리 요청을 먼저 서비스한다.
- 현재 큐에 대기하고 있는 요청 중 현재 헤드의 위치에서 가장 가까운 요청을 먼저 서비스한다.
- 큐의 요청을 처리하는 동안 헤드의 이동거리를 최소화해 단위 시간당 처리량을 극대화한다.
- 탐색거리가 가장 짧은 트랙에 대한 요청을 먼저 서비스한다.

- 입출력 요청의 디스크 내 위치에 따라 응답시간 편차가 커진다.
- 안쪽과 바깥쪽 실린더에 대한 입출력 요청은 기아 상태를 만들 수 있다.
- 처리량이 주안점인 일괄처리 시스템에 유용하며 대화형 시스템에는 부적당하다.
- FCFS보다는 처리율이 높고 평균 응답시간이 짧다.

3.3 SCAN

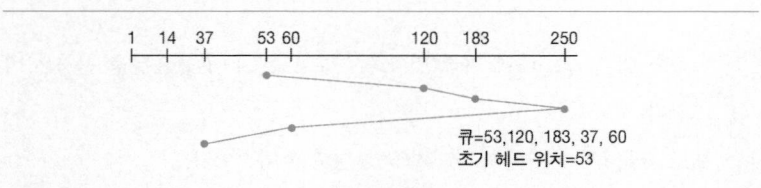

큐=53,120, 183, 37, 60
초기 헤드 위치=53

- SSTF가 갖는 탐색 시간의 편차(예측성)를 해결하기 위한 기법이다.
- 일반적으로 단위 시간당 처리량 및 평균 응답시간이 우수하다.
- 가장 바깥쪽 실린더나 안쪽 실린더에 도달한 후 디스크 헤드의 탐색 방향을 변경한다.
- 헤드 진행 방향으로 가장 짧은 거리에 있는 입출력 요청을 우선적으로 서비스한다.
- 현재 헤드 위치에서 진행 방향이 결정되면 탐색거리가 짧은 순서에 따라 그 방향의 모든 요청을 서비스하고, 끝까지 이동 후 역방향의 요청을 서비스한다.
- 가장 바깥쪽 실린더에 도달할 때까지 진행 방향을 바꾸지 않고 진행 도중 새롭게 도착하는 요청도 서비스한다.
- 한쪽으로 이동한다는 점이 유리하며 현재 방향에서 더 요청이 없다면 헤드의 이동 방향이 바뀌는 방식을 사용한다.
- SSTF보다 처리량과 응답시간을 많이 개선했다.
- 기아 상태를 해결했다.
- 엘리베이터 알고리즘으로 불리며 많이 사용하는 방식이다.

3.4 LOOK(엘리베이터 알고리즘)

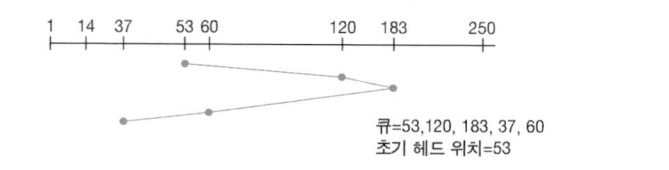

큐=53,120, 183, 37, 60
초기 헤드 위치=53

- SCAN 기법과 유사하다.
- 헤드가 진행하는 도중 진행 방향의 앞쪽으로 더 요구가 없으면 양끝의 실린더까지 진행하지 않고 그 자리에서 방향을 변경한다.
- 헤드가 각 방향의 트랙 끝까지 이동하지 않고 마지막 요청 트랙까지만 이동한다.
- 개선된 엘리베이터 알고리즘으로 불리며 많이 사용하는 방식이다.

3.5 C-SCAN Circular SCAN

- 한쪽 방향으로 헤드를 이동하면서 진행 방향상 가장 짧은 거리에 있는 요청을 처리하고 다시 처음 시작 방향으로 이동해 서비스한다.
- 미리 정해진 서비스 방향(안쪽 또는 바깥쪽)으로 헤드가 이동할 때에만 큐의 요청 처리한다.
- SCAN 기법을 개선해 입출력 요청에 균등한 대기시간을 보장한다.
- 응답시간의 분산이 매우 적은 기법으로 응답시간에 대한 예측성이 매우 높다.
- 가장 안쪽이나 바깥쪽 실린더에 대한 차별 대우를 없앴다.
- 안쪽과 바깥쪽 트랙을 원형으로 연결한 것과 같은 환형이다.

3.6 N-Step SCAN

- SCAN 기법과 유사하나 서비스가 진행되는 도중에 도착한 요청에 대해서는 다음 번 방향 변경 후에 처리한다.
- SCAN과 FCFS를 혼합한 형태로서 요청된 작업들을 순서대로 N개씩 그

룹으로 묶고 각 그룹별로 SCAN을 적용하며 그룹 간에는 FCFS를 적용한다.

- N이 아주 크면 SCAN과 가까워지고 N이 1이면 FCFS와 동일해진다.
- 디스크 헤드가 방향을 변경하는 시점에 큐에 대기 중인 요청들만을 대상으로 서비스를 진행한다.
- SSTF나 SCAN 기법보다 응답시간 분산이 적다.
- 어떤 방향의 진행이 시작될 당시 대기 중이던 요청들만 서비스한다.
- 진행 도중 도착한 요청들을 모아 다음 반대 방향 진행 때 서비스한다.
- SCAN 알고리즘에서 방향 전환 시 먼저 요구한 N개 요청만 처리한다.
- 헤더가 있는 실린더에 요청이 집중될 때 발생하는 무한대기를 제거했다.
- SCAN 기법을 개선해 헤드가 이동을 시작할 때 대기 중인 입출력 요청만 처리하고 이동 중에 도착한 입출력 요청들은 다음 번 헤드 이동에서 처리한다.
- 가장 최근의 요청들이 SCAN보다 오래 기다리게 된다.
- SSTF/SCAN 기법보다 응답시간의 편차가 작다.

3.7 C-LOOK Circular LOOK

- 헤드가 끝까지 도착하지 않아도 앞쪽에 요청이 없으면 헤드 방향 전환한다.
- C-SCAN 기법의 변형으로 헤드 이동 방향의 마지막 입출력 요청을 처리한 후 디스크 헤드를 처음 시작 위치로 이동해 다음 입출력 요청 처리한다.
- C-SCAN은 입출력 요청이 없어도 이동 방향으로 헤드가 마지막 실린더까지 이동하지만 C-LOOK은 진행 방향의 마지막 입출력 요청을 처리한 후 디스크 헤드를 초기 위치로 이동한다.

3.8 에셴바흐 eschenbach 기법

- 헤드는 C-SCAN과 똑같이 움직이며 예외적으로 모든 실린더는 그 실린더에 요청이 있든 없든 간에 전체 트랙이 한 바퀴 회전할 동안 서비

스한다.
- 한 실린더 내에서 회전 방향 및 위치를 이용하도록 요청 측을 재배열한다.
- 부하가 큰 항공 관련 시스템을 위해 개발되었고 탐색 시간뿐 아니라 회전 지연 시간을 최적화하려는 기법이다.
- 2개의 요청이 실린더에서 같은 섹터의 위치에 있으면 한 방향으로 진행 시 1개 요청만을 서비스해 회전 지연 시간을 줄인다.

3.9 SLTF Shortest Latency Time First

- 디스크 대기 큐에 있는 여러 요청을 섹터 위치에 따라 재배열하고, 가장 가까운 섹터를 먼저 서비스한다.
- 회전 시간의 최적화를 구현하며 섹터 큐잉 sector queueing 이라 부른다.
- 모든 요청은 섹터 위치에 따라 대기 행렬에 정렬되고 가장 가까운 섹터가 우선 서비스된다.
- 주로 드럼과 같이 헤드 이동이 거의 없는 고정 헤드 장치를 스케줄링할 때 사용한다.
- 고정 헤드는 탐색 시간이 없으므로 회전 시간만이 지연 요소이다.
- 헤드가 특정 실린더로 오면 더는 헤드를 움직이지 않고 이 실린더에 대한 모든 요청을 서비스한다.

4 디스크 스케줄링 성능 향상을 위한 고려사항

첫째, 어느 스케줄링 알고리즘을 선택하더라도 요청하는 섹터가 항상 다르므로 요청하는 형태와 횟수에 따라 성능이 좌우된다.

둘째, 디스크 성능은 스케줄링 외에도 파일 시스템 및 저장 데이터 유형과도 관련이 있다.

셋째, 데이터 입출력 시에는 디스크 스케줄링 외에도 페이징 우선 처리, 디렉터리 인덱스, 파일 시스템 등의 요소를 고려해 성능이 결정된다.

그 밖에 다중 헤드 디스크 multi-head disk 탐색 시간 = 0, 병렬 전송 채널 parallel

transfer channel을 활용한 전송 시간 단축, 디스크 저장 밀도 증가, 헤드 이동 거리 단축 및 데이터 접근시간 단축, SSD Solid State Drive 사용 등 다양한 고려 사항이 있다.

참고자료
삼성SDS 기술사회. 2010. 『핵심 정보통신기술 총서』. 도서출판 한울.
윤승은. 2008. 『정보통신용어사전』. 일진사.

기출문제
49회 응용　디스크 스케줄링 기법인 FCFS(First Come First Served), SSTF (Shortest Seek Time First), SCAN, C-SCAN(Circular SCAN)을 설명하고 주어진 디스크 대기 큐의 순서를 활용하여 FCFS, SCAN 알고리즘의 디스크 헤드 움직임을 설명하시오(현재 헤드위치는 트랙 80에 있으며 트랙 0번 방향으로 이동 중이다.)
* 디스크 대기 큐
(트랙번호) 88, 198, 35, 45, 98, 13, 151, 50, 66
84회 관리　한 면에 읽기/쓰기가 가능한 2개의 디스크로 구성된 하드디스크의 물리적 구조를 제시하고, 하드디스크에서 데이터를 읽고 쓰는 과정의 동작 특성을 설명하시오.
98회 관리　최근 SNS(Social Network Service), 멀티미디어 및 Big Data의 급격한 증가는 정보시스템의 안정성 유지를 위해 디스크의 효율적 관리의 중요성이 부각되었다. 다음에 대해 설명하시오.
가. 디스크 스케줄링의 일반적인 목표
나. 이동 디스크와 고정 디스크의 자료 접근시간
다. 이동 디스크와 고정 디스크에 적합한 디스크 스케줄링 알고리즘 유형 및 특성
99회 관리　디스크 스케줄링 알고리즘의 동작 과정을 스캔(SCAN), 룩(LOOK) 알고리즘 중심으로 설명하고, 다음에 주어진 '디스크 대기 큐' 내의 순서를 활용하여 스캔 알고리즘의 디스크 헤드 움직임을 설명하시오. (단, 현재 헤드 위치는 트랙 50에 있으며 트랙 0번 방향으로 이동 중이다.)
* 디스크 대기 큐
(트랙 번호) 85, 179, 31, 128, 10, 121, 55, 66
99회 응용　실시간 스케줄링(Real Time Scheduling) 문제 중 하나인 우선순위전도(Priority Inversion) 상황 시나리오를 설명하고 이에 대한 해결 기법 두 가지를 제시하시오.

H

입출력장치

—

입출력장치 연결과 데이터 전송

중앙처리장치가 외부에서 정보를 받는 장치를 입력장치, 외부로 정보를 보내는 장치를 출력장치라고 한다. 다양한 멀티미디어 정보의 출현에 따라 다양한 입출력장치가 등장했으며, 입출력장치가 연결되는 방법에 따라 컴퓨터 동작의 특성이 달라질 수 있다. 입출력 연결 방식과 데이터 전송에 대해 정리해보기로 한다.

1 입출력장치의 연결 방법

입출력장치란 중앙처리장치가 외부로부터 정보를 주거나 받는 과정을 처리하는 장치이며, 중앙처리장치와 입출력장치가 연결되는 방법에 따라 컴퓨터의 동작 특성이 달라질 수 있다.

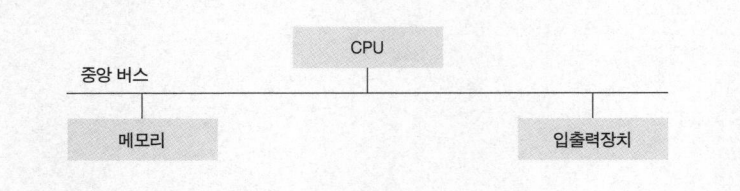

첫 번째 방법은 중앙 버스에 중앙처리장치, 주기억장치, 입출력장치가 연결된 형태이다. 제어 동작에 의해 각 장치가 독립적이고 원활한 데이터 전송이 가능한데, 입출력장치가 중앙처리장치나 메모리에 비해 처리 속도가 현저하게 느리고, 데이터 규격이 다양하기 때문에 중간에 입출력 모듈이 타

이밍 제어나 오류 점검 등을 지원하여 입출력장치의 연동을 지원한다. 이러한 입출력 모듈은 입출력 인터페이스, 입출력 채널, 입출력 프로세서, 장치 제어기 등의 이름으로 불린다.

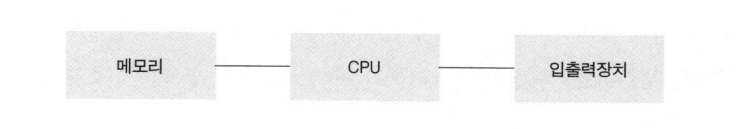

두 번째 방법은 중앙처리장치가 중앙에 위치하고 좌우 양쪽에 주기억장치와 입출력장치가 연결되는 형태이다. 주기억장치에서 외부 입출력장치로 직접 데이터를 전송할 수 없고 중앙처리장치의 동작에 의해 전송이 결정된다.

마지막으로 중앙처리장치, 주기억장치, 입출력장치 순의 직렬 연결 형태이다. 입출력장치가 직접 중앙처리장치에 데이터를 전송할 수 없어 주기억장치를 꼭 경유해야만 한다.

2 입출력장치의 데이터 전송

저속의 입출력장치는 고속으로 동작하는 중앙처리장치와 속도 차가 크므로 중앙처리장치와 동기화하지 않고 자체 독립적으로 동작한다. 즉, 저속의 입출력장치는 시스템 클록에 따라 동작하기에는 너무 느려서 자체적인 시간 펄스를 이용해서 동작이 되기 때문에, 2개 이상의 독립된 입력장치 및 출력장치가 비동기적으로 데이터를 전송하는 경우에 데이터의 전송을 알리는 방법이 필요하며, 스트로브 신호를 이용하는 방법과 제어 신호를 이용하는 방법이 있다.

2.1 스트로브 신호를 이용하는 방법

스트로브strobe 신호는 주로 동작 속도가 상이한 장치 간의 통신이 비동기로 수행이 될 때, 사용되는 섬광처럼 짧은 신호인데, 시스템 버스 상에서는 중 앙처리장치 같은 송신 측 장치에서 데이터를 전송하는 경우, 전송되는 것을 입출력 같은 수신 측 장치에 알려주기 위해 사용하는 별도의 신호를 스트로 브 신호라고 한다.

스트로브 신호의 전달을 위해 별도의 회선이 필요하며, 데이터 버스 외에 추가 회선을 설치해야 한다. 스트로브 신호의 송수신 방법에는 송신 측에서 수신 측으로 보내는 방법과 수신 측에서 송신 측으로 보내는 두 가지 방법 이 있다.

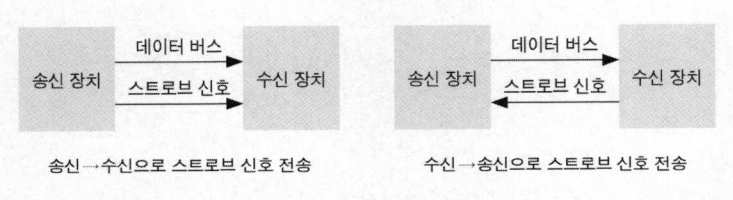

송신→수신으로 스트로브 신호 전송   수신→송신으로 스트로브 신호 전송

스트로브 신호 방식은 전송을 시작한 장치는 수신장치가 데이터를 받았 는지 확인할 수 없어서 신뢰성이 떨어지는 단점이 있다.

2.2 제어 신호를 이용하는 방법(핸드셰이킹)

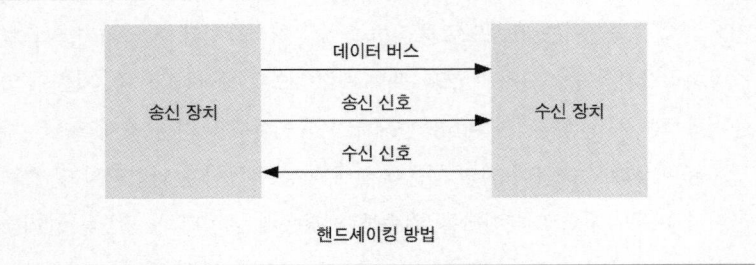

핸드셰이킹 방법

송신 측과 수신 측 양쪽에서 상대편에 제어 신호를 보내서 데이터의 전송을 알려주는 방법으로 핸드셰이킹handshaking 이라고 한다. 데이터 버스 외에 양

쪽에 제어 신호를 보내주는 별도의 회선을 각각 가지고 있어야 한다. 송신 측과 수신 측이 동시에 동작하는 방식으로 어느 한쪽의 장치가 동작하지 않으면 데이터 전송이 이루어지지 않으므로 높은 신뢰성을 갖는다.

핸드셰이킹 방식은 앞서 설명한 바와 같이 스트로브 방식에 비해 신뢰성이 높고, 하나의 송신장치에서 여러 개의 수신장치에 데이터를 전송할 수 있기 때문에 높은 융통성을 가지는 것이 장점이다.

참고자료
김성락 외. 2011. 『컴퓨터 구조의 이해』. 정익사.
신종홍. 2013. 『컴퓨터 구조와 원리 2.0』. 한빛미디어.
김경복. 2012. 『핵심컴퓨터구조』. 한올출판사.

기출문제
78회 응용 매우 빠른 CPU와 상대적으로 느린 메모리로 컴퓨터 시스템을 구현하는 경우에 발생하는 성능적 문제점을 설명하고, 이를 개선하기 위한 방법을 제시하시오. (25점)

H-2

입출력 제어 기법

컴퓨터 내부 장치와 입출력장치 간의 원활한 통신을 위해 통신 제어 기법이 필요하다. 제어 기법에는 중앙처리장치가 직접 제어하는 방식, 주기억장치와 입출력장치가 직접적으로 데이터를 교환하는 직접 기억장치 액세스 방식, 별도의 입출력 프로세서가 제어하는 방식 등이 있다.

1 중앙처리장치가 직접 제어하는 입출력 제어 방식

중앙처리장치가 직접 제어하는 입출력 제어 방식이란 중앙처리장치와 입출력장치 간의 데이터 전송뿐만 아니라 데이터 상태 검사 등의 모든 명령을 중앙처리장치가 직접 수행하는 방식으로 중앙처리장치 레지스터에 저장된 내용이 직접 출력장치에 전송되거나 또는 입력장치에서 중앙처리장치 레지스터에 전송되고 최종적으로 주기억장치에 저장되도록 하는 방법이다.

중앙처리장치가 제어하는 방법은 프로그램 입출력 방식과 인터럽트-구동 입출력 방식이 있다.

프로그램 입출력 방식programmed I/O 은 중앙처리장치와 입출력 모듈 사이에 데이터가 교환되어 명령을 실행하는 방식이다. 프로그램 입출력 방식은 중앙처리장치가 입출력과 관련된 처리만 수행하기 때문에 전송 속도가 빠르다. 그러나 중앙처리장치가 계속 주기적으로 입출력장치의 상태를 확인하기 때문에 입출력 모듈이 데이터를 수신 또는 송신할 준비가 될 때까지 중앙처리장치가 기다려야 한다는 단점이 있다.

이 단점을 개선하기 위하여 중앙처리장치에서 입출력 명령을 받은 입출력 모듈이 중앙처리장치를 대신해서 입출력장치의 상태를 확인하는 동작을 수행하는 동안 중앙처리장치가 다른 프로그램을 처리할 수 있도록 한 것이 인터럽트-구동 입출력interrupt-driven I/O 방식이다. 인터럽트-구동 입출력에서는 중앙처리장치가 입출력 명령을 보낸 다음 입출력 모듈이 그 일을 완료하고 인터럽트를 보낼 때까지 다른 명령어를 수행할 수 있으므로 프로그램 입출력 방식에 비해 중앙처리장치의 활용이 효율적이다. 그러나 주기억장치와 입출력 모듈 간 데이터 전송이 중앙처리장치를 경유해서 전달되기 때문에 입출력 전송률이 제한되며, 중앙처리장치가 입출력 전송을 위해 많은 시간을 소모한다.

인터럽트(Interrupt)
중앙처리장치가 프로그램을 실행하고 있는 도중에 다른 프로그램을 처리하기 위해 실행 중인 프로그램을 중단 상태로 만들고 다른 프로그램을 처리하는 것.

2 직접 기억장치 액세스DMA: Direct Memory Access 방식

DMA 제어기 내부 구조

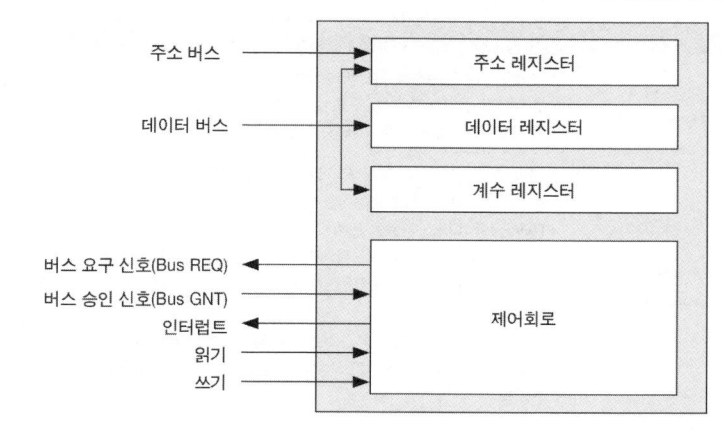

주소 레지스터
주기억장치의 위치를 지정하는 주기억장치의 주소를 저장

데이터 레지스터
전송될 데이터를 저장

계수 레지스터
전송되는 데이터 단어의 수를 저장

DMA 방식은 주변장치들(하드디스크, 그래픽 카드, 네트워크 카드, 사운드 카드 등)이 메모리에 직접 접근해 읽거나 쓸 수 있게 하는 방식이다. 중앙처리장치가 입출력 처리에 개입하는 방식은 중앙처리장치가 지속적으로 입출력장치의 상태를 확인한다거나 데이터 전송을 위한 많은 수의 명령어 처리 때문에 결과적으로 중앙처리장치의 효율이 떨어지는 단점이 있는 DMA 방식은 이러한 단점을 해결하기 위해 고안된 방식이다. 특히, 대용량의 데이터를 이동시킬 때 효과적인 기술로, 기억장치와 입출력 모듈 간의 데이터 전송을 별도의 하드웨어인 DMA 제어기가 처리하고 중앙처리장치는 개입하지 않는다. DMA 제어기는 주소 레지스터, 데이터 레지스터, 계수 레지스터와 제어회로로 구성된다.

DMA 방식은 입출력장치마다 속도 및 제어방법이 다르므로, 단순한 구조를 가진 DMA 제어기로 제어하는 데 어려움이 있으며, 디스크의 경우 데이터 블록의 크기가 512바이트 이상이므로 이 데이터를 읽고 쓰기 위해 버퍼링하기 위한 내부기억장치가 별도로 필요한 단점이 있다. 또한 데이터 전송 시마다 버스를 두 번 이용하므로 성능이 저하된다.

DMA 제어기의 한계를 극복하기 위한 방안으로 입출력 명령어들을 실행할 수 있도록 DMA 제어기를 프로세서로 확장하거나, 데이터 블록 임시 저장장치를 소유하는 방법이 있다. 또한 컴퓨터의 주요 프로세서와는 독립적으로 입출력만 제어I/O channel하는 방법도 있다.

DMA의 전송 방식

전송 방식	설명
burst 방식 (block mode)	• 한 번에 하나의 블록을 전송하는 방식으로 전송이 완료될 때까지 CPU는 시스템 버스에 접근하지 않고, 주로 내부 연산을 수행함 • 자기디스크와 같이 속도가 빠른 장치에 사용
cycle stealing (word mode)	• CPU가 주기억장치에 접근하지 않는 사이클 동안 DMA 제어기가 이를 훔치듯이 사용해 워드 단위로 전송하는 방식 • DMA 모듈이 버스 사용을 위해 CPU 동작을 일시 중단 • CPU와 DMA가 동시에 버스를 사용하고자 할 때 속도가 빠른 CPU가 속도가 느린 DMA에게 버스 사용권을 먼저 주는 것을 사이클 스틸링(Cycle Stealing)이라 함 • CPU가 먼저 사용하면 DMA는 계속 사용할 수 없는 기아 상태가 생길 수 있음 • 데이터가 전송되는 동안 CPU는 다른 작업을 수행할 수 있게 되어 효율성이 높아짐
interleaved DMA	• CPU가 시스템 버스를 사용하지 않을 때를 파악해 DMA 제어기가 이를 사용하는 방식으로 블록 전송보다 시간이 오래 걸림

H · 입출력장치

3 별도의 입출력 프로세서(입출력 채널)가 제어하는 방식

입출력 프로세서를 이용하는 방식은 입출력을 전담하는 별도의 입출력 프로세서를 두어 중앙처리장치의 효율을 높이는 입출력 제어 방식이다. CPU를 대신해 모든 입출력 관련 활동을 전담하는 프로세서를 입출력 채널이라고 한다. 입출력 프로세서는 DMA 제어기의 기능을 향상시킨 것으로 입출력 명령어를 실행할 수 있는 프로세서이며, 데이터 블록을 임시 저장할 수 있는 기억장치를 포함하고 있다. DMA는 통상 하나의 장치와 연결되지만, 입출력 채널은 다수의 입출력장치와 메모리를 인터페이스하기 위하여 구성된 특수한 프로세서와 오류 검출 및 수정 등의 기능을 포함하고 있다. 또한 시스템 버스에 대한 인터페이스 및 버스 마스터 회로와 입출력 버스 중재 회로를 포함하고 있다. 따라서 중앙처리장치는 계산 업무에 필요한 데이터만을 처리하고, 입출력 프로세스는 여러 주변장치와 주기억장치 사이의 데이터 전송을 위한 통로를 제공한다. 입출력 전용 프로세서를 이용하면 간섭을 최소화하여 중앙처리장치의 이용 효율이 증가하나 별도의 입출력 프로세서로 하드웨어 비용이 증가한다.

채널은 단순히 자료 전송의 중계장치가 아니라 독립적으로 입출력 명령어를 해석해 입출력 제어장치를 제어하므로 서브 컴퓨터sub-computer라고도 한다. DMA와 유사하게 초기 입출력 시작 명령은 중앙처리장치에 의해 지시받으며 입출력 채널의 작업이 완료되었을 때 중앙처리장치에 인터럽트를 발생시킨다. 채널에서의 입출력은 주기억장치에 기억되어 있는 채널 프로그램channel program에 의해 제어되며, 채널 프로그램은 중앙처리장치와 독립적으로 채널에 의해 해석되고 수행된다.

채널은 하나의 입출력 명령어에 의해 다수의 블록을 전송할 수 있다는 점에서 DMA 방식과 차이점이 있다.

입출력 채널의 종류로는 선택selector 채널과 멀티플렉서multiplexer 채널이 있다.

선택 채널은 주변기기와 주기억장치 간의 고속 데이터 전송을 위해 사용하며, 하나의 채널이 고속의 입출력장치를 하나씩 순차적으로 관리하면서 블록 단위로 데이터를 전송하는데, 입출력 과정에서 채널 제어가 임의의 지점에서만 해당 입출력장치의 전용인 것처럼 동작되기 때문에 어느 순간에 하나의 주변기기만 지원한다.

개념 데이터 모델링 단계 → 논리 데이터 모델링 단계 이행

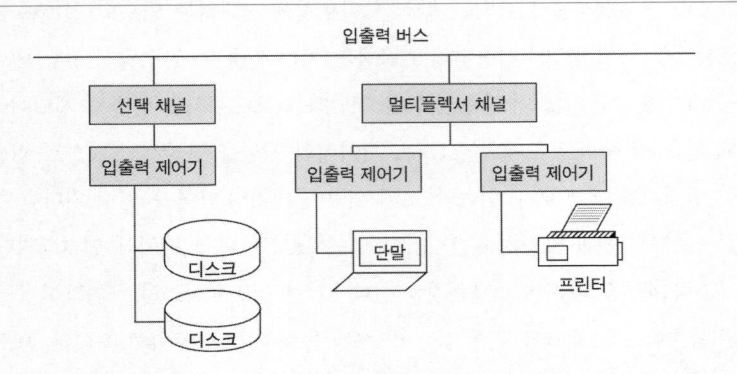

반면 멀티플렉서 채널은 여러 개의 보조 채널을 가지고 동시에 운영하는 방식이다. 터미널, 프린터와 같은 느린 속도 장치의 바이트 데이터 전송에 이용하는 **바이트 멀티플렉서 채널**byte multiplexer channel과 버스트 모드에서 고속 멀티플렉서 채널로 동작하면서 데이터를 블록으로 인터리빙하는 디스크 드라이버와 같은 빠른 기기의 데이터 전송에 이용하는 **블록 멀티플렉스 채널**이 있다.

DMA 구조와 입출력 채널구조의 비교

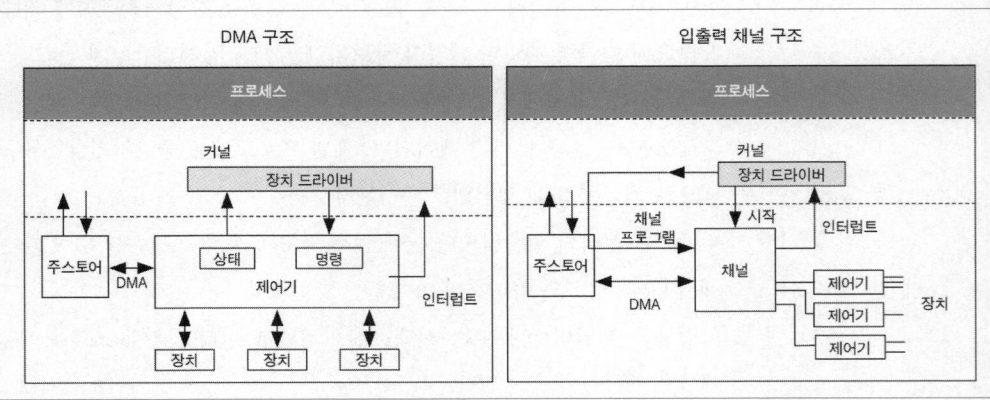

H・입출력장치

참고자료
구현회. 2010. 『운영체제』. 한빛미디어.

김성락 외. 2011. 『컴퓨터 구조의 이해』. 정익사.

신종홍. 2013. 『컴퓨터 구조와 원리 2.0』. 한빛미디어

Raphael A. Finkel. 2000. *An Operating Systems Vade Mecum*. Prentice Hall.

기출문제

68회 응용　DMA(Direct Memory Access)를 설명하시오. (10점)

78회 응용　매우 빠른 CPU와 상대적으로 느린 메모리로 컴퓨터 시스템을 구현하는 경우에 발생하는 성능적 문제점을 설명하고, 이를 개선하기 위한 방법을 제시하시오. (25점)

89회 응용　DMA(Direct Memory Access) 동작 모드의 종류를 나열하고, DMA Controller와 연관시켜 설명하시오. (25점)

H-3

입출력장치의 주소 지정 방식

━━━

중앙처리장치로부터 입출력장치를 지정하고 데이터를 전송하기 위해서는 입출력장치의 주소를 이용한다. 입출력장치를 연결하기 위해서는 속도 및 동작 특성이 유사한 입출력 장치들을 제어하고 관리할 수 있는 입출력 모듈이 필요하다. 입출력 모듈에는 각 장치들을 구분 가능한 고유번호 또는 주소가 지정되어 있으며 이를 통해 원하는 입출력장치와 통신을 할 수 있다.

1 입출력장치의 주소 지정

입출력장치 주소 공간I/O address space 이란 입출력 포트의 주소들의 집합으로 형성되는 주소 공간이며, 입출력장치의 주소는 입출력 포트 주소라고도 하는데, 중앙처리장치가 여러 개의 입출력장치를 구분할 수 있도록 입출력장치마다 부여한 고유의 주소를 의미한다. 중앙처리장치가 보내는 입출력 명령에는 원하는 장치의 주소가 포함되어 있고, 각 입출력 모듈은 주소를 해석하여 그 명령이 자신에게 해당하는지를 판단한다. 입출력장치의 주소를 명시하는 방법에는 직접 포트 주소 모드direct port addressing mode 와 간접 포트 주소 모드indirect port addressing mode가 있는데, 직접 포트 주소 모드는 입출력 명령어 내부에 입출력장치의 주소를 명시하는 방법이고, 간접 포트 주소 모드는 입출력장치의 주소를 미리 정해진 중앙처리장치의 레지스터에 저장하여 이용하는 방식이다. 또한 입출력장치의 주소 지정 방식에는 중앙처리장치가 입출력 포트가 사용하는 입출력 주소와 주기억장치가 사용하는 주소를 분리하는지에 따라 기억장치 사상 입출력memory-mapped I/O 방식과 고립형 입출력isolated I/O 또는 I/O mapped 방식으로 구분할 수 있다.

1.1 기억장치 사상memory-mapped 방식

중앙처리장치가 주기억장치에 저장된 데이터에 접근하고 저장하기 위해 명령어를 사용하는 방식과 같이 입출력 명령어를 사용하는 방식으로 주기억장치의 일부분을 입출력장치용으로 공유하는 방식이다. 즉, 기억장치 주소영역의 일부분을 입출력장치의 주소영역으로 할당하는 방식으로 입출력장치와 주기억장치는 하나의 주소 공간을 공유하게 된다. 따라서 입출력 명령어를 따로 사용하지 않고 기억장치에 Read/Write 명령으로 입출력장치로의 읽고 쓰기를 할 수 있으며 중앙처리장치가 사용하는 다양한 명령어를 사용할 수 있다. 기억장치 사상 방식은 동일한 신호와 명령어를 기억장치와 입출력장치에 사용하므로 프로그램하기 용이하다는 장점이 있으나 입출력장치가 기억장치 주소영역을 사용하기 때문에 기억장치만을 위한 주소 공간이 감소한다는 단점이 있다.

기억장치 사상 방식 개념

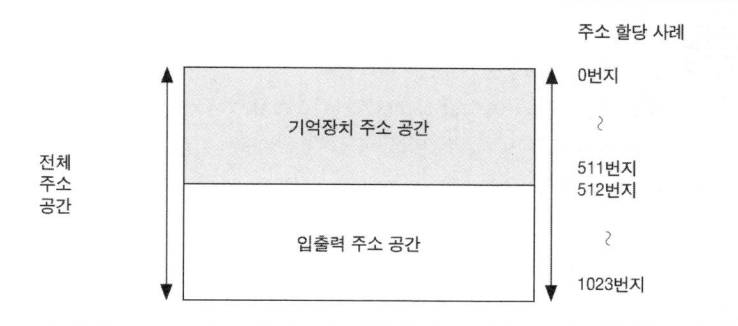

1.2 고립형 입출력I/O mapped 또는 isolated I/O 방식

주기억장치가 사용하는 주소 공간과 입출력장치가 사용하는 주소 공간의 접근 방식 및 저장 방식을 완전히 분리해 각각의 명령어를 사용하는 방식이다. 즉, 기억장치 주소 공간과 다른 별도의 기억장치에 입출력장치의 주소 공간을 할당하는 방식으로 입출력 제어를 위한 별도의 입출력 명령어(예:

IN, OUT)를 사용하기 때문에 별도의 입출력장치에 대한 read/write 신호가 필요하다.

입출력을 위한 주소 공간이 분리되고 크기가 작아 입출력 명령어의 수를 줄일 수 있다. 즉, 명령어의 길이를 짧게 할 수 있고 명령어의 입출과 실행 시간을 줄일 수 있는 장점이 있으나, 입출력 제어를 위해 입출력장치 명령어들만 이용할 수 있으므로 프로그래밍이 복잡해지는 단점도 있다.

고립형 입출력 방식 개념

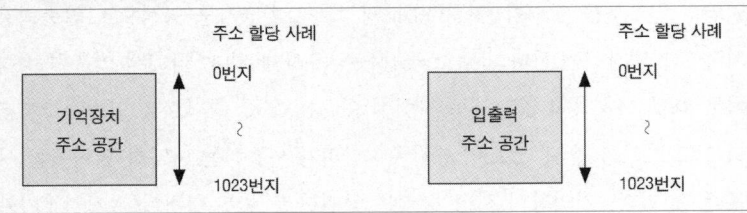

참고자료
김성락 외. 2011. 『컴퓨터 구조의 이해』. 정익사.
신종홍. 2013. 『컴퓨터 구조와 원리 2.0』. 한빛미디어

기출문제
68회 응용 Memory Mapped I/O (10점)
93회 응용 Memory Mapped I/O와 I/O Mapped I/O(또는 Isolated I/O라고도 함)를 입출력장치 영역, 명령어 및 하드웨어 관점에서 비교 설명하시오. (25점)

H-4

시스템 버스

컴퓨터 내부의 중앙처리장치와 주기억장치 그리고 외부의 입출력장치 등 구성 요소들을 상호 연결해주는 중심 통로가 시스템 버스이다. HD 동영상과 이미지 등 대용량 멀티미디어 환경이 확대되면서 대용량의 더 빠른 전송 속도를 제공하는 데이터 전송 규격에 대한 요구가 높아지고 있다. 초창기의 컴퓨터는 단일 버스 구조였으나 CPU, 메모리, 하드디스크, 주변장치 사이의 속도 차가 점점 커져 병목 현상이 더욱 심해졌다. 이를 해결하기 위해 버스가 세분화될 필요성이 생겼고 점점 세분화되어가고 있다.

1 시스템 버스 개요

시스템 버스는 CPU 보드와 기억장치 보드 및 입출력 보드들을 상호 연결하는 구조를 의미하며, 시스템을 구성하는 기본 장치인 중앙처리장치를 중심으로 주기억장치, 외부기억장치, 입출력장치 간의 데이터 전송 통로이다. 시스템 버스를 구성하는 라인 수는 한 번에 전송하는 데이터 비트 수와 기억장치 주소 비트 수 및 제어 신호 수에 따라 결정된다. 기능상 여러 개의 부품을 연결하는 공유 통신 링크이다.

중앙처리장치가 데이터를 처리하는 속도와 입출력장치가 데이터를 처리하는 속도는 매우 큰 차이가 있다. 이에 고속의 데이터를 처리하는 시스템 버스와 입출력장치 간에 직접 데이터를 교환하는 것은 어려움이 있으며 입출력장치의 속도 및 동작 특성에 따라 입출력장치를 관리하는 별도의 입출력 제어기를 사용한다.

물리적 관점으로 버스를 살펴보면, 기본적으로 한 그룹의 전선, 50~100개의 선line으로 구성되어 있다. 카드나 기판PCB에 에칭된 금속선, 즉 병렬

전기 도선들이다. 컴퓨터 시스템 내 장치들은 데이터 전송을 위해 많은 수
의 전기 도체 선으로 연결되어 있으며 버스는 이 선들의 집합을 의미한다.
버스는 일반적으로 소형 컴퓨터에서는 60~120개의 선으로 구성되어 있고
중대형급은 그 이상의 선으로 구성되며, 각 선들은 0과 1의 1개 비트 신호
를 전송하게 된다.

시스템 버스 개념

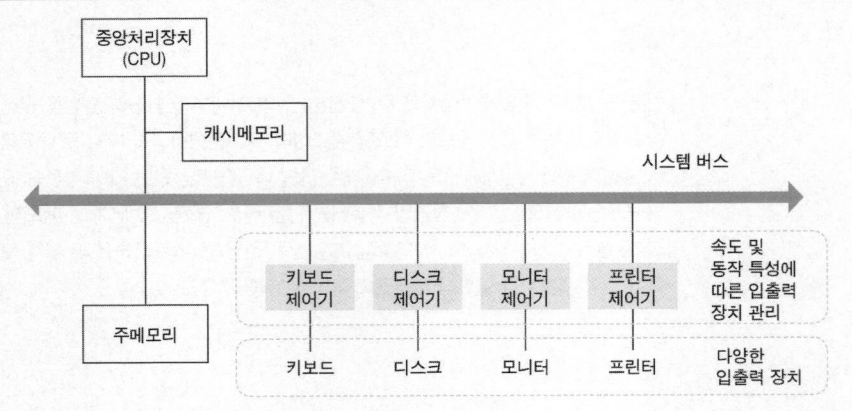

시스템 버스는 중앙처리장치와 메모리 간의 데이터 전송과 입출력 인터
페이스를 분리할 수 있다. 즉, 한 가지 연결 방식만 정의하면 다양한 주변장
치들을 추가할 수 있고, 비용 대비 효용성이 높다. 또한 중앙처리장치와 기
억장치, 입출력장치 간의 데이터 전송을 용이하게 할 수 있으며 쉽게 다양
한 주변장치들을 추가할 수 있다. 단점으로는 버스 상에서 통신 병목이 발
생할 수 있어 입출력 처리량에 제한이 발생한다는 것이다.

2 시스템 버스의 종류

초창기의 컴퓨터는 단일 버스 구조였으나 중앙처리장치, 메모리, 하드디스
크, 주변장치 사이의 속도 차가 점점 커져 병목 현상이 더욱 심해졌다. 이를
해결하기 위해 버스가 세분화될 필요성이 생겼다. 시스템 버스는 유형별,
기능별, 동작과 타이밍별에 따른 분류를 할 수 있다.

H · 입출력장치

2.1 유형에 따른 분류

전용 버스dedicated bus와 다중화 버스multiplexed bus로 구분할 수 있다.

전용 버스는 데이터, 주소, 제어 신호 등 지정된 신호만을 전송할 수 있는 버스이다. 데이터만을 전송하는 전용 버스를 데이터 버스data bus라고 하며, 주소만을 전송하는 전용 버스를 주소 버스address bus, 제어 신호를 전송하는 전용 버스를 제어 버스control bus라고 한다. 데이터, 주소, 제어 버스에 대한 설명은 기능에 따른 버스 분류를 참고하기 바란다.

시분할 다중화 방식(time division multiplexing)
복수의 데이터를 각각 일정한 시간 슬롯으로 분할하여 전송함으로써 하나의 회선을 복수 채널로 다중화 하는 방식. 일반적으로 Tdm이라 는 약어로 불림.

다중화 버스는 제어 신호에 의해 여러 용도의 신호를 전달할 수 있는 버스이다. 주소 및 데이터 버스는 주소 유효address valid 신호를 이용해서 주소 데이터를 전달하거나 일반 데이터를 전달할 수 있다. 다중화 버스는 사용되는 선의 수가 적기 때문에 공간과 비용을 절감할 수 있으나 제어회로가 복잡하고 시분할 다중화 방식으로 성능이 저하되는 단점이 있다.

2.2 기능에 따른 분류

주소 버스와 데이터 버스, 제어 버스로 구분할 수 있다.

주소 버스는 각 장치의 주소나 기억장치의 위치를 나타내는 정보들을 위한 버스이다. 중앙처리장치가 기억장치의 기억장소를 지정하거나, 입출력 장치 사용 시 주소를 전송하는 버스이다. 중앙처리장치가 입출력장치를 사용할 때도 주소가 필요하므로 입출력장치와 주소 버스가 연결되어 있다. 주소 버스 선의 수는 중앙처리장치가 주소를 지정할 수 있는 전체 메모리 용량을 결정해준다. 주소 버스는 항상 중앙처리장치에 의해서만 발생되므로 단방향 전송만 한다.

데이터 버스는 실질적인 정보 데이터를 전달한다. 중앙처리장치와 주기억장치나 입출력장치 간에 데이터를 전송하는 데 사용된다. 데이터 버스는 중앙처리장치와 주기억장치, 입출력장치 사이에 양방향으로 전송이 가능하다. 중앙처리장치가 메모리로부터 한 번에 8비트씩 읽어 온다면 필요한 데이터 버스 선의 수는 8개가 되며 32비트씩 읽어오는 시스템에서는 32개로 구성된다.

제어 버스는 각각 고유의 기능을 갖고 있으며 수행될 다양한 데이터 전송 동작을 구별하기 위한 버스이다.

시스템 구성과 동작에 따라 고유의 기능(타이밍 신호, 상태 신호, 버스 제어 신호) 등을 전송하는 데 사용된다. 따라서 시스템의 구성과 동작에 따라 제어 신호의 종류와 수도 다르다.

2.3 버스의 동작과 동작 타이밍에 따른 분류

시스템 버스에 연결된 여러 장치가 하나의 시스템 버스를 공유하려면, 장치 간의 연결 요청을 제어하는 버스 중재 기능이 필요하며, 버스 중재는 버스를 사용하려는 장치, 예를 들면 중앙처리장치나 입출력장치 등의 버스 마스터가 되는 장치가 버스를 사용하겠다는 요청을 버스 중재기에 보내면 중재기는 버스의 상태를 보고 상황에 따라 각 버스 마스터에게 버스를 사용할 수 있는 권한을 부여하는 것으로 시작으로 버스의 동작이 원활하게 수행될 수 있다. 이런 관점에서 시스템 버스의 기본 동작을 살펴보면 쓰기 동작과 읽기 동작으로 구분할 수 있다.

쓰기 동작은 버스 마스터가 버스 사용권을 획득한 다음, 주소 버스를 통해서 기억장치 주소를 전달하며 이와 동시에 데이터 버스로 데이터를 전송하여 제어 버스로 쓰기 신호를 전송한다.

읽기 동작은 버스 마스터가 버스 사용권을 획득한 후 주소 버스로 해당 장치의 주소를 전달한다. 이와 동시에 제어 버스를 통해서 읽기 신호를 전달하며 데이터 버스를 통해 목적한 데이터가 수신될 때까지 대기한다.

시간적 관계에 따라 버스의 동작은 동기식 버스synchronous bus와 비동기식 버스asynchronous bus로 구분할 수 있다.

동기식 버스는 모든 버스 동작들이 발생하는 시간이 공통의 버스 클록bus clock을 기준으로 결정되는 방식이다. 동기식 버스는 인터페이스 회로가 간

버스 마스터(bus master)
시스템 버스에 접속되는 요소들 중에서 버스 사용의 주체가 되는 요소들을 말한다. 일반적인 컴퓨터 시스템에서는 중앙처리장치와 입출력제어기 등이 버스 마스터가 되며 동기식 버스를 사용하는 시스템에서는 메모리 모듈도 버스 마스터가 될 수 있다. 이들은 서로 간에 정보를 교환하기 위해 공통된 제어 신호들이 필요하다.

단하다는 장점이 있지만, 버스 클록의 주기가 가장 오래 걸리는 버스 동작의 소요 시간을 기준으로 동작 시간이 결정되는 단점이 있다. 때문에 클록 주기보다 시간이 짧은 버스 동작은 완료된 후에도 다음 주기가 시작될 때까지 대기해야 한다.

비동기식 버스는 버스 동작들의 발생 시간이 관련된 다른 버스 동작의 발생 여부에 따라 결정되는 방식이다. 즉, 요청 신호와 요청에 대한 응답을 교환하는 핸드셰이킹handshaking에 의해 구동된다. 비동기식 버스는 각 버스 동작이 완료되면 즉시 연관된 다음 동작이 발생하기 때문에 낭비되는 시간이 없다. 그러나 연속 동작을 처리하기 위한 인터페이스 회로가 복잡하므로 시스템 복잡도가 적은 소규모 컴퓨터 시스템에 적합하다.

핸드셰이킹(handshaking)
컴퓨터 시스템 내 기능 간의 상호 통신을 위해 정보의 요청 및 전송, 수신 확인 등의 신호를 주고받는 기능이다. 시스템을 위한 입출력 버스 프로토콜은 주고받기에 필요한 것을 규정하고 있다. 특히 각각의 신호가 입출력을 완료했다는 반응이 필요한 비동기식 입출력 시스템에 널리 사용된다.

3 버스 기술 동향

3.1 ISA Industry Standard Architecture BUS

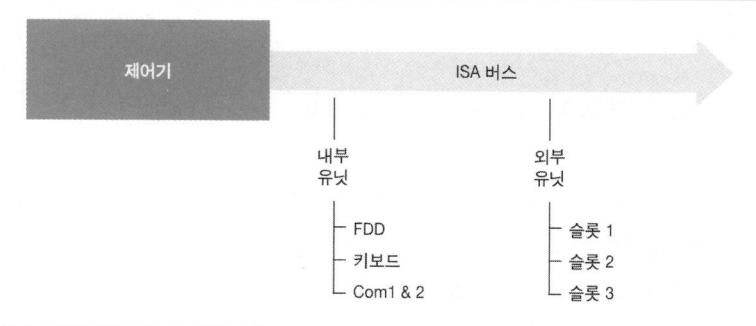

- 오리지널 IBM PC에 처음 사용된 버스 인터페이스로 'ATBUS'라고 불리기도 하며, 가장 오래된 버스 구조로 현재까지도 사용되고 있다.
- 98핀 확장 커넥터 설계를 기본으로 하는 16비트 데이터 버스로, 단순하고 안정적이어서 산업용 컴퓨터를 비롯한 각종 제어 분야에서 아직도 많이 사용되고 있다.

- 기능과 표준화가 미비하나, 구조가 공개되고 규격이 단순해 널리 사용된다.

3.2 EISA Extended ISA BUS

- 기존 ISA 버스 구조를 32비트급으로 확장하며 ISA 장치와 호환성을 제공하고 MCA의 대안으로 개발되었다.
- 버스 마스터링bus mastering과 PnP 기능을 지원하고 기존 ISA와 호환이 가능한 우수한 버스이나 구조가 복잡해 널리 사용되지는 못했다.

3.3 MCA Micro Channel Architecture BUS

- IBM이 자사의 PS/2 컴퓨터를 위해 개발했으며, ISA와 달리 폐쇄 구조로 버스 마스터링과 PnP 기능을 지원하는 등 많은 개선점을 제공했는데도 널리 사용되지 못했다.
- IBM이 대형 컴퓨터에 사용되던 기술을 PS/2 시스템에 적용한 32비트 버스 구조이다.
- ISA보다 고속이나 업계의 호환성 부족하다.

3.4 VL [VESA Video Electronics Standards Association Local]

- VESA에서 사용한 지역 버스 방식을 표준으로 채택한 방식으로 기존 ISA 방식에 비해 향상된 속도를 제공한다.
- 주로 VGA 카드나 신형 제어기 등에 사용된다.
- CPU와 메모리 간 시스템 버스에 직접 입출력장치 제어기를 접속해 데이터 전송한다.
- 속도를 향상하고자 하는 개념으로 초기에 비디오 그래픽video graphic 기능을 버스 상에서 구현하고자 시도했다.

※ 지역 버스(local BUS)
- 외부 기기의 속도가 빨라지면서 버스의 구조에서의 분기점마다 병목 현

상이 발생함.

- 지역 버스 방식은 버스 제어기를 통하지 않고 직접 입출력장치들을 접속함으로써 데이터 전송 속도를 획기적으로 향상한 방식임.

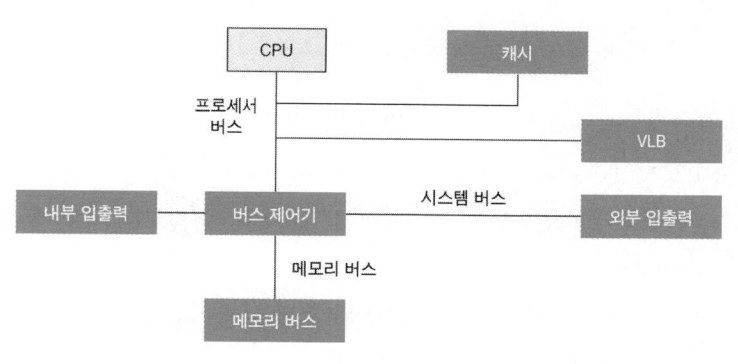

3.5 PnP Plug and Play

- 시스템의 확장 시 복잡한 세팅(IRQ, I/O Port, DMA Channel)을 해결하기 위한 방식이다.
- 전통적인 ISA CARD는 점퍼나 딥스위치로 설정해야 했다.
- PCI, PnP-ISA, PCMCIA 등이 있다.

3.6 PCI Peripheral Component Interface

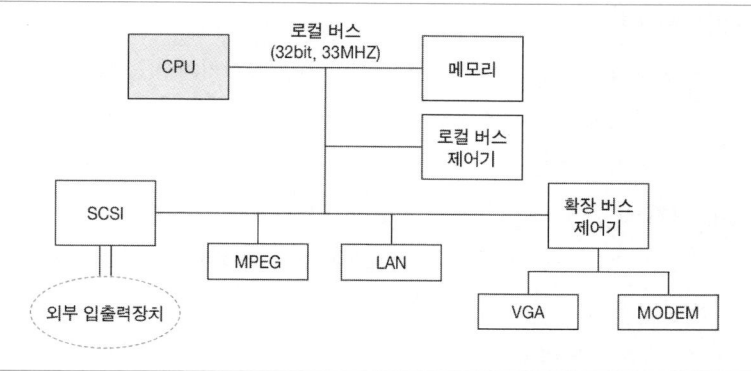

- PCI 방식은 인텔이 주축이 되어 만든 지역 버스 방식의 일종으로 먼저 보급된 VL BUS보다 안정성·확장성 면에서 우수해 펜티엄을 탑재한 대부분의 PC에서 사용되었다.
- 전기적으로 최대 10개 보드까지 접속 가능하고 중앙 집중식 마스터 중재 방식을 사용한다.

※ 범정부 기술 참조 모델(TRM 2.0)에 정의된 PCI-X
- PCI-X: Peripheral Component Interconnect Extended
- PCI의 확장 버전으로 이전 제품과 호환성이 있으므로 PCI-X 카드를 표준 PCI 슬롯에 설치 가능.
- 동일 버스 상에서 PCI와 PCI-X 카드 둘 다 사용 가능하지만 버스 속도는 속도가 낮은 카드에 맞추어 동작됨.
- PCI-X는 PCI보다 고장에 관한 내성이 더 강함.
- 컴퓨터 내의 데이터 이동 속도를 66MHz에서 133MHz로 높일 수 있는 새로운 컴퓨터 버스 기술(IBM, HP, 컴팩 공동 작업으로 개발).
- 초기에는 PCI-X를 IBM, HP, 컴팩에 의해 기가비트 이더넷 카드나 파이버 채널, Ultra 3 SCSI 그리고 클러스터로 상호 연결되어 있는 프로세서 같은 고대역폭 장치들의 성능을 향상하기 위한 서버용으로 설계함.
- 1998년에 PCI-X를 PCI-SIG Special Interest Group 에 제출해 승인받음.
- PCI-X는 이제 모든 컴퓨터 개발 회사들에 의해 채택되고 사용될 수 있는 개방형 표준이 되었음.

3.6.1 PCI 1
- 고속 운영을 위해 마이크로프로세서와 가깝게 위치해 있는 확장 슬롯들에 부착된 장치들 간의 상호 접속 시스템이다.

3.6.2 PCI 2
- 지역 버스가 아니며 마이크로프로세서 디자인과는 독립적으로 설계되었다.
- 20~33MHz 범위의 마이크로프로세서 클록 속도에 동기화되도록 설계되어 있다.

H · 입출력장치

3.7 USB Universal Serial BUS

- 범용 직렬 버스로 PC를 열지 않고 손쉽게 장치를 컴퓨터에 연결할 수 있게 하는 장치이다.
- 주변기기의 설치가 간단하고 SCSI처럼 케이블로 서로 연결하는 데이지 체인daisy chanin 방식으로 여러 대를 연결할 수 있다.
- 전송 속도가 빠르며, 시스템을 사용하는 중간에도 연결 및 제거가 용이한 핫 플러깅이 가능하다.
- 키보드나 마우스에서 비디오, 모뎀, 스캐너, 프린터, ISDN, MPEG에 이르기까지 다양한 장치들을 단일 인터페이스로 지원한다.
- PnP를 지원해 사용의 용이성을 높였다.
- 최초 USB 1.0은 12Mbps의 전송 속도를 제공하고, USB 2.0은 480 Mbps 대역폭 지원한다.
- USB 3.0은 SS Super Speed 명칭으로 개발되었고, 4.8Gbps 대역폭을 지원하며, 기존 USB 1.0 및 2.0과 호환된다.

※ 범정부 기술 참조 모델(TRM 2.0)에 정의된 USB
- 윈도 98 출시와 더불어 관심을 끌게 된 직렬 포트의 일종.
- 윈도 95 OSR2부터 지원하고 대부분의 펜티엄 II 메인보드에서 제공되었던 규격.
- 윈도 98에서 안정성이 높아지고 관련 제품이 폭발적으로 출시.
- 원리는 직렬 포트와 동일하지만 12Mbps의 데이터 전송 속도 지원.
- 주변기기를 연결해도 속도가 충분하고 최대 127개까지 장치들을 사슬처럼 연결할 수 있음.
- PC를 사용하는 도중에 연결해도 인식되며 별도의 주변장치용 전원이 필요 없음.
- USB 주변장치 버스 표준은 인텔, 컴팩, IBM, DEC, MS, NEC, 노던 텔레콤 등 7개 기업에 의해 개발.
- 기술은 별도의 비용 부담 없이 컴퓨터나 주변기기 개발자들이 사용할 수 있음.

3.8 RS 232 Recommended Standard 232

※ 범정부 기술 참조 모델(TRM 2.0)에 정의된 RS-232
- 컴퓨터들과 관련 장치들 간에 비교적 느린 속도의 직렬 데이터 통신을 하기 위한 물리적 연결과 프로토콜에 관한 표준.
- 현재 버전인 'C' 표준은 텔레타이프 장치들을 위해 산업계의 업체 모임 인 EIA Electronic Industries Association 에 의해 정의되었음.
- 컴퓨터가 모뎀과 같은 다른 직렬장치들과 데이터를 주고받기 위해 사용하는 인터페이스.
- 컴퓨터에서 나오는 데이터는 보통 마더보드 상의 UART 칩에 의해 DTE 인터페이스로부터 내장(또는 외장) 모뎀이나 기타 다른 직렬 장치들로 전송됨.
- 컴퓨터 내에 있는 데이터는 병렬회로를 따라 흐르지만 직렬 장치들은 오직 한 번에 한 비트씩만 처리할 수 있음.
- UART 칩이 병렬로 되어 있는 비트들을 직렬 비트 열로 변환함.
- 모뎀이나 다른 직렬 장치와 RS-232C 표준에 입각해 통신하는 PC의 DTE 에이전트는 DCE 인터페이스라고 불리는 보완 인터페이스를 가지고 있음.
- 연구하는 기관에 따라 이름이 조금씩 달라졌음.
- EIA RS 232, EIA 232 등이 있으며 최근에는 TIA 232임.
- 1998년 이후부터 TIA the Telecommunications Industry Association 에서 관리됨.
- 유사한 표준은 ITU-T의 표준 V.24임.

3.9 AGP Accelerated Graphics Port 3.0

※ 범정부 기술 참조 모델(TRM 2.0)에 정의된 AGP
- 평범한 보통 PC에서 3차원 그래픽 표현을 빠르게 구현할 수 있게 하는 버스 규격.
- 웹사이트나 CD-ROM상의 3차원 이미지들을 오늘날의 어떠한 고가의 그래픽 워크스테이션보다도 더 빠르고 부드럽게 전달하기 위해 설계된 특별한 인터페이스.

- 모니터 이미지를 재생하기 위해 컴퓨터의 램을 사용하며 3차원 이미지 표현을 위한 질감 맞추기, Z-buffering 그리고 알파 블랜딩 등을 지원.
- AGP가 메인 메모리를 사용하는 것은 동적으로 그래픽 가속을 위해 메인 메모리를 사용하지 않는 경우에는 운영체제 또는 응용 프로그램에 의해 사용되도록 복원된다는 것을 의미.
- 펜티엄 II 프로세서를 위한 칩셋에 AGP를 내장해 더 새로워지고 빨라진 AGP 칩셋으로 동작하도록 설계.
- PCI Express(PCI-E 혹은 PCIe)에 의해 대체될 것으로 보임.
- AGP 8x라고도 하며 32-bit 채널, 66MHz, Max 2133 MB/s-2GB/s, 0.8 V 신호 방식.

3.10 IEEE 1394 고속 직렬 BUS

- IEEE(미국 전기 전자 학회)에서 표준화한 직렬 인터페이스 규격으로 컴퓨터 주변장치뿐 아니라 비디오카메라, 오디오 제품, 텔레비전 등 가전기기를 PC에 접속하는 인터페이스로 개발되었다.
- 직렬 전송 버스로 많은 핀이 요구되는 병렬접속 방식에 비해 접속 커넥터의 크기가 작다.
- 전송 속도가 빨라 멀티미디어 주변기기를 연결해 실시간으로 사용이 가능하다.
- 모든 주변기기마다 IEEE 1394 인터페이스를 제어할 수 있는 IC 내장이 가능해 쌍방향 통신이 가능하다.
- 고속·실시간 데이터 전송을 위한 차세대 직렬 버스 인터페이스 규격이다.
- 진정한 P2P 네트워크로서 PC나 다른 호스트를 필요로 하지 않는다.
- 100, 200, 400Mbit/s 전송 규격이다.

※ 범정부 기술 참조 모델(TRM 2.0)에 정의된 IEEE 1394c(FireWire)
- 미국 애플 컴퓨터와 텍사스 인스트루먼트가 공동으로 제창한 고속 직렬 데이터 버스 규격.
- 케이블의 전기적 특성이나 접속기의 형상 등 물리적 부분에 대해 결정

된 규격.

- 주로 PC와 AV기기의 접속을 상정한 통신 규격인 IEEE 1394로 규격화 되었음.
- 디지털 동화상 전송 등을 의식해서 만든 것으로 'FireWire'라는 명칭은 '불에 타서 연기가 올라가는 만큼 빠른 속도'라는 의미에서 붙여졌음.
- 1개의 플러그와 소켓 접속으로 최대 63개의 주변장치를 부착할 수 있음.
- 각 장치는 최고 400Mbps의 속도로 데이터를 전송할 수 있음.
- 멀티미디어 응용 프로그램들에 적합한 초고속의 데이터 전송.
- 프린터 연결에 사용되는 두꺼운 병렬 케이블이 아닌 얇은 직렬 케이블 1개.
- 종단 장치나 복잡한 설정 요건 없이도 여러 가지 방법을 통해 주변장치 들을 사슬 엮듯이 연결할 수 있는 능력.

3.10.1 IEEE 1394c

- FireWire S800T로서 CAT 5를 사용할 수 있게 되었다.
- IEEE 1394c-2006은 2007년 6월 8일 발표되었다.
- CAT 5를 사용하는 RJ45 커넥터, 포트가 자동으로 IEEE 1394나 IEEE 802.3(ethernet) 상위 계층을 선택할 수 있게 했다.

3.10.2 IEEE 1394a

- FireWire 400이라고 한다.
- 6핀, 100, 200, 400Mbit/s(실제 속도는 98.304, 196.608, 393.216Mbit/s, 즉 12.288, 24.576, 49.152MBytes/s) 속도이다. 일반적으로 S100, S200, S400으로 불린다.
- 케이블 길이는 4.5m(약 15피트)이다.

3.10.3 IEEE 1394b

- FireWire 800이라고 한다.
- 9핀, 2003년에 애플에서 소개되었다.
- 6핀의 FireWire 400에 대해 호환 가능하고 786.432Mbit/s의 속도를 제 공한다.

- IEEE1394a와 IEEE1394b 표준 간에는 호환성이 있으나 케이블은 4핀 (수컷형), 6핀(암컷형)과 호환이 되지 않는다.
- 100m 길이, 3.2Gbit/s 속도이다.

참고자료

신종홍. 2013. 『컴퓨터 구조와 원리 2.0』. 한빛미디어
김경복. 2012. 『핵심 컴퓨터 구조』. 한올출판사
「범정부 기술참조 모델 2.0」(Technical Reference Model 2.0).
www.itapmo.org

기출문제

63회 응용   PC Bus에서 Local Bus와 PCI Bus에 대하여 설명하시오. (25점)

H-5

버스 중재

컴퓨터 시스템에서 동시에 한 개 이상의 장치가 시스템 버스를 사용하고자 할 때 1개의 버스 마스터만이 시스템 버스를 사용할 수 있으므로 이를 중재하는 방식이 필요하다. 이때 각 버스 마스터가 미리 정해진 기준에 따라 순서대로 버스를 사용할 수 있게 해주는 동작을 버스 중재라고 하며, 시스템 성능을 위해 효과적으로 설계되어야 한다.

1 버스 중재의 개요

버스 중재란 버스에 연결된 장치들로부터 버스 사용 요청이 동시다발적으로 발생할 때, 원활하게 버스를 사용할 수 있게 제어하는 기술이다.

일반적으로 컴퓨터에는 여러 가지 입출력장치가 연결되어 있는데, 컴퓨터에 연결된 입출력장치 사이에 데이터를 전달하는 것이 시스템 버스이고, 이러한 시스템 버스에 연결된 컴퓨터의 기본 장치들을 버스 마스터라고 하며 여러 개의 버스 마스터들이 동시에 시스템 버스의 사용을 요구하는 경우에 경쟁이 발생하는데 이를 버스 경합bus contention 이라고 한다.

버스 경합이 발생되면 각 버스 마스터가 미리 정해진 기준에 따라 1개씩 순서대로 버스를 사용할 수 있게 해주어야 한다. 그렇지 않으면 시스템이 정상적으로 동작하지 않거나 성능에 문제를 초래할 수 있다.

이처럼 버스 경합이 발생된 경우 정해진 기준에 따라 버스 마스터들 중 선택된 순서대로 1개씩만 버스를 사용할 수 있게 해주는 동작을 버스 중재 bus arbitration라고 하며, 이 기능을 수행하는 하드웨어 모듈을 버스 중재기bus

버스 마스터(bus master)
직접적으로 버스 요청 신호를 생성할 수 있는 장치, 즉 버스 사용 시 주체가 되는 요소이다. 일반적 컴퓨터 시스템에서는 CPU나 입출력 제어기 등이 마스터가 된다.

버스 슬레이브(bus slave)
버스에 대한 요청 권한이 없는 수동적 장치

arbiter라고 한다.

버스 중재는 시스템 성능에 많은 영향을 주기 때문에 시스템 특성에 따라 효과적으로 설계되어야 한다. 특히 가장 중요도가 높은 버스 마스터가 버스를 우선적으로 사용할 수 있도록 해줘야 하며, 그렇지 않은 경우에는 모든 버스 마스터들이 공정하게 버스를 사용할 수 있게 해주어야 한다.

2 버스 중재 방식의 분류

2.1 버스 중재기 위치에 따른 분류

중앙집중식 중재 방식centralized arbitration scheme과 분산식 중재 방식decentralized arbitration scheme으로 분류할 수 있다.

중앙집중식 중재 방식은 버스 마스터들이 발생하는 버스 요구 신호들이 하나의 버스 중재기에 의해 중재되는 방식이다. 버스 마스터의 요구 신호들이 하나의 중재기로 보내지고, 중재기는 정해진 중재 원칙에 따라 선택한 버스 마스터에게 승인 신호를 보내게 된다. 데이지 체인 방식daisy-chaining과 독립 요청independent requesting 방식이 대표적인 중앙집중식 중재 방식이다.

데이지 체인 방식은 버스에 연결된 각 장치들이 데이지 입력 단자와 데이지 출력 단자를 가지고 데이지 체인에 연결되어 버스 허가 신호를 전달하여 버스 사용을 중재하는 방식이고, 독립 요청 방식은 버스에 연결된 각 장치들이 독립된 버스 요청 선과 버스 허가 선에 의하여 중앙의 중재기에 연결되어 각 장치가 개별적으로 중앙에 있는 버스 중재기와 버스 요청을 전달하는 방식이다. 데이지 체인 방식의 경우 중재기에서 직접 연결된 장치가 버스 사용의 우선순위가 가장 높고, 데이지 체인상에서 멀어질수록 버스 사용의 우선순위가 낮아지게 되지만, 독립 요청 방식은 중앙 중재기에서 내부 중재 회로를 구성하는 방법에 따라 우선순위가 달라진다.

분산식 중재 방식은 각 버스 마스터에 의해 버스의 중재가 분산되는 방식이다. 여러 개의 버스 중재기들이 존재하며, 일반적으로 각 버스 마스터가 중재기를 한 개씩 가진다. 따라서 버스 중재 동작이 각 마스터의 중재기에 의하여 이루어진다. 이와 같은 중재기는 대부분의 컴퓨터에서는 CPU 속에 포함되어 있으나 미니컴퓨터급 이상에서는 별도로 분리된 경우도 있다. 분산식 중재 방식에서도 데이지 체인으로 구성하는 방법이 있는데, 앞서 데이지 체인 방식은 데이지 체인에 버스의 장치가 데이지 체인으로 연결되지만, 분산식 중재 방식에서 데이지 체인 방식은 분산된 버스 중재기를 데이지 체인으로 연결하는 것에서 차이가 있으며, 분산식 중재 방식에서 데이지 체인 방식은 버스 사용에 대한 우선순위가 특정 장치에 있지 않고, 계속 변화하므로 장치의 버스 사용이 균일해지는 장점이 있다.

분산식 중재 방식의 장점은 각 버스 마스터가 소유하고 있는 버스 중재회로가 간단하여 동작속도가 빠르며, 한 버스 중재기에 고장이 발생해도 해당 버스 마스터에만 영향을 미치므로 신뢰도가 높다. 반면에 고장 난 버스 중재기를 찾는 방법이 복잡하고 하나의 중재기 고장이 전체 시스템에 영향을 줄 수 있는 가능성이 존재하는 단점도 있다.

2.2 버스 중재에 사용되는 제어 신호의 연결 구조에 따른 분류

병렬 중재 방식parallel arbitration scheme 과 직렬 중재 방식serial arbitration scheme 으로 분류할 수 있다.

병렬 중재 방식은 버스 마스터가 각각의 독립된 제어 신호를 사용하는 방식이다. 버스 마스터들은 독립적으로 버스 사용 요구 신호BREQ 와 버스 사용 승인 신호BGNT 를 사용하므로 버스 마스터와 같은 수의 버스 요구 선과 승인 신호 선들이 필요하다. 각 버스 마스터가 독립적인 버스 요구 신호 선을 통해서 각각의 버스 요구 신호를 버스 중재 회로로 입력하면 버스 중재기는 각 버스 마스터에 대응하여 버스 승인 신호를 별도로 발생시킨다. 병렬 중재 방식은 우선순위 방식과 조합하여 버스 중재가 가능한데, 중앙집중식 고정 우선순위 방식과 중앙집중식 가변 우선순위 방식이 있고, 분산식 고정 우선 방식 등이 있다.

직렬 중재 방식은 버스 요구 선과 승인 신호 선이 각각 1개씩만 존재하며, 각 신호 선이 버스 마스터나 버스 중재기들이 직렬로 접속하는 방식이다. 중앙집중식 직렬 중재 방식에서는 접속되는 버스 마스터들의 순서에 의해서 우선순위가 결정되기도 하고, 분산식 직렬 중재 방식에서는 분산된 버스 중재기가 직렬로 연결되기 때문에 우선순위가 지속적으로 변화하는 특성이 있다.

3 우선순위의 결정 방식에 따른 분류

버스 경합 발생 시 우선순위가 높은 버스 마스터에 버스 사용권한을 주는 방식에 따라 고정 우선순위 방식fixed priority scheme과 가변 우선순위 방식dynamic priority scheme으로 분류할 수 있다.

고정 우선순위 방식은 각 버스 마스터에 우선순위가 지정되면 고정되어 변경할 수 없는 방식이다. 즉, 정해진 우선순위 방식이 하드웨어적으로 고정되어서 변경이 불가능하다.

반면 가변 우선순위 방식은 버스 중재기가 시스템의 상태 또는 조건에 따라 각 버스 마스터들의 우선순위를 수시로 변경할 수 있는 방식이다. 이 방식을 사용하면 중재회로는 더 복잡해지지만 버스 마스터들이 버스를 좀 더 균등하게 사용할 수 있다. 즉, 우선순위가 고정되어 있는 방식에서 최상위 우선순위를 가진 마스터가 버스를 독점하거나 최하위 우선순위를 가진 마스터가 오랫동안 버스를 사용하지 못하는 기아starvation 현상이 발생하는 것을 방지하기 위한 것이다.

정보 교환을 위한
버스 제어 신호 종류
• BREQ(bus request): 버스 마스터가 버스 사용을 원한다는 신호
• BGNT(bus grant): 버스 사용을 요구한 버스 마스터에게 사용을 허가하는 신호
• BBUSY(bus busy): 현재 버스를 특정한 버스 마스터가 사용하고 있는 중이라는 신호

여기에는 회전 우선순위rotation priority, 임의 우선순위random priority, 동등 우선순위equal priority, 최소-최근 사용LRU: Least Recently Used과 같은 알고리즘 등이 사용된다. 이 중에서 선입선출 기반의 동등 우선순위 방식이 우선순위를 결정하는 회로가 가장 간단하지만, 기본적으로 가변 우선순위 방식은 고정 우선순위 방식에 비해 중재 회로가 복잡해지는 단점이 있다.

4 폴링 방식

폴링 방식polling scheme은 폴링 마스터에 의한 버스 중재기로 버스 중재기가 각 버스 마스터들이 버스 사용을 원하는지 주기적으로 검사하여 버스 승인 여부를 결정하는 방식으로 주기적 검사 방식이라고도 한다.

이 방식은 폴링 순서와 중재 동작이 모두 중재기의 내부에 하드웨어로 구

현되어 있는 하드웨어 폴링 방식과 프로그램을 이용한 소프트웨어 폴링 방식으로 나눌 수 있다.

하드웨어 폴링 방식은 버스 중재기가 각 버스 마스터에게 버스 사용 여부를 주기적으로 확인하기 위해 별도로 설치한 버스 폴링 선에 연결된 버스 마스터들에 대해 순차적으로 버스 마스터를 하나씩 지정해서 카운터 신호를 발생한다. 해당 버스 마스터가 버스 사용을 원하면, 폴링선의 신호를 받고 나서 응답으로 버스 요청 선으로 버스 요청하는 신호를 버스 중재기에 전달하여 버스를 사용할 수 있고, 만약 해당 버스 마스터가 버스 사용을 원하지 않으면, 버스 중재기가 다음 차례에 있는 버스 마스터를 지정해서 버스 사용을 여부를 확인하기 위해 폴링 선에 카운터 신호를 보내는 작업을 순차적으로 수행하면서 버스 권한을 부여하는 방식으로 수행한다.

소프트웨어 폴링 방식은 하드웨어 폴링 방식과 동일한 방식으로 수행되지만, 소프트웨어적으로 변환하여 수행하기 때문에 우선순위 또는 폴링 순서를 쉽게 변경할 수 있지만, 하드웨어 폴링방식에 대비 수행 시간이 긴 단점이 있다.

 참고자료

김성락 외. 2011. 『컴퓨터 구조의 이해』. 정익사.
신종홍. 2013. 『컴퓨터 구조와 원리 2.0』. 한빛미디어.
김경복. 2012. 『핵심컴퓨터구조』. 한올출판사.

1

운영체제

—

운영체제 Operating System

운영체제란 제한된 컴퓨터 시스템의 자원을 효율적으로 관리, 운영하여 사용자들에게 편의를 제공하고 인간과 기계 간에 인터페이스 역할을 수행하는 시스템 소프트웨어를 말한다.

1 운영체제 개요

운영체제는 사용자가 응용 소프트웨어를 사용할 수 있는 환경을 제공하여 컴퓨터를 좀 더 편리하고 효율적으로 관리·이용하기 위해 사용한다. 운영체제를 사용함으로써 사용자는 컴퓨터 자원을 효율적으로 관리하여 자원의 처리량을 향상시키고, 사용자 인터페이스user interface를 통해 편의성을 높일 수 있다. 또한 컴퓨터의 응답시간 단축 및 가용성, 신뢰성, 운용성 등을 증대시키는 것이 가능하다.

운영체제는 컴퓨터 하드웨어와 사용자 간의 인터페이스로서, 컴퓨터 자원의 제어 및 사용 정책을 구현하고 있으며, 컴퓨터 자원을 사용자에게 공유하거나 스케줄링을 통해 자원을 할당한다. 또한 입출력장치와 데이터를 교환하거나 예외 사항 혹은 에러error를 처리하는 역할을 수행한다.

운영체제는 관점에 따라 여러 가지로 해석하기도 하는데, 확장 기계로서의 운영체제는 하드웨어 위에 소프트웨어 계층을 올려 하드웨어의 복잡성과 저급low level 수준의 기능을 사용자에게 숨기는, 추상화된 명령어를 제공하는 확장된 기계로 보는 관점을 말한다.

가상 기계로서의 운영체제는 여러 사용자와 응용 프로그램이 컴퓨터 자원을 공유할 수 있게 하여 마치 사용자가 물리적 자원이 여러 개 있는 것과 같이 생각하도록 가상의 기계를 제공한다고 보는 관점이다.

마지막으로 자원 관리자로서의 운영체제는 각 사용자와 응용 프로그램의 요구사항이나 제약사항을 만족시키면서 시스템의 전체 성능을 최대화하기 위해 자원들을 효율적으로 관리하는 관리자의 역할을 수행한다고 보는 관점이다.

2 운영체제의 구조

2.1 운영체제의 계층적 구조

운영체제를 계층적으로 구분해보면, 하드웨어, 커널, 자원 관리 프리미티브, 프로세스 관리 프리미티브, 응용 및 유틸리티 프로그램으로 나누어 생각할 수 있다.

운영체제의 계층적 구조

응용 프로그램 및 유틸리티 프로그램
프로세스 관리 프리미티브
자원 관리 프리미티브
커널
하드웨어

하드웨어는 컴퓨터의 기본이 되는 물리적 기계를 말하며, 쉽게는 컴퓨터 본체를 구성하고 있는 요소들이라고 생각할 수 있다.

커널은 시스템 자원을 관리하기 위해 필요한 가장 기본적인 함수들로 인터럽트 처리, CPU 할당, 세마포semaphore를 통한 자원 할당과 기본정책 수행, 시스템 보호 등의 역할을 수행한다.

자원 관리 프리미티브resource manager primitives에서는 CPU, 메모리, 주변기기에 자원을 배정하거나, 입출력 처리, 파일관리, 자원 보호를 담당한다.

프로세스 관리 프리미티브processor manager primitives에서는 프로세스 스케줄링이나 프로세스 상태를 관리한다.

마지막으로 사용자 지원 도구로서 사용되는 응용 프로그램 및 유틸리티 프로그램으로는 컴파일러, 사용자 인터페이스, 텍스트 편집기 등이 있다.

2.2 계층 간 연결

운영체제에서는 계층 간 서비스를 호출하거나 인터럽트를 처리하여 계층을 연결하고 있다.

상위 계층에서 서비스를 요청하면 하위 계층에 준비된 서비스가 실행되어 결과를 응용프로그램에서 사용할 수 있다. 시스템에서 발생되는 인터럽트는 운영체제 내에서 인터럽트 처리기에 의해 적절히 대응하게 된다. 내부에서만 발생되는 인터럽트의 경우 트랩trap이라 부른다.

계층 간 연결

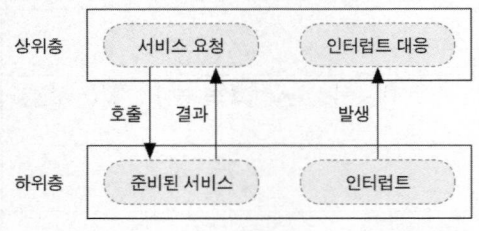

3 운영체제의 종류와 발전

3.1 운영체제의 종류

필요와 목적에 따라 다양한 운영체제가 개발되었다.

구분	유형	설명
처리 시간	일괄처리 운영체제 (Batch OS)	• 입력되는 자료들을 일정 기간 또는 일정한 자료를 모아 한꺼번에 처리하는 방식 • 컴퓨터 시스템을 효율적으로 사용 가능 • 자료 발생부터 최종 결과를 얻을 때까지 많은 시간 소요
	시분할 운영체제 (Time Sharing OS)	• CPU 스케줄링과 다중 프로그래밍 기법을 사용해 사용자들에게 시간 주기(Time Slice, Quantum)를 할당하고 CPU를 그 시간만큼 사용할 수 있게 하는 대화식(Interactive) 처리 방법 • 자원에 대한 짧은 시간 단위의 배정을 통한 공유(Sharing) 현실화 • 각 사용자에게 대화식 단말 장치를 이용해 인터페이스할 수 있는 독립된 가상 기계를 제공하는 효과
	실시간 운영체제 (Real Time OS)	• 처리를 요구하는 자료가 발생할 때마다 정해진 시간 내에 처리해 요구에 응답하는 방식의 운영체제 • 항공관제, 전력 발전소 제어, 군사 명령 제어 시스템 등의 독립된 시스템과 자동차, 휴대전화 등의 제품에 들어가는 내장 시스템(Embedded System)
처리 방식	다중 프로그래밍 시스템 (Multiprogramming OS)	• 주메모리에 여러 프로그램 또는 작업을 저장하고 그 실행을 인터리빙해 동시에 실행하는 방법 • 스케줄링과 자원 배정 정책을 통해 동시처리 효과 • 미시적으로는 단일 프로세스가 동작하고 있는 상태 • 사용되지 않는 자원의 양을 최소화하고 시스템의 처리량과 각 프로그램의 응답시간을 향상시킴
	분산 운영체제 (Distributed OS)	• 하나 이상의 네트워크를 통해 연결된 다중 기계에서 작업과 자원을 분산해 처리하는 방식 • 통신기능이 운영체제 내부에 존재 • 시스템의 상태 제어 및 자원 관리에 대한 일관성 있는 설계가 가능 • 시스템 자원들을 글로벌(Global)하게 사용 가능 • 네트워크 운영체제에 비해 설계가 어려움
	네트워크 운영체제 (Network OS)	• 네트워크상의 컴퓨터 간 자원 공유 및 처리 효율을 높이기 위한 운영체제 • 각 노드는 독자 운영체제를 갖고 다른 노드와 네트워크를 통해 연락 • 다른 기종(Heterogeneous) 컴퓨터들의 메시지 전달 용이 • 독립적 통신 기능으로 각 노드의 자율성이 최대한 보장됨 • 자원의 공유가 제한됨 • 자원의 분산에 대한 투명성 기능의 제공이 어려움
	병렬처리 시스템 (Parallel Processing OS)	• 입출력 채널 또는 처리기와 같은 장치에서 둘 이상의 프로세스를 동시에 수행하는 방식 • 연산속도를 높여 단위 시간당 수행 작업의 양(처리량)을 높임
	다중 프로세서 운영체제 (Multiprocessor OS)	• 복수 개의 프로세서를 제어해 병렬처리를 지원 • 공유 기억장치 및 공유 변수를 매개로 통신 • 프로세서 간의 묵시적 동기화 제어가 일어남
	멀티컴퓨터 운영체제 (Multi-Computer OS)	• 프로세스는 각각의 독립 메모리를 운용함 • 메시지 전달에 의한 통신 • 프로세스 간의 명시적 동기화 제어가 일어남 • 기기 내부에 별도의 가상기계(Virtual Machines)가 메모리를 공유함

3.2 운영체제의 발전

짧지만 다양한 변화를 거치며 운영체제는 발전해오고 있다. 최근에는 다양한 유형이 등장하고 있으며, 모바일 컴퓨팅을 위한 운영체제까지 영역을 점차 확대하고 있다.

세대	운영체제
1950년 이전	• 운영체제가 없음. 사용자는 모든 명령어를 기계어로 사용
제1세대(1950~1960년대)	• 배치 처리 형태로 컴퓨터 자원은 독점 사용됨
제2세대(1970년대)	• 다중 프로그래밍 • 실시간 처리 • 시분할 시스템
제3세대(1980년대)	• 개방형 시스템, 개인용 컴퓨터 (DOS 등) • NOS (Networking OS) • 분산처리 (Mach, DASH 등) • 병렬처리를 지원함
제4세대(1990년대~현재)	• 가상기계를 지원하는 다중 운영체제 등장 • 멀티미디어 데이터(Multi-media Data) 처리 • 인터넷 지원 기능 강화, 인공지능(AI) • 모바일 운영체제 (Android, iOS)

참고자료
삼성SDS 기술사회. 2010. 『핵심 정보통신기술 총서』. 도서출판 한울.

기출문제
87회 응용　Embedded System에 탑재하는 운영체제의 특징과 운영체제의 기능에 대하여 설명하시오.
89회 관리　운영체제(OS)의 기능과 역할에 대해 설명하시오.
101회 관리　웹 응용서비스 환경으로 구성되는 웹 플랫폼은 최근 다양한 서비스와 데이터를 연동하고 서비스할 수 있는 응용 플랫폼의 형태로 발전해왔다. 웹 플랫폼의 기술 중 W3C의 웹 API 종류, 웹 운영체제(Web Operating System)의 개념과 종류에 대해 설명하시오.

1-2

프로세스 Process

초기 시스템은 한 번에 하나의 프로그램만을 수행할 수 있었다. 반면 오늘날의 시스템은 메모리에 다수의 프로그램들이 적재되어 병행 실행된다. 이러한 변화는 다양한 프로그램에 대한 견고한 제어control와 구획화compartmentalization를 필요로 하게 되는데, 이 때문에 프로세스의 개념이 나오게 되었다. 프로세스란 수행 중인 프로그램으로서 시분할 시스템에서의 프로세스는 작업의 단위가 된다.

1 프로세스 개요

1.1 프로세스 정의

프로세스
실행 중인 프로그램.
텍스트 섹션, 데이터 섹션, 힙, 스택을 포함한다.

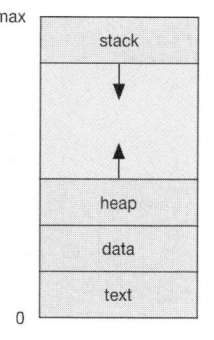

프로세스란 실행 중인 프로그램이며, **텍스트 섹션**text section 이라고 부르는 프로그램 코드 이상의 것이다. 텍스트 섹션은 프로그램 카운터program counter 값과 레지스터의 내용으로 표현된다. 일반적으로 함수의 매개변수, 복귀 주소와 지역변수 등의 임시 자료를 보관하는 **프로세스 스택**process stack과 전역 변수를 가지는 **데이터 섹션**data section, 실행 중에 동적으로 할당되는 메모리인 **힙**heap을 포함한다.

프로그램은 명령어 리스트를 가진 디스크에 저장된 실행파일과 같은 수동적 엔터티passive entity 인 반면, 프로세스는 다음에 실행할 명령어를 지정하는 프로그램 카운터와 연관된 자원의 집합을 가진 능동적 엔터티active entity 이기 때문에 프로그램 자체는 프로세스라 할 수 없다.

프로세스 주소 공간의 영역과 역할

영역	역할
스택	호출된 함수의 복귀 주소와 지역변수 등 임시 자료를 저장하는 영역
힙	텍스트(코드) 영역과는 별도로 유지되는 자유 영역. 프로그램 실행 중 호출을 통해 사용되다 해지되는 등 자유롭게 사용 가능
데이터	프로세스 실행 중 동적으로 할당받는 영역으로 읽기 쓰기가 가능함
텍스트	프로세서가 실행하는 코드를 저장. 프로그램이 텍스트 영역을 침범하여 기록하려고 하면 오류 발생됨

1.2 프로세스의 상태 전이

프로세스는 생성되어 종료될 때까지 실행되면서 상태가 변하게 되는데, 운영체제는 프로세스 상태를 점검하고 제어하는 역할을 수행하게 된다. 프로세스는 실행 프로세스와 비실행 프로세스로 나눌 수 있다.

운영체제가 프로세스를 생성하면 생성된 프로세스는 비실행 상태로 초기화되어 실행을 기다린다. 기존의 실행 중인 프로세스가 종료되거나 인터럽트가 발생하면 비실행 상태의 프로세스 중 하나의 프로세스가 선택되어 실행 상태로 상태가 전이된다. 이렇게 비실행에서 실행 상태로 프로세스가 전이되는 것을 디스패치dispatch라고 한다. 즉, 멀티태스킹 환경에서 우선순위가 가장 높은 작업이 수행될 수 있도록 시스템 자원을 할당하는 작업을 디스패치라고 한다.

또한 CPU가 프로그램을 실행하고 있을 때 다른 프로그램을 처리하기 위해 진행 중인 프로그램을 바로 다시 재개할 수 있도록 일시 중단시키고 다른 프로그램을 처리하는 것을 인터럽트interrupt라고 한다.

프로세스는 상황과 조건에 따라 준비ready, 실행running, 대기waiting 상태에 있다가 다른 상태로 변화되는 상태 전이를 반복한다.

준비ready 상태는 프로세스가 실행되기 위해 준비하고 있는 상태이다. 비실행 프로세스는 디스패치를 통해 실행running 상태로 전이된다. 실행running 상태는 프로세스가 CPU를 차지하고 실행 중인 상태이다.

프로세스가 CPU를 독점하는 것을 막기 위해 시간 주기time slice, quantum 내에 작업이 끝나지 않으면 인터럽트를 발생시켜 제어 권한을 운영체제로 넘기고 해당 프로세스는 준비ready 상태로 전이한다. 블록block 실행 상태의 프로세스가 지정된 시간 이전에 입출력이나 다른 작업을 수행하는 경우, 스스로 제어 권한을 운영체제에 넘기고 입출력이나 다른 작업이 끝날 때까지 대기waiting 상태로 전이하게 된다.

대기waiting 상태는 프로세스가 입출력 완료와 같은 어떤 사건이 일어나기를 기다리는 상태이다. 입출력이나 다른 작업이 끝났을 때, 프로세스가 준비ready 상태로 전이하는 것을 웨이크 업wake up 이라고 한다.

어느 특정 순간에 하나의 처리기 상에는 하나의 프로세스만이 실행되기 때문에 대다수의 프로세스들이 준비ready 혹은 대기waiting 상태에 머무르게 된다.

프로세스 상태 전이도

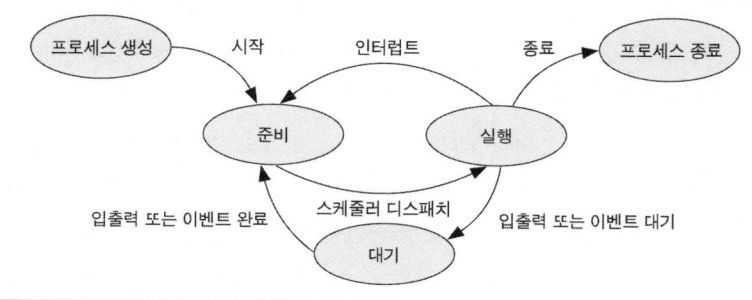

1.3 프로세스 제어 블록 PCB: Process Control Block

각 프로세스는 운영체제에서 프로세스 제어 블록에 의해 표현된다. 프로세스 제어 블록은 특정 프로세스와 연관된 여러 정보를 저장하는 저장소로 다음과 같은 정보를 저장한다.

PCB의 자료 구조도

PCB의 자료 구조	내용
프로세스 상태	New, Ready, Running, Waiting, Halted 등의 프로세스 상태 정보
식별자(PID)	생성된 프로세스를 식별하기 위한 고유한 정수 값
프로그램 카운터	프로세스가 다음에 실행할 명령어의 주소
CPU 레지스터 정보	레지스터와 상태 코드 정보, 인터럽트 발생 시 저장
CPU 스케줄링 정보	프로세스 우선순위, 스케줄 큐 포인터, 다른 스케줄 매개변수
메모리 관리 정보	Base 레지스터와 Limit 레지스터의 값, 페이지 테이블, 세그먼트 테이블 정보

PCB의 자료 구조	내용
Accounting 정보	CPU 사용량, 사용 시간, 시간제한, 계정 번호, job 번호, 프로세스 번호
I/O 상태 정보	할당된 I/O 장치, 열린 파일의 리스트 정보

2 프로세스 스케줄링

각 프로그램이 실행되는 동안 사용자와 상호작용할 수 있도록 프로세스들 사이에서 CPU를 빈번하게 교체하는 시분할 처리가 가능하도록 프로세스 스케줄러는 CPU에서 수행 가능한 여러 프로세스들 중 하나의 프로세스를 선택한다.

2.1 스케줄링 큐

프로세스가 시스템에 들어오면 시스템 안의 모든 프로세스로 구성된 작업 큐에 놓인다. 주기억장치에 존재하며, 준비ready 상태에서 실행을 대기하는 프로세스들은 준비 완료 큐로 불리는 리스트 상에 유지되는데, 준비 완료 큐의 헤더에는 리스트의 첫 번째와 마지막 PCB를 가리키는 포인터가 저장된다. 각 PCB는 준비 완료 큐에 있는 다음 프로세스를 가리키는 포인터 필드를 가진다. 또한 특정 입출력장치를 대기하는 프로세스들의 리스트인 장치 큐를 각 장치마다 가지게 된다.

프로세스는 실행되기 위해 CPU에 디스패치dispatch 될 때까지 준비 완료 큐에서 대기하며 프로세스가 디스패치되면,

- 프로세스가 입출력 요청을 하여 입출력 큐에 들어가거나
- 새로운 서브 프로세스를 생성하고 종료를 기다리거나
- 인터럽트의 결과에 의해 강제로 CPU로부터 제거되고 준비 완료 큐에 재진입하게 된다.

2.2 스케줄러

운영체제는 스케줄러를 통해 프로세스들을 큐에서 선택하게 된다. 스케줄

러는 디스크와 같은 대용량 메모리에 저장된 풀에서 프로세스를 선택하여 실행하기 위해 메모리로 적재하는 장기 스케줄러(작업 스케줄러)와 실행 준비가 완료된 프로세스 중에서 선택하여 CPU를 할당하는 단기 스케줄러(CPU 스케줄러)로 구분되며, 두 가지 유형은 실행 빈도로 구분할 수 있다. 즉, 단기 스케줄러는 프로세스의 실행 간격이 짧기 때문에 매우 빠르며, 장기 스케줄러는 시스템에서 새로운 프로세스가 생성되는 간격이 길기 때문에 실행 빈도수가 상대적으로 적다.

유닉스UNIX와 윈도우Windows 같은 시분할 시스템들은 장기 스케줄러가 없는 경우가 일반적이며, 일부 운영체제에서는 추가로 중간 수준의 중기 스케줄러를 도입하기도 한다. 중기 스케줄러는 경쟁이 치열한 프로세스들을 메모리에서 제거하고 추후에 다시 프로세스를 메모리로 불러와 중단 시점에서부터 실행을 재개하는 스와핑swapping 기법을 사용한다. 스와핑은 프로세스 혼합 상태를 개선하려 하거나 가용 메모리에 비해 더 많은 메모리를 요구하는 경우에 주로 사용된다.

2.3 문맥 교환 context switching

문맥 교환 다이어그램

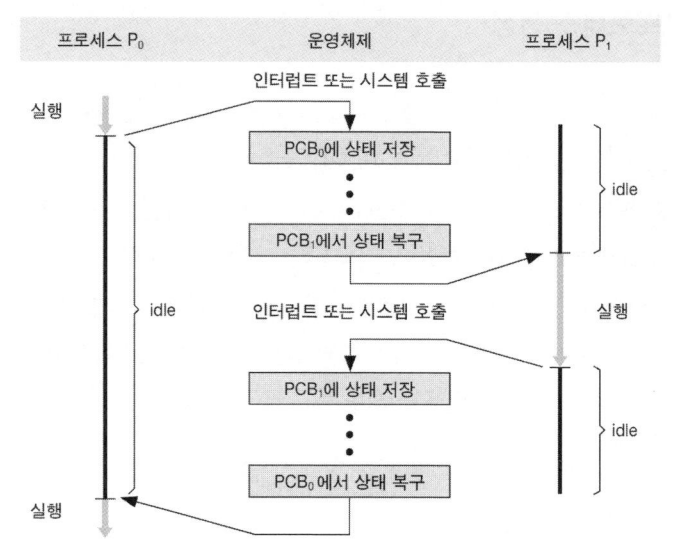

시스템에 인터럽트가 발생하면 처리가 끝난 후 문맥을 복구할 수 있도록 현재 수행 중인 프로세스의 현재 문맥을 저장할 필요가 있다. 문맥은 프로세스의 PCB에 표현되며, CPU 레지스터 값, 프로세스 상태, 메모리 관리 정보 등을 포함하고 있다. 이와 같이 CPU를 다른 프로세스로 교환할 때 이전의 프로세스 상태를 보관하고, 새로운 프로세스의 보관된 상태를 복구하는 문맥 교환context switching 작업이 필요하다.

문맥 교환이 진행되는 동안에는 시스템은 어떤 작업도 하지 못하기 때문에 문맥 교환 시간은 순수한 오버헤드가 될 수 있다. 그 속도는 메모리 속도, 반드시 복사되어야 하는 레지스터의 수, 특수 명령어의 존재에 좌우되므로 시스템마다 다른 것이 일반적이다.

3 프로세스 연산

시스템 내 프로세스들은 병행 수행될 수 있으며 반드시 동적으로 생성되고 제거되어야 하기 때문에 운영체제는 프로세스 생성 및 종료를 위한 기법을 제공해야 한다.

3.1 프로세스 생성

프로세스는 실행 도중에 프로세스 생성 시스템 호출을 통해 여러 개의 새로운 프로세스들을 생성할 수 있는데, 생성하는 프로세스를 부모 프로세스, 새로운 프로세스는 자식 프로세스라 부르며, 새롭게 생성된 프로세스는 또 다른 프로세스를 생성할 수 있어 트리 형태 구조를 형성한다.

UNIX에서는 ps 명령어를 이용하여 프로세스들의 리스트를 얻을 수 있다. 예를 들어 ps -el 명령어를 입력하면 현재 시스템에 활성화되어 있는 모든 프로세스의 정보를 출력할 수 있다.

ᅵ• 운영체제

```
#include <sys/types.h>
#include <stdio.h>
#include <unistd.h>

int main ()
{
pid_t pid;

    /* fork a child process */
    pid = fork();

    if (pid < 0) { /* error occurred */
      fprintf(stderr, "Fork Failed");
      return 1;
    }
    else if (pid == 0) { /* child process */
      execlp("/bin/ls","ls",NULL);
    }
    else { /* parent process */
      /* parent will wait for the child to complete */
      wait(NULL);
      Printf("Child Complete");
    }
    return 0;
}
```

UNIX에서 새로운 프로세스는 fork() 시스템 호출로 생성된다. fork() 시스템 호출 후에 두 프로세스 중 하나가 자신의 메모리 공간을 새로운 프로그램으로 바꾸기 위해 exec() 시스템 호출을 사용한다. exec() 시스템 호출은 이진 파일을 메모리로 적재하고 그 프로그램을 실행시킨다. 이때 exec() 시스템 호출을 포함하는 원래의 프로그램 메모리 이미지는 파괴된다. 이와 같은 방법으로 두 프로세스 간 통신이 가능하며 그 후 부모 프로세스는 자식 프로세스가 실행되는 동안 할 일이 없다면 자식이 종료될 때까지 준비 완료 큐에서 자신을 제거하기 위해 wait() 시스템 호출을 한다.

3.2 프로세스 종료

프로세스는 마지막 코드의 실행을 끝내고, exit() 시스템 호출을 사용하여 운영체제에 자신의 삭제를 요청하면 종료된다. 이 시점에서 프로세스는 자신의 부모 프로세스에 wait() 시스템 호출을 함으로써 상태 값을 변환할 수 있다. 이때 물리 메모리와 가상메모리, 열린 파일, 입출력 버퍼를 포함한 프로세스의 모든 자원이 운영체제로 반환된다.

UNIX fork() 시스템 호출을 이용한 프로세스 생성 및 종료 다이어그램

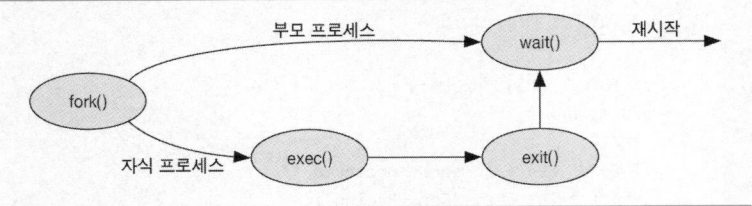

4 프로세스 간 통신 IPC: Interprocess Communication

프로세스 간 통신(IPC) 모델 유형

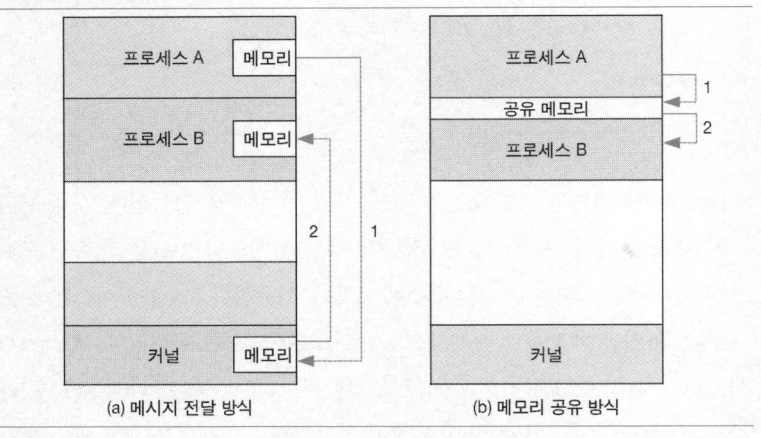

(a) 메시지 전달 방식   (b) 메모리 공유 방식

운영체제 내에서 수행되는 병행 프로세스들은 독립적이거나 협력적인 프로세스들이다. 프로세스가 시스템에서 실행 중인 다른 프로세스들에게 영향을 주거나 받지 않는다면 독립적 프로세스, 프로세스가 시스템에서 실행 중인 다른 프로세스들에 영향을 주거나 받는다면 협력적 프로세스이다. 즉, 다른 프로세스와 자료를 공유하지 않으면 독립적, 자료를 공유하면 협력적 프로세스이다. 프로세스 협력을 제공하는 환경에서는 정보 공유, 계산 가속화, 모듈성, 편의성을 제공한다.

협력적 프로세스들은 자료와 정보를 교환할 수 있는 프로세스 간 통신IPC 기법이 필요하며, 프로세스 간 통신은 공유 메모리를 사용하는 방법과 메시지를 사용하여 전달하는 두 가지 모델이 있다.

공유 메모리 모델에서는 협력 프로세스들에 의해 공유되는 메모리 영역이 만들어져 프로세스들은 그 영역에 자료를 읽고 쓰기 함으로써 정보를 교환할 수 있다. 메시지 전달 시스템에서는 협력 프로세스들 사이에 교환되는 메시지를 통해 통신이 이루어진다.

4.1 메시지 전달 모델

메시지 전달 모델에서는 최소한 두 가지 연산(send()와 receive())을 제공한다. 프로세스 간 통신의 동기화를 위해 메시지 전달은 동기식 형태의 봉쇄형blocking과 비동기식 형태의 비봉쇄형nonblocking이 있다.

직접·간접 통신 방식에 상관없이 통신하는 프로세스들에 의해 교환되는 메시지는 임시 큐를 사용하게 되며, 임시 큐를 구현하는 방식은 세 가지가 있다.

- 무 용량zero capacity: 큐 최대 길이가 0이며, 송신자는 수신자가 메시지 수신 시까지 대기
- 유한 용량bounded capacity: 큐 길이는 N이며, 큐가 가득 차지 않았다면 송신자는 대기하지 않고 실행을 지속하며, 링크가 만원인 경우 이용 가능할 때까지 봉쇄됨
- 무한 용량unbounded capacity: 잠재적으로 무한한 길이를 가지며, 송신자는 절대 봉쇄되지 않음

4.2 공유 메모리 모델

공유 메모리 영역을 통해 프로세스 간 통신을 하는 일반적인 생산자-소비자 구조에 있어서, 생산자와 소비자 프로세스들이 병행으로 실행되도록 하려면 생산자가 정보를 채워 넣고 소비자가 소모할 수 있는 버퍼buffer가 반드시 필요하다.

이러한 버퍼에는 크기에 실질적 한계가 없는 무한 버퍼unbounded buffer와

버퍼의 크기가 고정되어 있는 유한 버퍼bounded buffer의 두 가지 유형이 있다. 무한 버퍼의 경우 소비자는 새로운 항목을 기다려야 할 수도 있지만 생산자는 항상 새로운 항목을 생산할 수 있으며, 유한 버퍼의 경우에는 버퍼가 비어 있으면 소비자는 반드시 대기해야 하며 모든 버퍼가 채워져 있으면 생산자가 대기해야 한다.

참고자료

Abraham Silberschatz, Peter B. Galvin, and Greg Gagne. 2011. *Operating System Concepts Essentials 1st Edition*. John Wiley & Sons. Inc.

기출문제

78회 응용 프로세스(Process)와 스레드(Thread)를 정의하고, 여러 개의 스레드가 동일 코드 부분을 병렬로 실행하더라도 모든 스레드가 각각의 고유한 계산 값을 유지할 수 있는 이유를 설명하시오.

89회 관리 운영체제에서 프로세스 상태 다이어그램을 그리고, 각 상태와 상태 간의 변환과정에 대해 설명하시오

96회 관리 다음 UNIX 시스템 호출을 이용하는 프로그램(UNIX System V 기준)을 보고 물음에 답하시오.

```
#include <unistd.h>

main ()
{
    int p_id;

    switch(p_id = fork())
    {
        case -1:
            fatal("실패");
            break;
        case 0:
execl("/bin/ps","ps","-ed",(char *)0);
            fatal("execl 실패");
            break;
        defauld;
            wait((int *)0);
            printf("ps 수행 완료\n");
            exit(0);
    }
}

int fatal(char *p)
{
    perror(p);
    exit(1);
}
```

가) 위 프로그램의 동작 과정을 fork, execl 시스템 호출 중심으로 설명하시오.

나) 위 프로그램의 동작 과정과 동일한 결과를 얻기 위한 UNIX 명령어를 작성하시오.

99회 응용 PCB(Process Control Block) 구성정보

102회 관리 다음 프로세스 상태 전이도에 대하여 질문에 답하시오.

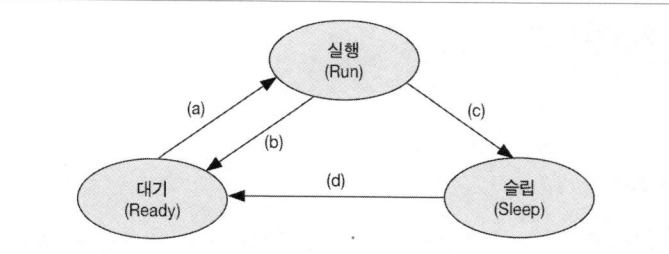

가. (a), (b), (c), (d)에 대하여 설명하시오

나. (b), (c)가 일어나는 이유에 대하여 설명하시오.

1-3

스레드 Thread

프로세스가 하나의 작업 단위라면 스레드는 프로세스 내부에 존재하는 실행 단위이다. 프로세스 하나에서 스레드들이 자원을 공유하여 자원 생성과 관리 중복성을 최소화하여 작업 수행 능력을 향상시킬 수 있다.

1 스레드

1.1 스레드 개념

스레드는 CPU 이용의 기본 단위이다. 스레드는 스레드 ID, 프로그램 카운터, 레지스터 집합, 스택으로 구성된다. 스레드는 같은 프로세스에 속한 다른 스레드와 코드, 데이터 섹션, 열린 파일이나 신호와 같은 운영체제 자원들을 공유한다.

스레드
CPU 이용 기본 단위

  프로세스의 일부 특성을 갖고 있는 경량 프로세스LWP: Light Weight Process 로서 하나의 프로세스에 하나의 스레드가 존재하는 경우에는 싱글 스레드, 하나 이상의 스레드가 존재하는 경우에는 멀티 스레드라고 한다.

1.2 멀티 스레드

웹서버는 클라이언트로부터 웹페이지, 이미지, 콘텐츠 등에 대한 요청을 받는다. 하나의 웹서버에 다수의 클라이언트들이 동시에 접근하는 경우 전통적인 싱글 스레드 프로세스로 동작한다면 한 번에 하나의 클라이언트만 서비스할 수 있을 것이다. 이 경우 클라이언트들의 서비스 대기시간은 기하급수적으로 늘어날 것이다.

이러한 문제의 해결 방법으로는 각 서비스별로 그 요청을 수행할 별도의 프로세스를 생성하는 것이다. 하지만 이 방법은 많은 오버헤드가 발생되므로 좀 더 효율적인 방안으로 일반적인 웹서버 프로세스를 멀티 스레드화하는 것이다. 즉, 서버는 클라이언트의 요청을 기다리는 별도의 스레드를 생성하고 요청이 들어올 때 다른 프로세스를 생성하는 것이 아니라 요청에 대한 서비스를 수행하는 또 다른 스레드를 생성하는 방법이다.

싱글 스레드와 멀티 스레드를 가진 프로세스

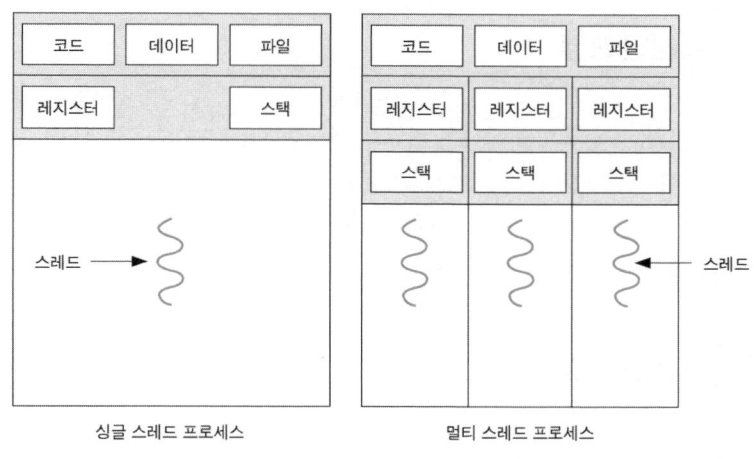

싱글 스레드 프로세스　　　　　　멀티 스레드 프로세스

1.3 멀티 스레드 사용의 장점

- **응답성 확보**: 프로그램 일부분이 봉쇄되거나, 긴 작업을 수행하더라도 프로그램 수행이 계속되는 것을 허용.
- **자원 공유**: 스레드들이 속한 프로세스의 자원과 메모리를 공유. 한 응용 프로그램이 같은 주소 공간 내에 여러 개의 다른 작업을 하는 스레드를 가질 수 있음.
- **경제성 증가**: 프로세스 생성을 위해 메모리와 자원을 할당하는 것보다

스레드를 생성하고 문맥 교환을 하는 것이 더 경제적임.

- 병렬성 증가: 멀티 스레드를 통해 멀티프로세서 구조 활용 가능.

2 멀티 스레드 모델

스레드는 일반적으로 사용자 스레드와 커널 스레드로 구현할 수 있으며, 이 두 가지 방식과 두 수준을 혼합한 혼합 방식 중 하나를 사용한다.

사용자 스레드는 사용자가 만든 라이브러리를 사용해 스레드를 운용하는 방식이다. 커널 스레드는 운영체제의 커널에 의해 스레드를 운영하는 방식이다.

2.1 다대일 모델

다수의 사용자 스레드를 하나의 커널 스레드로 사상되며, 속도는 빠르지만 구현이 어려운 단점이 있다. 효율적이기는 하지만 한 스레드가 봉쇄형 시스템 호출을 하는 경우 전체 프로세스가 봉쇄되며, 한 번에 하나의 스레드만 커널에 접근 가능하기 때문에 병렬로 작동할 수 없다.

2.2 일대일 모델

사용자 스레드 각각을 별도의 커널 스레드로 사상되며, 사용자 수준 스레드와 반대로 구현이 쉽지만 속도가 느린 단점이 있다. 이 모델은 하나의 스레드가 봉쇄형 시스템 호출을 하더라도 다른 스레드가 실행될 수 있기 때문에 다대일 모델보다 병렬성이 뛰어나다. 단, 사용자 스레드를 생성할 때 그에 따른 커널 스레드를 생성해야 하기 때문에 커널 스레드를 생성하는 오버헤드가 응용 프로그램의 성능을 저하시킬 수 있어 지원되는 스레드의 수를 제한한다.

2.3 다대다 모델

혼합형 스레드는 여러 개의 사용자 스레드가 그보다 작은 수 혹은 같은 수의 커널 스레드로 매핑된다. 다대다 모델에서는 개발자는 필요한 만큼 많은 사용자 스레드를 생성할 수 있고, 상응하는 커널 스레드가 멀티프로세서에서 병렬로 수행될 수 있다. 또한 스레드가 봉쇄형 시스템 호출을 하더라도 커널이 다른 스레드의 수행을 스케줄링할 수 있다.

멀티 스레드 모델

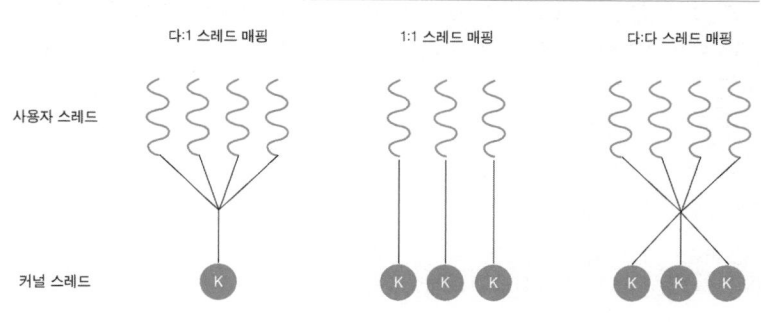

참고자료

Abraham Silberschatz, Peter B. Galvin, and Greg Gagne. 2011. Operating System Concepts Essentials 1st Edition, John Wiley & Sons. Inc.

기출문제

96회 응용 멀티스래딩(Multithreading)의 개념과 종류에 대하여 설명하고, Latency와 Throughput 관점에서 장단점을 설명하시오.

78회 응용 프로세스(Process)와 스레드(Thread)를 정의하고, 여러 개의 스레드가 동일 코드 부분을 병렬로 실행하더라도 모든 스레드가 각각의 고유한 계산 값을 유지할 수 있는 이유를 설명하시오.

1-4

CPU 스케줄링

CPU 스케줄링은 다중 프로그램 운영체제의 기본으로 운영체제는 CPU를 프로세스 간에 교환함으로써 컴퓨터가 좀 더 생산적인 작업을 할 수 있도록 해준다. 스레드를 지원하는 운영체제는 커널 수준 스레드를 스케줄링한다.

1 스케줄링 개요

1.1 스케줄링 개념

단일 처리 시스템에서는 한 번에 하나의 프로세스만 실행될 수 있다. 나머지 프로세스는 CPU가 자유 상태가 되어 다시 스케줄될 수 있을 때까지 기다려야 한다. 다중 프로그래밍의 목적은 CPU 이용률을 최대화하기 위해 프로세스들이 항상 실행 중인 상태가 되도록 하는 데 있다.

단순한 컴퓨터 시스템에서의 CPU는 대기시간 동안 어떤 유용한 작업도 수행하지 못한다. 다중 프로그래밍에서는 이런 대기시간을 유용하게 활용하는 것이 주된 목표로, 어떤 프로세스가 대기해야 할 경우 운영체제는 CPU를 회수해 다른 프로세스에 할당한다.

1.2 CPU 입출력 버스트 사이클

프로세스 실행은 CPU 실행과 입출력 대기의 사이클로 구성된다. 프로세스들은 이 두 상태를 반복하여 교차하게 된다. 프로세스 실행은 CPU 버스트 burst로 시작되며, 이후 입출력 버스트가 발생하고 이런 동작이 반복되어 마지막으로 실행을 종료하기 위한 시스템 요청과 함께 끝난다.

CPU 버스트의 지속 시간을 측정해보면 일반적으로 지수형exponential 혹은 초지수형hyperexponential 의 곡선으로 특성화된다. 즉, 짧은 CPU 버스트가 많이 있으며 CPU 버스트가 긴 경우는 드물다. 이러한 분포는 적절한 CPU 스케줄링 알고리즘을 선택하는 데 매우 중요하다.

스케줄링의 진행 단계

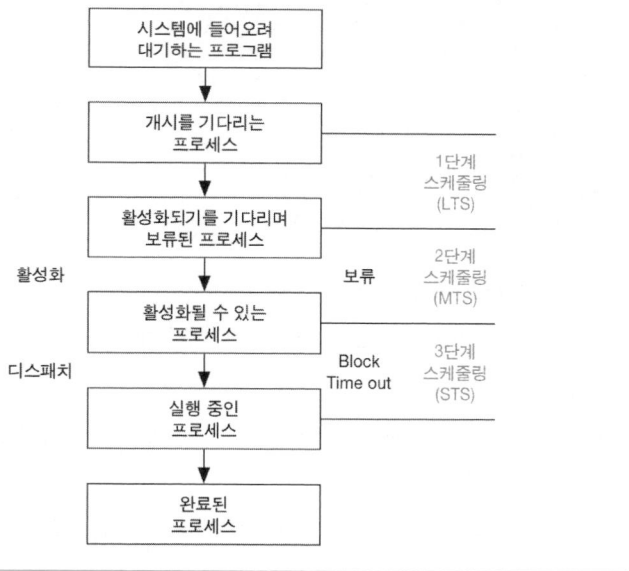

1.3 CPU 스케줄러

CPU가 쉬는 상태가 될 때마다 운영체제는 준비 완료 큐에 있는 프로세스들 중에서 하나를 선택해 실행해야 한다. 이는 단기 스케줄러short term scheduler 혹은 CPU 스케줄러에 의해 수행된다. 준비 완료 큐는 선입선출 FIFO: First In First Out 큐, 우선순위 큐/트리, 연결 리스트 등으로 구현할 수 있으며, 큐에 있는 레코드들은 일반적으로 프로세스들의 제어 블록PCB이 된다.

1.4 선점 스케줄링 preemptive scheduling

비선점 스케줄링과 선점 스케줄링의 비교

항목	비선점	선점
특징	• 이미 할당된 CPU를 다른 프로세스가 강제로 빼앗아 사용할 수 없는 스케줄링 기법 • 프로세스의 종료나 운영체제로부터의 서비스 요청에 따라 스스로 블록할 때, 새로 도착한 프로세스가 아이들(idle) CPU를 발견했을 때 스케줄링을 수행함 • 프로세스가 CPU를 할당받으면 해당 프로세스가 완료될 때까지 CPU를 사용함	• 하나의 프로세스가 CPU를 할당받아 실행하고 있을 때, 우선순위가 높은 다른 프로세스가 CPU를 강제로 빼앗아 사용할 수 있는 스케줄링 기법 • 현재 실행 중인 프로세스를 중지시키고 더 높은 우선순위의 프로세스에 CPU를 할당하는 방법 • 새로운 프로세스가 도착할 때나 기존 프로세스가 메시지나 인터럽트에 의해 깨어날 때 스케줄링을 수행함
장점	• 모든 프로세스에 대한 요구를 공정하게 처리할 수 있음 • 프로세스 응답시간의 예측이 용이하며, 일괄처리 방식에 적합	• 우선순위가 높은 프로세스를 빠르게 처리할 수 있음 • 주로 빠른 응답시간을 요구하는 대화식 시분할 시스템에 사용
단점	• 중요한 작업(짧은 작업)이 중요하지 않은 작업(긴 작업)의 완료를 기다리는 경우가 발생할 수 있음 • 실시간이나 시분할 시스템에서는 적합하지 않음	• 프로세스 전환 시간이 오래 걸리고, 스케줄러 자체의 추가적 코드와 주기억장치와 보조기억장치 간의 프로그램이나 데이터 스와핑 등으로 비용이 많이 들고, 과부하 발생 • 선점이 가능하도록 일정 시간 배당에 대한 인터럽트용 타이머 클록이 필요함
종류	FIFO(FCFS), SJF, 우선순위, HRN, 기한부	라운드 로빈(Round Robin), SRT, 선점 우선순위, 다단계 큐, 다단계 피드백 큐

CPU 스케줄링이 필요한 상황은 다음의 네 가지 경우이다.

(1) 하나의 프로세스가 실행running 상태에서 대기waiting 상태로 전환될 때 (wait 호출 등)

(2) 프로세스가 실행running 상태에서 준비ready 상태로 전환될 때(인터럽트 발생)

(3) 프로세스가 대기waiting 상태에서 준비ready 상태로 전환될 때(입출력 종료)

(4) 프로세스가 종료되어 종료terminated 상태가 될 때

비선점 스케줄링은 위 상황 중 (1), (4)의 상태에서만 스케줄링이 발생한 경우를 말하며, 협력적cooperative 스케줄링이라고도 부른다. 그렇지 않은 상황에서의 스케줄링은 선점preemptive 스케줄링이라고 한다. 비선점 스케줄링에서는 CPU에 한 프로세스가 할당되면 프로세스가 종료하거나 대기waiting

상태로 전환될 때까지 CPU를 점유한다.

1.5 디스패처 dispatcher

디스패처는 CPU의 제어를 단기 스케줄러가 선택한 프로세스에 주는 모듈이며, 문맥 교환, 사용자 모드 전환, 프로그램 재시작을 위해 사용자 프로그램의 적절한 위치로 이동하는 작업을 담당한다.

디스패처는 모든 프로세스의 문맥 교환 시 호출되므로 최대한 빠르게 수행되어야 하며, 디스패처가 하나의 프로세스를 정지하고 다른 프로세스를 시작하는 데까지 소요되는 시간을 디스패치 지연 dispatch latency 이라 한다.

2 스케줄링 기준 scheduling criteria

CPU 스케줄링 알고리즘을 비교하는 데 사용되는 특성에 따라 최선의 알고리즘을 결정하는 데에서 큰 차이가 발생한다. 특정 상황에서 알고리즘을 선택하려면 다양한 알고리즘의 특성들을 고려하는 것이 좋다.

- CPU 이용률 CPU utilization: 시스템에서 40~90% 범위에서 이용되어야 한다.
- 처리량 throughput: 단위 시간당 완료된 프로세스의 개수로 작업량을 측정한다.
- 총처리 시간 turnaround time: 메모리에 들어가기 위해 기다리며 소비한 시간, 준비 완료 큐에서 대기한 시간, CPU에서 실행되는 시간, 입출력 시간을 합한 값.
- 대기시간 waiting time: 준비 완료 큐에서 대기한 시간들의 합.
- 응답시간 response time: 하나의 요구에 대해 첫 번째 응답이 나올 때까지의 시간.

이러한 다양한 기준들 중 CPU 이용률과 처리량을 최대화하고, 총처리시간, 대기시간, 응답시간을 최소화하는 것이 바람직하다.

3 비선점 스케줄링 알고리즘

3.1 선입선출 FIFO: First-In First-Out, FCFS: First Come First Service

먼저 도착한 순서대로 프로세스를 처리하는 가장 간단한 알고리즘으로, 우선순위는 프로세스가 도착한 후 시스템에서 보낸 실제 시간 r에 종속적이다(우선순위 함수 P = r).

먼저 도착한 프로세스가 먼저 처리되어 공평성은 유지되지만 짧은 작업이 긴 작업을, 중요한 작업이 중요하지 않은 작업을 기다리는 경우가 발생할 수 있어 퍼포먼스가 낮아 대화형 사용자에게는 부적합하다.

3.2 단기 작업 우선 SJF: Shortest-Job-First

전체 서비스 시간(실행 시간, CPU 사용시간) t가 가장 짧은 작업을 먼저 수행하는 알고리즘으로, 우선순위는 전체 서비스 시간의 역순이다(우선순위 함수 P = - t).

가장 적은 평균 대기시간을 제공하는 최적의 알고리즘으로, 실행 시간이 긴 프로세스는 실행 시간이 짧은 프로세스에 할당 순위가 밀려 무한 연기 상태가 발생될 수 있다. 프로세스의 수행 순서 예측이 어려워 대화형 사용자들에게는 부적합하다.

- 예제: 다음과 같은 프로세스들이 차례로 큐에 들어왔을 때의 평균 실행 시간, 평균 대기시간, 평균 반환turnaround 시간 계산하기.

프로세스	제출시간	실행 시간
P1	0	10
P2	1	7
P3	2	4

- 가장 먼저 도착한 P1을 실행한 후 실행 시간이 적은 순서대로 P3, P2를 실행함.

- 대기시간은 현재 프로세스가 수행되기 전까지의 진행 시간에서 제출시간을 차감하고, 반환시간은 실행 시간과 대기시간의 합으로 구함.

프로세스	제출시간	실행 시간	대기시간	반환시간
P1	0	10	0	10
P3	2	4	10 - 2 = 8	4 + 8 = 12
P2	1	7	14 - 1 = 13	7 + 13 = 20
평균		21 / 3 = 7	21 / 3 = 7	32 / 3 = 10.7

3.3 HRN Highest Response-ratio Next

SJF 기법의 약점(긴 작업과 짧은 작업의 불균형)을 보완하기 위해, 대기시간과 서비스(실행) 시간을 이용하는 기법으로, 가변 우선순위를 계산해 우선순위가 높은 프로세스에 CPU를 할당하는 알고리즘이다.

우선순위는 (대기한 시간 + 서비스 받을 시간)/서비스 받을 시간으로 계산할 수 있다.

- 예제: 다음과 같은 프로세스가 HRN 기법으로 스케줄링될 때 우선순위 계산하기.

프로세스	대기시간	서비스 시간	우선순위 계산	우선순위
P1	0	10	(0 + 10) / 10 = 1	
P2	1	7	(1 + 7) / 7 = 1.14	P3 → P2 → P1
P3	2	4	(2 + 4) / 4 = 1.5	

3.4 마감시간 deadline

프로세스에 일정한 시간을 주어 그 시간 안에 프로세스를 완료하는 기법으로, 프로세스가 제한된 시간 안에 완료되지 않을 경우 제거되거나 처음부터 다시 실행한다.

시스템은 프로세스에 할당할 정확한 시간을 추정해야 하며, 이를 위해 사용자는 시스템이 요구한 프로세스에 대해 정확한 정보를 제공해야 한다. 여러 프로세스들이 동시에 실행되면 스케줄링이 복잡해지며, 프로세스 실행

시 집중적으로 요구되는 자원관리에 과부하가 발생하는 단점이 있다.

3.5 우선순위 priority

준비 상태 큐에서 기다리는 각 프로세스마다 우선순위를 부여해 그중 가장 높은 프로세스에 먼저 CPU를 할당하는 기법으로, 우선순위가 동일할 경우 FIFO 기법으로 CPU를 할당하며, 우선순위는 프로세스의 종류나 특성에 따라 다르게 부여된다. 가장 낮은 순위를 부여받은 프로세스는 무한 연기 또는 기아 상태가 발생할 수 있다.

4 선점 스케줄링 알고리즘

4.1 SRT Shortest Remaining Time

단기 작업 우선SJF의 선점 버전으로 남은 실행 시간이 가장 적은 프로세스를 우선적으로 실행하는 알고리즘이다. 현재 실행 중인 프로세스의 남은 시간과 준비 상태 큐에 새로 도착한 프로세스의 실행 시간을 비교해 가장 짧은 실행 시간을 요구하는 프로세스에 CPU를 할당하는 기법이다.

시분할 시스템에 유용하며, 준비 상태 큐에 있는 각 프로세스의 실행 시간을 추적해 보유하고 있어야 하므로 과부하가 증가할 수 있다.

완료하기까지 최소 시간을 요구하는 프로세스(즉, 남은 시간 t - a가 최소인 프로세스)에 가장 높은 우선순위를 부여한다[우선순위 함수 P = - (t - a)]. 우선순위는 동적으로 프로세스가 실행함에 따라 올라가고, 완료할 때까지의 시간(t - a)은 줄어든다. 프로세스의 수행 순서 예측이 어려워 대화형 사용자들에게 부적합하다.

4.2 라운드 로빈 RR: Round Robin

FIFO 알고리즘을 선점 형태로 변형한 기법으로, 준비 상태 큐에 먼저 들어온 프로세스가 먼저 고정 크기 퀀텀 q 또는 시간 주기time slice 동안 CPU 시간을 사용하게 하는 기법이다. 즉, 프로세스가 할당된 시간을 다 사용하면 그 프로세스는 선점당하고(다른 프로세스에 CPU를 넘겨주고) 프로세스 리스트의 제일 끝으로 가게 되며, 우선순위는 모든 프로세스가 동일하다(우선순위 함수 P = 0).

라운드 로빈 기법에서는 모든 프로세스의 우선순위가 같으므로 순환 중재 규칙이 적용된다. 대화형 사용자들에게 적합해 대부분의 시분할 시스템에서 사용하고 있으며, 타임 슬라이스가 길 경우 FIFO와 같아지고, 짧을 경우 문맥 교환 및 과부하가 자주 발생하는 단점이 있으나, 타임 슬라이스가 짧으면서 작은 프로세스들에 유리하다.

4.3 다단계 큐 ML: Multi-Level priority, MQ: Multi-level Queue

ML 알고리즘

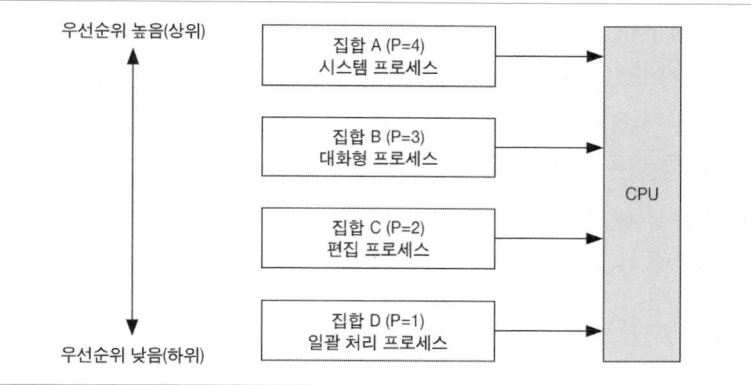

프로세스를 특정 그룹으로 분류하고, 각 그룹에 따라 고정된 우선순위 집합(1부터 n, 1이 최하위 우선순위임)을 사용하는 기법으로, 현재 실행하는 프로세스보다 우선순위가 높은 프로세스가 새로 도착하면 새로운 프로세스가 현재 실행 중인 프로세스를 선점하는 기법이다. 각 동일 우선순위 집합 안에서는 각 그룹의 특성에 따라 서로 다른 독자 스케줄링 알고리즘을 가지며, 선점 방식에서는 RR 방식, 비선점 방식에서는 FIFO가 적용된다. 프로세스가 특정 그룹에 들어갈 경우 다른 그룹으로 이동할 수 없고, 우선순위가 낮은 프로세스는 대기시간이 길어진다는 단점이 있다. 일반적으로 프로세스 우선순위에 따라 시스템 프로세스, 대화형 프로세스, 편집 프로세스,

일괄처리 프로세스 등으로 상위, 중위, 하위 단계로 배치한다.

4.4 다단계 피드백 큐 MLF: Multi-Level Feedback, MFQ: Multi-level Feedback Queue

특정 그룹의 준비 상태 큐에 들어간 프로세스가 다른 준비 상태 큐로 이동할 수 있도록 개선한 기법이다. ML과 유사하게 n개의 우선순위 레벨을 제공하지만, 프로세스들이 계속 동일한 우선순위를 가지는 것이 아니라 획득한 서비스 시간이 증가함에 따라 우선순위가 낮아지게 된다(가변 우선순위).

각 우선순위 수준 P에 대해 시간 t만큼 할당되고 프로세스가 t만큼 서비스를 받으면 우선순위는 P - 1이 된다. 즉, 각 준비 상태 큐마다 시간 할당량을 부여해 그 시간 동안 완료하지 못한 프로세스는 다음 단계의 준비 상태 큐로 이동하게 된다. 상위 단계 큐일수록 우선순위가 높고 시간 할당량이 적으며, 요구하는 시간이 적은 프로세스, 입출력 중심의 프로세스, 낮은 우선순위에서 너무 오래 기다린 프로세스를 기준으로 높은 우선순위를 할당하게 된다. 하위 단계 큐에 있는 프로세스를 실행하는 도중이라도 상위 단계 큐에 프로세스가 들어오면 상위 단계 프로세스에 CPU를 할당하며, 마지막 단계 큐에서는 작업이 완료될 때까지 RR 스케줄링 기법을 사용한다. 다단계 피드백 큐 기법은 스케줄링 기법 중 시스템 퍼포먼스가 가장 좋은 기법이다.

MLF 알고리즘

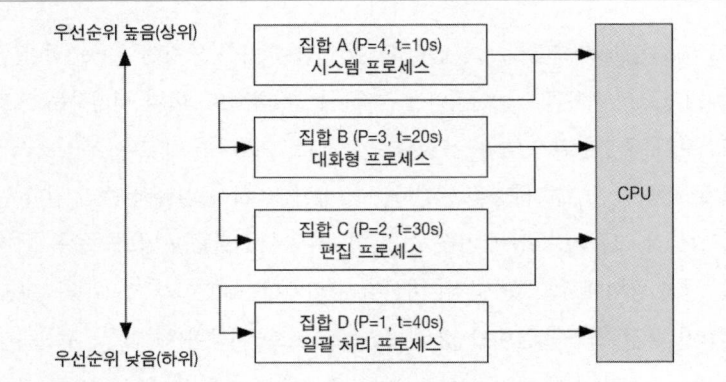

4.5 RM Rate Monotonic

실시간 시스템에서 프로세스와 스레드가 주기적으로 계산을 수행하는 특성을 이용해 프로세스가 매 d시간마다 활성화된다면 이 시간 d를 주기로 보고 주기가 짧은 프로세스를 먼저 수행하는 방법이다. 우선순위는 주기가 짧은 프로세스가 높게 할당되며(우선순위 함수 P = - d), 중재 규칙은 무작위이거나 시간순이다.

4.6 EDF Earliest Deadline First

주로 실시간 시스템에서 사용되는 선점식의 동적 기법으로, 가장 높은 우선 순위를 마감 시한까지 가장 적은 시간이 남아 있는 프로세스에 부여하는 방법이다. 중재 규칙은 무작위이거나 시간순이다.

5 스케줄링 알고리즘 간의 비교

스케줄링 알고리즘	판단 규칙	우선순위 함수	중재 규칙
FIFO(First-In/First-Out)	비선점	r	무작위
SJF(Shortest-Job-First)	비선점	$- t$	시간순 또는 무작위
SRT(Shortest Remaining Time)	선점	$- (t - a)$	시간순 또는 무작위
RR(Round Robin)	선점	0	주기적
ML(Multi-level Priority)	선점 비선점	e (같음)	주기적 시간순
MLF(Multi-level Feedback)	선점 비선점	$n - \left\lfloor \log_2\left(\frac{a}{T} + 1\right) \right\rfloor$ (같음)	주기적 시간순
RM(Rate Monotonic)	선점	$- d$	시간순 또는 무작위
EDF(Earliest Deadline First)	선점	$- (d - r\%d)$	시간순 또는 무작위

a: 획득한 서비스 시간 e: 외부 우선순위 r: 시스템에서 실시간
n: 우선순위 수준 수 t: 전체 서비스 시간 T: 최상위 수준에서 최대 시간 d: 주기

참고자료

Abraham Silberschatz, Peter B. Galvin, and Greg Gagne. 2011. *Operating System Concepts Essentials 1st Edition*. John Wiley & Sons. Inc.

기출문제

75회 관리 다단계 귀환(Multilevel Feedback)을 설명하시오.

83회 관리 중앙처리장치 스케줄링 방식에는 비선점과 선점 방식이 있다.

1) 선점 방식과 비선점 방식의 특징을 비교하여 설명하시오.

2) 다음 표와 같이 작업이 제출되었을 때 SJF(Shortest Job First)정책으로 스케줄링할 때의 평균 turnaround 시간을 구하시오.

작업	제출시간	실행 시간
X	0	4
Y	1	6
Z	2	3

3) HRN(Highest Response-ratio Next) 방식으로 스케줄링할 경우, 입력된 작업이 다음과 같을 때 우선순위가 가장 높은 작업을 선정하는 절차를 나타내시오.

작업	대기시간	서비스 시간
A	0	4
B	1	6
C	2	3
D	20	8

99회 응용 실시간 스케줄링(Real Time Scheduling) 문제 중 하나인 우선순위전도(Priority Inversion) 상황 시나리오를 설명하고 이에 대한 해결 기법 두 가지를 제시하시오.

Ⅰ • 운영체제

1-5

프로세스 동기화

협력적 프로세스는 시스템 내에서 실행 중인 다른 프로세스의 실행에 영향을 주거나 영향을 받는 프로세스들이다. 협력적 프로세스는 논리 주소 공간(코드와 자료)을 직접 공유하거나, 파일 또는 메시지를 통해 자료를 공유한다.

1 프로세스 동기화 process synchronization 의 개념

동시에 여러 개의 프로세스가 동일한 자료에 접근하여 조작하고, 자료에 접근한 특정 순서가 실행 결과에 영향을 주는 상황을 경쟁 상황 race condition 이라고 하며, 이를 보호하기 위해 어떤 형태로든 프로세스는 동기화되어야 한다.

2 임계구역 문제 critical section problem

각각의 프로세스는 임계구역이라고 부르는 코드 부분을 포함하고 있고, 그 안에서 다른 프로세스와 공유하는 변수를 변경하거나, 테이블을 갱신하거나 파일을 쓰는 등의 작업을 수행한다. 동시에 두 프로세스가 그들의 임계구역 안에서 실행될 수 없다.

```
do {
    entry section
       critical section
    exit section
       remainder section
} while (TRUE);
```

임계구역 문제는 프로세스들이 협력할 때 사용할 수 있는 규칙을 정하는 것이다. 각 프로세스는 자신의 임계구역으로 진입하는 경우에도 진입 허가를 요청해야 한다. 이런 요청을 구현하는 코드 부분을 진입 구역entry section 이라 부르고, 임계구역 뒤에는 퇴출 구역exit section 이 있으며 코드의 나머지 부분을 총칭하여 나머지 구역remainder section 이라 부른다.

임계구역 문제의 해결 방안은 다음의 세 가지 조건을 충족해야 한다.

- 상호 배제mutual exclusion: 프로세스 Pi가 자기의 임계구역에서 실행된다면, 다른 프로세스들은 그들 자신의 임계구역에서 실행될 수 없다.

- 진행progress: 자기의 임계구역에서 실행되는 프로세스가 없고, 그들 자신의 임계구역으로 진입하려는 프로세스들이 있다면, 나머지 구역에서 실행 중이지 않은 프로세스들만 다음에 누가 그 임계구역에 진입할 수 있는지를 결정할 수 있으며 이러한 결정은 무한 연기할 수 있다.

- 한정된 대기bounded waiting: 프로세스가 자기의 임계구역에 진입하려는 요청을 한 후부터 그 요청이 허용될 때까지 다른 프로세스들이 그들 자신의 임계구역에 진입하도록 허용되는 횟수에 제한이 있어야 한다.

운영체제 내에서 임계구역을 다루기 위해서는 선점형 커널과 비선점형 커널의 두 가지 접근법이 있다. 선점형 커널은 프로세스가 커널 모드에서 수행되는 동안 선점되는 것을 허용하지만, 비선점 커널은 커널 모드에서 수행되는 프로세스의 선점을 허용하지 않고, 커널 모드 프로세스는 커널을 빠져나갈 때까지 혹은 봉쇄될 때까지 또는 자발적으로 CPU 제어를 양보할 때까지 계속된다.

3 피터슨의 해결 방안(SW 기반 해결책)

피터슨의 해법은 임계구역과 나머지 구역을 번갈아 실행하는 2개의 프로세스로 한정된다.

```
int turn;
boolean flag[2];

do {
  flag[i] = TRUE;
  turn = j;
  while (flag[j] && turn == j);

  임계구역

  flag[i] = FALSE;

  나머지 구역
} while (TRUE);
```

4 동기화 하드웨어

임계구역에 대한 임의의 해결책으로 락lock이라는 간단한 도구가 필요하다. 경쟁 조건은 임계구역이 lock에 의해 보호되게 함으로써 예방할 수 있다. 즉, 프로세스는 임계구역에 진입하기 전에 반드시 lock을 획득해야 하고 임계구역을 나올 때에는 lock을 해제해야 한다.

```
do {
  lock

  임계구역

  release lock

  나머지 구역
```

```
} while (TRUE);
```

임계구역 문제는 단일 처리기 환경에서는 공유 변수가 변경되는 동안 인터럽트 발생을 허용하지 않음으로써 간단히 해결할 수 있다. 다른 명령이 실행될 수 없으므로 공유 변수에 예측하지 못한 변경이 일어나지 않는다.

5 세마포semaphore

임계구역 문제에 대해 하드웨어를 기반으로 하는 해결안은 응용 프로그래머가 사용하기 복잡하여 주로 세마포semaphore를 이용한다. 세마포 S는 wait(), signal()로만 접근 가능하다.

```
wait(S) {
  while (S <= 0);
  S--;
}

signal(S) {
  S++;
}
```

하나의 스레드가 세마포 값을 변경하면, 다른 어떤 스레드도 동시에 동일한 세마포 값을 변경할 수 없다.

5.1 사용법

운영체제는 종종 계수counting와 이진binary 세마포를 구분한다. 계수 세마포 값은 제한 없는 영역을 갖는 반면, 이진 세마포의 값은 0과 1의 값만 가능하다. 이진 세마포는 상호 배재를 제고하는 lock이기 때문에 뮤텍스 록Mutex Lock이라고 부른다.

각 자원을 사용하려는 프로세스는 세마포의 wait() 연산을 수행하며 이때 세마포 값은 감소한다. 프로세스가 자원을 방출할 때는 signal() 연산을 수행하고 세마포는 증가하게 된다. 이후 자원을 사용하려는 프로세스는 세마포 값이 0보다 커질 때까지 봉쇄된다.

P1은 S1 명령문을, P2는 S2 명령문을 병행 수행하려는 경우, S2는 S1이 끝난 뒤에 수행된다고 가정하면, P1, P2가 세마포 synch를 공유하도록 하고 synch는 0으로 초기화한 후 S1; signal(synch);를 P1에, wait(synch); S2;를 P2에 삽입하면 쉽게 해결 가능하다. synch 값은 0으로 초기화되어 있으므로 P2가 S2를 수행하는 것은 P1이 signal(synch)를 호출한 후에만 가능하며, 이 호출은 S1을 실행한 이후에만 가능하다.

5.2 구현

세마포의 단점은 모두 바쁜 대기busy waiting를 요구한다는 점이다. 한 프로세스가 자신의 임계구역에 있으면, 자신의 임계구역에 진입하려는 프로세스는 진입 코드를 반복 수행해야 한다. 이런 반복은 하나의 CPU가 여러 프로세스들에 의해 공유되는 다중 프로그래밍 시스템에서 CPU 시간을 낭비하게 된다. 프로세스가 lock을 기다리는 동안 회전하기 때문에 이런 유형의 lock을 스핀 록spin lock이라고 부른다.

5.3 교착 상태와 기아

2개 이상의 프로세스들이 대기하고 있는 프로세스들 중 하나에 의해서만 발생될 수 있는 signal() 연산 실행을 무한정 기다리는 상황이 발생할 수 있는데 이런 상태를 교착 상태deadlock라고 한다.

교착 상태와 연관된 다른 문제는 무한 봉쇄indefinite blocking 또는 기아starvation로 프로세스들이 세마포에서 무한정 대기하는 것이다. 무한 봉쇄는 세마포와 연관된 큐에 프로세스들을 후입선출LIFO 순서로 넣거나 제거하는 경우 발생할 수 있다.

교착 상태는 한 시스템에 다음의 네 가지 조건이 동시에 성립될 때 발생할 수 있다.

필요조건	설명
상호 배제	최소한 하나의 자원이 비공유 모드로 점유되어야 함. 비공유 모드에서는 한 번에 하나의 프로세스만이 그 자원을 사용할 수 있으며, 다른 프로세스가 그 자원을 요청하면, 요청 프로세스는 자원이 방출될 때까지 반드시 지연됨.
점유 대기	프로세스는 최소한 하나의 자원을 점유한 채, 현재 다른 프로세스에 의해 점유된 자원을 추가로 얻기 위해 반드시 대기해야 함.
비선점	자원들을 선점할 수 없어야 함. 자원이 강제적으로 방출될 수 없으며 점유하고 있는 프로세스가 태스크를 종료한 후 그 프로세스에 의해 자발적으로 방출될 수 있음.
순환 대기	대기하고 있는 프로세스의 집합에서 P0는 P1이 점유한 자원을 대기하고, P1은 P2가 점유한 자원을 대기하고, Pn-1은 Pn이 점유한 자원을 대기하며, Pn은 P0가 점유한 자원을 대기하는 경우.

시스템에 교착 상태가 발생하지 않도록 하려면 다음의 방법을 사용하면 된다.

방법	설명
예방 (Prevention)	• 교착상태를 발생시키는 네 가지 필요조건인 상호 배제, 점유 대기, 비선점, 순환 대기 등이 동시에 성립하지 않도록 함 • 세마포(Semaphore)
회피 (Avoidance)	• 교착 상태를 발생시킬 수 있는 프로세스의 시작을 중단시키거나, 해당 프로세스에 자원을 할당하지 않음 • 은행원 알고리듬(Banker's Algorithm)
복구 (Recovery)	• 교착 상태가 발생한 프로세스의 자원을 빼앗아 다른 프로세스에게 제공함으로써 교착 상태를 벗어나도록 함 • 자원 할당 그래프(Resource Allocation Graph)

6 모니터 monitors

세마포가 프로세스 간의 동기화를 위해서 편리하고 효과적으로 쓰일 수 있지만 잘못 사용하면 발견하기 어려운 타이밍 오류를 야기할 수도 있다. 이러한 타이밍 오류들은 특정 실행 순서로 진행되었을 경우에만 발생하고 언제나 발생되는 것은 아니기 때문이다.

모니터는 이러한 오류들을 처리하기 위해 구조체structure를 사용하는 방법 중 하나이다.

6.1 모니터의 사용 방법

모니터형은 모니터 내부에서 상호 배제를 제공받는 프로그래머가 정의한 연산자 집합을 제공하는 추상화된 데이터형abstract data type이다. 또한 변수들의 선언을 포함하고 있는데 이 변수들을 조작할 수 있는 함수들의 본체도 같이 포함하고 있다. 모니터형의 표현은 다른 프로세스들이 직접 사용할 수 없다. 그러므로 모니터 내에 정의된 함수만이 함수 내에 지역적으로 정의된 변수와 자신의 형식 매개변수에 접근할 수 있으며, 모니터 내의 지역 변수도 모니터 내부의 함수만이 접근 가능하다.

　모니터 구조체는 모니터 안에 항상 하나의 프로세스만이 활성화되도록 보장해주기 때문에 프로그래머는 동기화 제약 조건을 명시적으로 코딩할 필요가 없다.

참고자료

Abraham Silberschatz, Peter B. Galvin, and Greg Gagne. 2011. *Operating System Concepts Essentials* 1st Edition, John Wiley & Sons, Inc.

기출문제

86회 관리　세마포(Semaphore)의 P연산과 V연산을 설명하시오.

98회 응용　운영체제(OS)에서의 상호 배제(Mutual Exclusion) 개념을 설명하고 이를 구현하는 방법을 하드웨어적 해결방안 및 소프트웨어적 해결방안으로 구분하여 설명하시오.

98회 응용　세마포(Semaphore)와 모니터(Monitor)의 상호관계를 설명하시오.

99회 관리　계수형 세마포(Counting semaphore)에 대하여 설명하시오.

101회 관리　교착상태(Deadlock)의 필요조건과 교착 상태 회피 방법으로 많이 사용되고 있는 Banker 알고리즘을 설명하시오.

1-6

메모리 관리

메모리 관리 기법은 단순 하드웨어 방식에서 페이징과 세그먼트 방법까지 다양하며, 각 방법은 고유의 장단점을 가지고 있다. 특정 메모리 관리 기법의 선택은 여러 가지 요인에 의해 결정될 수 있는데, 특히 시스템의 하드웨어 설계 방식에 영향을 많이 받는다.

1 단편화 문제와 해결 방법

1.1 단편화 fragmentation

메모리 구성 방식에 상관없이 모든 시스템에서 발생되는 현상으로 메모리에서 사용되지 않고 낭비되는 부분적 기억공간이 생기는 현상을 의미한다. 단편화에는 다중 프로그래밍 시 메인 메모리 할당 방식에 따라 내부 단편화와 외부 단편화가 있다.

내부 단편화의 경우에는 m 크기의 메모리를 필요로 하는 작업이 m 이상인 n 크기의 영역에서 수행될 때 발생하는 메모리의 차이를 말하며, 고정 크기 메모리 분할 시 주로 발생된다. 외부 단편화는 어떤 메모리 영역이 남아 사용할 수 있지만 대기 중인 작업의 크기에 비해 메모리 크기가 작은 경우를 말하며, 가변 크기 메모리 분할에서 발생된다.

302 | · 운영체제

1.2 단편화 해결 방법

1.2.1 압축 compaction

압축 기법은 가변 크기 메모리 분할 시스템에서 메모리 전체에 흩어져 있는 작은 홀들을 단일의 큰 홀로 합병하는 방법으로 일종의 쓰레기 수집garbage collection 작업이다. 메모리 압축을 위해 꼭 모든 메모리를 재편성할 필요는 없으며, 충분한 크기의 사용 가능한 메모리가 확보되면 수행을 멈출 수 있다. 프로그램의 동적 재배치 기능과 메모리를 읽어 다른 위치에 기록하는 작업을 구현하는 데 많은 비용이 들고, 메모리 크기와 종류에 따라 수 초가 걸릴 수 있는 과부하로 인해 잘 구현되지 않고 있다.

메모리 압축

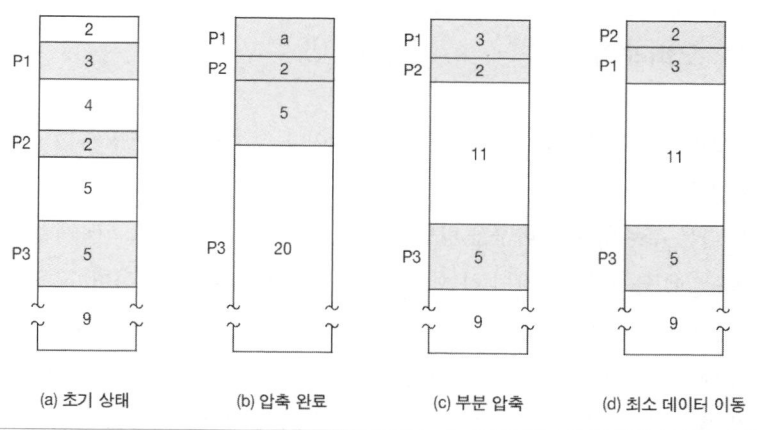

(a) 초기 상태　　　(b) 압축 완료　　　(c) 부분 압축　　　(d) 최소 데이터 이동

1.2.2 통합 coalescing

단편화를 막기 위한 통합 기법은 빈 공간 리스트에서 빈 공간들의 주소가 인접한 경우 공간을 통합해 더 큰 공간으로 만들어줌으로써 매우 작은 공간이 여러 개 발생되는 것을 막는 방법이다.

2 크기가 큰 프로그램의 메모리 할당

일부 프로세스를 보조 메모리로 내보냈다가 다시 메인 메모리로 불러들이는 방법을 통해 할당 가능한 메모리보다 사용자 프로그램이 더 큰 경우에도 메모리를 할당할 수 있다. 이때 메모리 선점을 담당하는 운영체제 모듈인 스와퍼swapper나 스케줄러가 사용된다.

2.1 스와핑 swapping

현재 상주하는 프로세스 중 하나를 골라 일시적으로 보조 메모리로 보냄으로써 새로운 공간을 만드는 방법을 스와핑이라고 한다. 고정 크기 메모리 분할과 가변 크기 메모리 분할 시스템에 모두 사용되며, 각 시간마다 하나 혹은 가장 적은 수의 프로세스에 영향을 주므로 메모리 압축에 비해 좀 더 일반적이고 효과적인 메모리 할당 방법이다.

2.2 오버레이 overlay

메모리의 용량에 비해 크기가 큰 프로그램이나 고정 분할을 사용하는 경우 가장 큰 분할의 크기를 넘는 프로그램을 실행하기 위해 실행 중인 프로그램의 다른 부분을 서로 바꾸는 방법을 오버레이라고 한다. 프로그램 개발 시 메모리에 동시에 상주해야 하는 프로그램의 부분을 명시해야 하며, 사용 가능한 물리적 메모리 공간에 따라서 모든 프로그램을 계획하고 설계해야 하기 때문에 개발자의 메모리 관리 부담이 커 수동적 오버레이는 거의 사용하지 않고 있다. 일반적으로 가상메모리와 자동화된 기법을 사용해 메모리 관리의 부담을 운영체제가 전담한다.

참고자료
Abraham Silberschatz, Peter B. Galvin, and Greg Gagne. 2011. Operating System Concepts Essentials 1st Edition. John Wiley & Sons. Inc.

기출문제
101회 응용   메모리 관리 기법 중 지역성(Locality)을 개념적으로 정리하고 시간 지역성(Temporary Locality)과 공간 지역성(Spatial Locality)에 대하여 설명하시오.

1-7

파일 시스템 File System

파일 시스템은 저장장치의 코드들을 논리적으로 관리하는 체계로서, 사용자로 하여금 저장장치에 접근하여 파일 열람, 편집, 저장 등이 가능하도록 한다. UFS, NTFS 등이 대표적이다.

1 파일 file 의 개요

1.1 파일 개념

사용자가 저장장치의 물리적 구성 및 동작방식에 대한 이해가 없더라도 저장장치에 데이터를 저장하고 조회, 변경, 삭제할 수 있는 논리적 단위로서, 운영체제에서 저장장치 내 물리적 레코드 주소를 논리적인 단위로 구분하여 파일을 구성한다.

1.2 파일 작업 유형

CREATE: 파일을 최초 생성

OPEN: 저장된 파일 내용 조회

CLOSE: 작성된 파일 내용을 저장

DELETE(또는 DESTROY) : 파일 자체를 삭제

RENAME: 파일명을 변경

COPY: 기존 파일과 동일한 파일을 생성(절대 경로는 구별됨)

1.3 파일 접근 방식

방법	설명
순차 접근 (sequential access)	• 저장장치 내 첫 번째 레코드부터 사용하려는 파일의 시작 레코드까지 순차적으로 접근함 • 구현 및 사용이 용이한 반면 상대적으로 파일 접근이 느리고 파일 작업이 빈번한 경우 효율이 낮음
직접 접근 (direct access)	• 주소 결정 기법을 이용하여 파일의 시작 레코드까지 직접 접근함 • 순차 접근에 비하여 상대적으로 접근이 빠름
색인화된 접근 (indexed sequential access)	• 파일을 인덱스 부분과 데이터 부분으로 구성하고, 인덱스를 활용한 직접 접근과 데이터를 활용한 순차 접근을 함께 사용함

2 파일 시스템file system 의 역할 및 종류

1.1 파일 시스템의 역할

시스템 프로그램 및 응용프로그램들이 파일에 접근하고 저장된 데이터를 사용하는 데 필요한 방법 및 절차를 제공하며, 파일의 무결성 및 가용성을 보장한다.

1.2 주요 파일 시스템

주요 OS별 파일 시스템 유형은 아래와 같다.

방법	종류
UNIX 파일 시스템	-UFS(Unix File System)
WINDOWS 파일 시스템	-FAT32(File Allocation Table 32) -NTFS(New Technology File System) -ReFS(Resilient File System)
LINUX 파일 시스템	-EXT, EXT2, EXT3, EXT4

3 UNIX 파일 시스템

UNIX 파일 시스템 구조

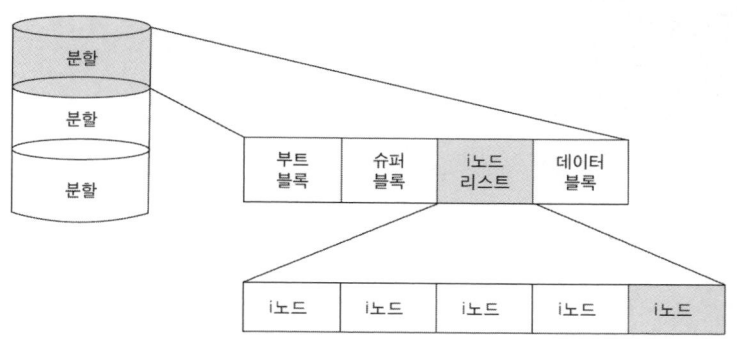

- 부트 블록boot block : 파일 시스템의 첫 부분에 위치하며, 운영체제를 부 팅하거나 초기화할 부트스트랩 코드bootstrap code 를 포함하며, 둘 이상의 부트 블록이 있을 경우에는 마스터 부트 레코드MBR에서 어느 부트 블 록을 이용할 것인지 선택한다.
- 슈퍼 블록super block : 총블록 수, 블록의 크기, free block 수, free i노드 수, i노드 리스트의 크기 등 파일 시스템에 대한 정보를 저장한다.
- i노드 리스트: i노드들로 구성된 리스트로서 각 i노드는 파일과 1 : 1 매 핑되며 각 i노드는 파일의 크기, 유형, 소유자, 생성/접근시간 등 파일 관련된 정보를 저장한다.
- 데이터 블록: 실제 파일에 대한 데이터가 저장된 블록

WAF | UTM | Multi-Layer Switch / DDoS | 무선랜 보안 | VPN | 망분리 / VDI

F 기술적 보안: 애플리케이션 데이터베이스 보안 | 웹 서비스 보안 | OWASP | 소프트웨어 개발보안 | DRM | DOI | UCI | INDECS | Digital Watermarking | Digital Fingerprinting / Forensic Marking | CCL | 소프트웨어 난독화

G 물리적 보안 및 융합 보안 생체인식 | Smart Surveillance | 영상 보안 | 인터넷전화(VoIP) 보안 | ESM / SIEM | Smart City & Home & Factory 보안

H 해킹과 보안 해킹 공격 기술

삼성SDS 기술사회는 4차 산업혁명을 선도하고 임직원의 업무 역량을 강화하며 IT 비즈니스를 지원하기 위해 설립된 국가 공인 기술사들의 사내 연구 모임이다. 정보통신 기술사는 '국가기술자격법'에 따라 기술 분야에 관한 고도의 전문 지식과 실무 경험을 바탕으로 정보통신 분야 기술 업무를 수행할 수 있는 최상위 국가기술자격이다. 국내 ICT 분야 종사자 중 약 2300명(2018년 12월 기준)만이 정보통신 분야 기술사 자격을 가지고 있으며, 그중 150여 명이 삼성SDS 기술사회 회원으로 현직에서 활동하고 있을 정도로, 업계에서 가장 많은 기술사가 이곳에서 활동하고 있다. 삼성SDS 기술사회는 정보통신 분야의 최신 기술과 현장 경험을 지속적으로 체계화하기 위해 연구 및 지식 교류 활동을 꾸준히 해오고 있으며, 그 활동의 결실을 '핵심정보통신기술 총서'로 엮고 있다. 이 책은 기술사 수험생 및 ICT 실무자의 필독서이자, 정보통신기술 전문가로서 자신의 역량을 향상시킬 수 있는 실전 지침서이다.

1권 컴퓨터 구조

오상은 컴퓨터시스템응용기술사 66회, 소프트웨어 기획 및 품질 관리
윤명수 정보관리기술사 96회, 보안 솔루션 구축 및 컨설팅
이대희 정보관리기술사 110회, 소프트웨어 아키텍트(KCSA-2)

2권 정보통신

김대훈 정보통신기술사 108회, 특급감리원, 광통신·IP백본망 설계 및 구축
김재곤 정보통신기술사 84회, 데이터센터·유무선통신망 설계 및 구축
양정호 정보관리기술사 74회, 정보통신기술사 81회, AI, 블록체인, 데이터센터·통신망 설계 및 구축

장기천 정보통신기술사 98회, 지능형 건축물 시스템 설계 및 시공
허경욱 컴퓨터시스템응용기술사 111회, 레드햇공인아키텍트(RHCA), 클라우드 컴퓨팅 설계 및 구축

3권 데이터베이스

김관식 정보관리기술사 80회, 전자계산학 학사, Database, 기업용 솔루션, IT 아키텍처
윤성민 정보관리기술사 90회, 수석감리원, ISE
임종범 컴퓨터시스템응용기술사 108회, 아키텍처 컨설팅, 설계 및 구축
이균홍 정보관리기술사 114회, 기업용 MIS Database 전문가, SDS 차세대 Database 시스템 구축 및 운영

4권 소프트웨어 공학

석도준 컴퓨터시스템응용기술사 113회, 수석감리원, 데이터 아키텍처, 데이터베이스 관리, IT 시스템 관리, IT 품질 관리, 유통·공공·모바일 업종 전문가
조남호 정보관리기술사 86회, 수석감리원, 삼성페이 서비스 및 B2B 모바일 상품 기획, DevOps, Tech HR, MES 개발·운영
박성훈 컴퓨터시스템응용기술사 107회, 정보관리기술사 110회, 소프트웨어 아키텍처, 저서 『자바 기반의 마이크로서비스 이해와 아키텍처 구축하기』
임두환 정보관리기술사 110회, 수석감리원, 솔루션 아키텍처, Agile Product

5권 ICT 융합 기술

문병선 정보관리기술사 78회, 국제기술사, 디지털헬스사업, 정밀의료 국가과제 수행
방성훈 정보관리기술사 62회, 국제기술사, MBA, 삼성전자 전사 SCM 구축, 삼성전자 ERP 구축 및 운영
배홍진 정보관리기술사 116회, 삼성전자 삼성디스플레이 HR SaaS 구축 및 확산
원영선 정보관리기술사 71회, 국제기술사, 삼성전자 반도체, 디스플레이 및 해외·대외 SaaS 기반 문서중앙화서비스 개발 및 구축
홍진파 컴퓨터시스템응용기술사 114회, 삼성

SDI GSCM 구축 및 운영

6권 기업정보시스템

곽동훈 정보관리기술사 111회, SAP ERP, 비즈니스 분석설계, 품질관리

김선득 정보관리기술사 110회, 수석감리원, 기획 및 관리

배성구 정보관리기술사 107회, 수석감리원, 금융IT분석설계 개선운영, 차세대 프로젝트

이채은 정보관리기술사 61회, 전자·제조 프로세스 컨설팅, ERP/SCM/B2B

정화교 정보관리기술사 104회, 정보시스템감리사, SCM 및 물류, ERM

7권 정보보안

강태섭 컴퓨터시스템응용기술사 81회, 정보보안기사, SW 테스트 수행 관리, 코드 품질 검증

박종락 컴퓨터시스템응용기술사 84회, 보안 컨설팅 및 보안 아키텍처 설계, 개인정보보호 관리체계 구축, 보안 솔루션 구축

조규백 정보통신기술사 72회, 빅데이터 기반 보안 플랫폼 구축, 보안 데이터 분석, 외부 위협 및 내부 정보 유출 SIEM 구축, 보안 솔루션 구축

조성호 컴퓨터시스템응용기술사 98회, 정보관리기술사 99회, 인공지능, 딥러닝, 컴퓨터비전 연구 개발

8권 알고리즘 통계

김종관 정보관리기술사 114회, 금융결제플랫폼 설계·구축, 자료구조 및 알고리즘

전소영 정보관리기술사 107회, 수석감리원, 데이터 레이크 아키텍처 설계·구축·운영 및 컨설팅

정지영 정보관리기술사 111회, 수석감리원, 디지털포렌식, 통계 및 비즈니스 서비스 분석

지난 판 지은이(가나다순)

전면2개정판(2014년) 강민수, 강성문, 구자혁, 김대석, 김세준, 김지경, 노구율, 문병선, 박종락, 박종일, 성인룡, 송효섭, 신희종, 안준용, 양정호, 유동근, 윤기철, 윤창호, 은석훈, 임성웅, 장기천, 장윤호, 정영일, 조규백, 조성호, 최경주, 최영준

전면개정판(2010년) 김세준, 김재곤, 나대균, 노구율, 박종일, 박찬순, 방동서, 변대범, 성인룡, 신소영, 안준용, 양정호, 오상은, 은석훈, 이낙선, 이채은, 임성웅, 임성현, 정유선, 조규백, 최경주

제4개정판(2007년) 강옥주, 김광혁, 김문정, 김용희, 김태천, 노구율, 문병선, 민선주, 박동영, 박상천, 박성춘, 박찬순, 박철진, 성인룡, 신소영, 신재훈, 양정호, 오상은, 우제택, 윤주영, 이덕호, 이동석, 이상호, 이영길, 이영우, 이채은, 장은미, 정동곤, 정삼용, 조규백, 조병선, 주현택

제3개정판(2005년) 강준호, 공태호, 김영신, 노구율, 박덕균, 박성춘, 박찬순, 방동서, 방성훈, 성인룡, 신소영, 신현철, 오영임, 우제택, 윤주영, 이경배, 이덕호, 이영길, 이창율, 이채은, 이치훈, 이현우, 정삼용, 정찬호, 조규백, 조병선, 최재영, 최정규

제2개정판(2003년) 권종진, 김용문, 김용수, 김일환, 박덕균, 박소연, 오영임, 우제택, 이영근, 이채은, 이현우, 정동곤, 정삼용, 정찬호, 주재욱, 최용은, 최정규

개정판(2000년) 곽종훈, 김일환, 박소연, 안승근, 오선주, 윤양희, 이경배, 이두형, 이현우, 최정규, 최진권, 황인수

초판(1999년) 권오승, 김용기, 김일환, 김진홍, 김흥근, 박진, 신재훈, 엄주용, 오선주, 이경배, 이민호, 이상철, 이춘근, 이치훈, 이현우, 이현, 장춘식, 한준철, 황인수

한울아카데미 2126

핵심 정보통신기술 총서 1
컴퓨터 구조

지은이 삼성SDS 기술사회 ㅣ **펴낸이** 김종수 ㅣ **펴낸곳** 한울엠플러스(주) ㅣ **편집** 조수임

초판 1쇄 발행 1999년 3월 5일 ㅣ **전면개정판 1쇄 발행** 2010년 7월 5일
전면2개정판 1쇄 발행 2014년 12월 15일 ㅣ **전면3개정판 1쇄 발행** 2019년 4월 8일

주소 10881 경기도 파주시 광인사길 153 한울시소빌딩 3층
전화 031-955-0655 ㅣ **팩스** 031-955-0656 ㅣ **홈페이지** www.hanulmplus.kr
등록번호 제406-2015-000143호

ISBN 978-89-460-7126-1 14560
ISBN 978-89-460-6589-5(세트)

* 책값은 겉표지에 표시되어 있습니다.